茶禅一味

鄢敬新 著

茶
禅

一

味

尚古闲雅丛书总序

鄢敬新

　　自宋元以降，中国文人士大夫通常将焚香、品茶、插花、挂画视为高雅闲适、清净安逸的"四般闲事"或"四种艺事"。生活的艺术化、艺术的生活化，就是在这些优雅清闲的艺事活动之中完成的。元人张雨（字伯雨，号贞居）的散曲《水仙子》："归来重整旧生涯，潇洒柴桑处士家。草庵儿不用高和大，会清标岂在繁华?纸糊窗，柏木榻。挂一幅单条画，供一枝得意花，自烧香童子煎茶。"将这四种雅艺潇洒清闲的神韵，毕呈纸上。使人心思之、神往之。也就是说，真正洒脱自在的生活状态，应该是清雅、幽逸、散淡、简单、闲适的，这才是人们生活的原本状态，根本没必要亦无须任何豪华艳冶、繁缛复杂来铺垫。

　　改革开放三十多年来，中国的确发生了很大的变化。社会在不断进步，人们的物质生活得到改善。但在这同时，由于社会生活节奏的不断加快，竞争的愈加激烈，也使得人们的精神压力在不断增大，焦虑、抑郁的心理问题，层出不穷，很多人为此倍感忧虑，并试图通过各种方法，释放自己的思想压力，想方设法使自己的精神生活更加愉悦充实。为此，也有很多人开始从中国传统文化中发掘精神宝藏，以寻求有效的解决方法。

事实上，上面所说这些所谓"四般闲事"或"四种艺事"，绝对不可小觑。因为通过这些生活中"闲事"，不但可以使得人们的情操得以陶冶，开拓提升自己风雅的能力，而且可以发生"移情"作用，改善自己生存的窘境。也就是说，人们在品茶、闻香、插花、挂画的过程中，可以使困扰人们的负面情绪，在不知不觉中得以宣泄，思想压力得以缓解，紧绷的精神状态得以放松，使自己那颗烦躁不安、忧郁焦虑的心，渐次归于祥和安宁、洒脱清净，使自己的生活更有质量，幸福指数不断得以提升。

尽管这些"闲事"有如此益处，然对于当今大多数人来说，仍然是一个陌生和需要认真学习的课题。为此，作者不揣谫陋，翻阅大量历史文献和相关资料，撰写这套"尚古闲雅丛书"，分为《茶禅一味》、《尚古说香》、《插花清供》、《雅墨清赏》四部，陆续出版，以应读者之需。

此处所谓"尚古"，乃作者之字。众所周知，古代中国人，除了名之外，还有字。名与字，大致有意义相近、意义相辅、意义相反、引经用典、齐贤、纪事、崇教、拆字等八种关系，既是一个人地位和身份的标志，也是其文化修养、信仰爱好与时代风气的反映。上世纪50年代初作者出生后，父亲为纪念刚刚诞生的新中国，为我取名"敬新"；"尚古"，则是作者本人而立之年时为自己命名的字，与名意义相辅匹配，意在崇尚继承中国传统文化，敬重新事物，不断开拓创新。作为一名文化学者和心理学家，我认为自己有责任、有义务很好地传承、弘扬中华民族优秀文化遗产，这不仅是我愿意毕生为之努力奋斗的美好心愿，也是撰写此套丛书的初衷。然由于本人能力所限，谬误与不当之处，恐在所难免。敬祈广大读者，慈悲为怀，不吝赐教。

常言道，"开门七件事，柴米油盐酱醋茶"，前六项主要与满足人们的物质生活需求相关，暂且不论，但从人们将茶与维系生命不可或缺的柴米油盐并列，把喝茶当做与衣食等重的生活要事来看，足以证明茶在社会生活中的重要和必要了。

美国心理学家亚伯拉罕·马斯洛于1943年创立了"需求层次理论"，该理论将人类需求按层次逐级递升，分为生理上的需求、安全上的需求、情感和归属的需求、尊重的需求、自我实现的需求五种。我认为，茶可以全部满足马斯洛所说的这五种需求。

从低层次的生理需求方面来说，茶可以解渴除烦，维系生命。人一旦脱水，生命安全肯定会受到严重威胁。

从安全的需求来说，茶有散郁、除病、养身的功效，可以使人兴奋愉悦、精力饱满。托名"神农"实为西汉儒生所作的《神农食经》载："茶茗久服，令人有力，悦志。"唐陆羽《茶经·一之源》曰："茶之为用，味至寒。为饮，最宜精行俭德之人。若热渴、凝闷，脑疼、目涩，四肢烦、百节不舒，聊四五啜，与醍醐、甘露抗衡也。"并在《七之事》一节中，引经据典，指出茶具有益神省脑、轻身利尿、解毒疗疮、治小儿惊厥等效用。唐代陈藏器《本草拾遗》，更是将茶推崇备至，将其视为"万病之药"。

从情感和归属的需求来看，茶具有利礼、表敬的作用，是人们传递友情的重要媒介。中国人讲究礼尚往来，亲和礼让。逢年过节走亲串门时，人们携带茶礼，早已成为常态。朋友之间团聚时，以茶会友，以茶代酒，敬茶传谊，可以满足人们情感和归属的需求。

从尊重的需求来看，某人到某处登门拜访，对方奉上一杯茶，自然会使人感到自己受到尊重。如果反之，则肯定会感到自己受到轻视或侮辱。

更重要的是，由于茶对人有赏味怡神、造境雅致、通理行道的作用，饮茶崇尚简质恬淡，不迎合世俗的习气，申明"无我"的意识，助人"洗胸中之积滞、致清和之精气"，还能满足人们"自我实现"的最高层次需求。饮茶的妙处在于清虚和睦，给人以自信而含蓄、祥和而清丽的心境，使蕴发于心中的太和之气，油然而生。饮茶还能以"清醇恬静、自然澹泊"的神韵，使人感悟"茶可行道"，旨在劝告人们廉俭育德，敬爱为人。尊重茶礼，恪守茶德，有助于社会的教化、和谐与安定。

饮茶不仅可以清心，也可以增添人们的生活情趣。茶人讲究茶要"新、香、纯"；水要"清、冽、甘"；火以木炭为上；火候以状如"蟹眼已过鱼眼生，飕飕欲作松风鸣"的三沸水为佳；茶具要"小、雅、古"；环境要"清、朴、静"；凭借自己长时间的实践体验，依靠视觉、触觉、嗅觉和味觉，通过对茶叶色、香、味、形、韵的鉴赏，才能品尝出茶汤的真味，领悟其"清高"之道。也就是说，人们在品茶过程中，不仅可以追求自然清静、返璞归真、天人合一的境界和情趣，还可以沉静思维，参禅悟道，提升精神境界，更可以吟诗作画，畅抒胸怀，获得若干方面的精神满足和享受。由此可见，人们饮茶，不再仅仅是为了满足豪饮解渴的低层次需求，追求更多的是一种生活情趣，是一种精神境界，是一种道，是人们物质生活需求与精神文化需求相结合的一种文雅之物。

中国茶书典籍汗牛充栋、浩如烟海。清代陆廷灿在《续茶经》中，即开列自唐陆羽《茶经》至清代茶书，有72种；1958年万国鼎《茶书总目提要》，列书98种；1981年出版的陈祖　、朱自振编著的《中国茶叶历史资料选辑》，收入自唐至清的茶书著作58种；1999年出版的阮浩耕、沈冬梅、于良子点校注释的《中国古代茶叶全书》，收入茶书64种，后附已佚存目茶书60种，共计124种；2010年出版的朱自振、沈冬梅编著的《中国古代茶书集成》，收入自唐陆羽《茶经》至清王复礼《茶说》的古代茶书114种。茶书虽多，然比起佛教经典来，却是小巫见大巫。从《中华大藏经总目》（汉文部分）可知，唐代以前的写本藏经，若以"会昌废佛"后通行全国的《开元释教录》为代表，共入藏1076部，5048卷。宋代以后的木版雕印本，根据现在掌握的资料，共有20种不同版本，现存16种（国内12种，国外4种）。远的不说，比较近的如《赵城金藏》入经1600余部，6980卷；《洪武南藏》入经1600部，7000余卷；清《龙藏》入经1669部，7168。1982年正式启动编纂、已由中华书局出版发行的《中华大藏经（汉文部分）·正编》，入经1939部，10230卷；而目前正在进行的《中华大藏经（汉文部分）·续编》，字数约2.6亿，篇幅超过其《正编》一倍以上。要么是因为这些书籍难以寻觅，要么由于这些书籍系用古代汉语书就，即使专业研究人员，也常常会因为训诂句读非切而产生歧义，甚至南辕北辙，失之千里，自然更会令一般学人望而却步。更何况，即使能读得懂，在紧张繁忙的当下，恐怕也没有更多的时间将其一一读毕。

有鉴于此，本人不揣谫陋，在参考前人研究成果的基础上，择其善而从之，其不善而更之，取其精华，弃其糟粕，删繁就简，著成是书。冀望读者一本在手，而尽得诸本之要；窥一斑而观全豹，以弥补不能尽读之憾。

这本小书与市场上众多茶籍的重要区别之处，还在于不仅将关于茶的历史渊源、生长环境、加工分类、烹煮水火、茶艺茶具等若干方面知识与儒教、佛教、道教、陶瓷、紫砂、诗词、对联、典故、人物、故事等诸多传统文化内容融为一体，还着重讲述了深入茶道精髓的"茶禅一味"的理念，使人在品茶阅读时，得到陶冶情操、启人心智、觉悟正道的愉悦与清新感。书中记载的茶诗茶联，脍炙人口，诵之可使人唇齿留香。描述的茶器茶具，瑰丽清雅，雅号赞语，寄怀闲情。即使茶名，也耐人寻味。"莲蕊"，"旗枪"，"雀舌"，使人似乎又嗅到了茶叶生长在山野中的那种自然气息。插配的图片，清新亮丽，足以使人望而生津，垂涎欲滴。总之，在给人以视觉享受、增长知识的同时，足以获得心灵的安逸与宁静。相信茶楼茶坊置之，可提升其品位；文人茶客读之，可增长其知识，以助谈资。方外僧道读之，亦可孤云出岫，明心见性，福慧增长，六时吉祥。然由于本人水平所限，错谬恐在所难免。不当之处，敬祈高僧大德、方家里手，不吝赐教。

目录

茶禅一味

上篇

瑞草魁首　源远流长

名称繁多　终归于茶

茶的名称,曾经相当繁多。茶圣陆羽在《茶经·一之源》中就说:"其名,一曰茶,二曰槚,三曰蔎,四曰茗,五曰荈。"

茶,古代通常写作"荼"(tú)。东汉许慎《说文解字》:"荼,苦荼也。从艸余声。"宋徐铉校定时注曰:"此即今之茶字。"南宋魏了翁《邛州先茶记》谓:"且茶之始,其字为荼。如《春秋》书'齐荼',《汉志》书'荼陵'之类,陆、颜诸人虽已转入'茶'音,而未敢辄易字文也。若《尔雅》,若《本草》,犹从艸从余,而徐鼎臣训茶,犹曰:'即今之茶也。'"清代顾炎武通过查考唐代碑刻,肯定了魏了翁的观点,认为中唐以后才有"茶"字(见《唐韵正》卷四)。诚如启功所说:"古称茶苦近称茶,今古形殊义不差。"由于古代"荼"与"茶"字通假,因此在古代典籍中,有些被写作"荼"字,有些则被写成"茶"字。

槚(jiǎ),是茶的别名之一,原意指楸树。东汉许慎《说文解字》:"槚,楸也。从木,贾声。《尔雅·释木》:"槚,苦荼。"晋代郭璞《尔雅注》释曰:"树小似栀子,冬生,叶可煮作羹饮。今呼早采者为荼,晚取者为茗。一名荈。蜀人名之苦荼。"

蔎(shè),也是茶的别名之一,原指一种香草。《说文解字》:"蔎,香草也。从艸,设声。"段玉裁《说文解字注》认为,是草香之意。

茗,也是茶的别名之一。《说文解字)中原无此字,宋徐铉校定时补入,谓:"茗,荼芽也,从艸,名声,莫迥切。"《类篇·木部》也认为:"荼,茗也。"不过,也有观点认为"茗"与"荼"有别。《资治通鉴·齐世祖永明九年》胡三省注谓:"《本草》曰:茗,苦荼。郭璞曰:早采者为荼,晚采者为茗。"清杨伦《杜诗镜铨)卷六《寄赞上人》引《神农食经》亦谓:"早收曰荼,晚收曰茗。"

荈(chuǎn),也是茶的一种别名。《玉篇·草部》认为,荈是"茶叶老者"。

以上各种茶名,古时各种典籍中一直混用。直到唐玄宗开元二十三年(735)所编的字书《开元文字音义》,才将"茶"的音、形、义明确下来。在这之前,其字或从草,写作"荼";或从木,写作"槚";或从草木,写作"荼"。《开元文字音义》虽然已佚,但清代黄奭《汉学堂丛书经解·小学类》辑存一卷;汪黎庆《学术丛编·小学丛残》中亦有收录。由于《开元文字音义》比陆羽《茶经》早出二十五年,因此南宋魏了翁《邛州先茶记》所谓"惟自陆羽《茶经》、卢仝《茶歌》、赵赞茶禁以后,则遂易'荼'为'茶'"的结论,显然有误。

茶,除了以上别名外,还有若干别号美称。唐代诗人杜牧曾写下"山实东吴秀,茶称瑞草魁"的著名诗句,于是"瑞草魁"便成了茶的美称之一。盛唐朝廷科举时,很多人将茶称为"麒麟草",不仅借以寓意祝福,而且还用来助发文兴情思。《凤翔退耕传》即曰:"元和(806-820)时,馆客汤饮待学士者,煎麒麟草。"蒙古人入主中原的元代,崇尚"万般皆下品,唯有读书高"的汉族士大夫阶层中,有许多有志气、有才学的文人,不事权贵,退隐山林,茶便成了这些文人苦中求乐的朋友,而被称为"忘忧君";他们以茶解忧时,茶也成了这些人表示清节的工具之一,而被称为"苦节君"。"苦节"固然

◎提梁壶

不假,然而"忘忧"恐怕决非易事,是需要下一番狠功夫才能做得到的。

原产中国 源远流长

中国是世界上最早使用茶的国家,其产茶、制茶、饮茶的历史,源远流长。

一般而言,某种植物原产地的确定,需要三条根据:一,文献记载是否最早;二,是否有原生植物的发现;三,是否有语音学的源流考证。

国际学术界对"茶原产地在中国"这一观点,历经论争,颇费周章,但从上述三条综合来看,茶原产中国,毋庸置疑。

首先,从文献记载来看,中国古籍中关于茶的记载,不可胜数。当中国人发现并开始使用茶时,西方许多国家尚处蛮荒时代,根本无史籍可谈。公元前6世纪前后已经在社会上广泛流传的我国最早的诗歌总集《诗经》中,已经多次提到了"茶"。如《邶风·谷风》:"谁谓茶苦,其甘如荠";《豳风·七月》:"采茶薪樗,食我农夫";《郑风·出其东门》:"出其闉阇,有女如茶"、"虽则如茶,匪我思且";《豳风·鸱鸮》:"予手拮据,予所捋茶"等等。

晋人常璩《华阳国志·巴志》内容上溯至殷周,记载了最早的茶事。书中写道:"武王既克殷,以封其宗姬于巴,爵之以子。古者,远国虽大,爵不过子。故吴、楚及巴皆曰子。其地东至鱼腹,西至僰道,北接汉中,南极黔涪。土植五谷,牲具六畜。桑、蚕、麻、纻、鱼、盐、铜、铁、丹漆、茶、蜜、灵龟、巨犀、山鸡、白雉、黄润、鲜粉,皆贡纳之。"意思是说,周武王克殷以后,将其宗族分封到巴国当子爵,这些子爵之国在向周王朝进献的贡品中,就有"茶"。书中又载:"其果实之珍者,树有荔枝,蔓有辛蒟,园有芳蒻香茗,给客橙葵。"表明当时园地里种的作物中,就已经包括"香茗"了。

茶原产于以大娄山为中心的云贵高原,后随江河交通流入四川。武王伐纣,西南诸夷从征,其中有蜀,蜀人将茶带入中原。由此可见,唐代陆羽在《茶经·六之饮》中"茶之为饮,发乎神农氏,闻于鲁周公"的论断绝非臆猜。

最初成书于战国末年,中国现存最早的字书《尔雅》载:"槚,苦茶。"(《释木》)现存最早的药学专著《神农本草经》,又名《神农本草》,简称《本草经》或《本经》。撰人不详。其成书年代,或谓成于秦汉时期,或谓成于战国时期。原书早佚,现行本是后世从历代本草书中集辑的,最早著录于《隋书·经籍志》。《神农本草经》中载:"神农尝百草,日遇七十二毒,得茶而解之。"意思是说,我国上古传说中的代表人物之一神农氏,为考察对人有用的植物而亲自尝食百草,以致多次中毒,得到茶,方得解救。这些记载可以说明,战国时代人们不仅对茶已经十分熟悉,而且对茶可以用来解毒的药用价值,也已经有所认识了。

如果有人觉得上述史料或有托古之嫌,不太可靠,那么汉代典籍中关于茶的记载,应该是言之凿凿,无可置疑了。在"汉代四大家"的司马相如、扬雄、王褒、枚乘的著作中,都有与茶相关的内容,从不同的角度描述了汉代茶事的兴起与普及。

司马相如(前179-前117),蜀郡成都人,因与卓文君"当垆卖酒",成就了历史上一段佳话。他在约成书于公元前130年的《凡将篇》中,列举了"乌喙、桔梗、芫华、款冬、贝母、木蘗、蒌、芩草、芍药、桂、漏芦、蜚廉、藋菌、荈诧、白敛、白芷、菖蒲、芒消、莞椒、茱萸"等二十多种药物,其中"荈诧",指的就是茶。

被陆羽在《茶经》中称为"扬执戟"的扬雄(前53-前18),字子云,也是蜀郡成都人,是通经学、象数、天文、语言的大家,被人赞为"南阳诸葛庐,西蜀子云亭",其辞赋与司马相如并称"扬马"。扬雄在我国第一部方言词典——《輶

◎宫乐图

轩使者绝代语释别国方言》，简称《方言》中，也有"蜀西南人谓茶曰蔎"的记载。

王褒，字子渊，蜀郡资中人，曾写过一篇购买一个名叫"便了"奴仆的《僮约》，无意中为后世留下了一些关于茶事的信息，成为当今研究茶事最重要的依据之一。《僮约》写道："……神爵三年(公元前59年)正月十五日，资中男子王子渊，从成都安志里女子杨惠，买亡夫时户下髯奴便了，决贾万五千。奴当从百役使，不得有二言。晨起早扫，食了洗涤……烹茶尽具，铺已盖藏……舍后有树，当裁作船，上至江州，下到煎主……贩于小市，牵牛贩鹅，武阳买茶，杨氏池中担荷。往来市聚，慎护奸偷……奴不听教，当笞一百。"从王褒这份明确"便了"工作职责的"劳动合同"中可以看出，在"便了"作为一个家僮奴仆需要做的若干事务中，有两条涉及茶事：一是"烹茶尽具"，二是"武阳买茶"。其中，"烹茶尽具"，说明当时巴蜀地区，饮茶已经成为人们日常生活习惯，便了不仅要"烹茶"，还要将用于烹茶、饮茶的茶具洗干净。"武阳买茶"，则表明茶叶作为一种商品已进入市场买卖，茶市兴起并形成了一定的规模。

三国时，魏张揖依据《尔雅》体例，博采汉代经书笺注增广补充而成的《广雅》云："荆、巴间，采叶作饼。叶老者，饼成，以米膏出之。欲煮茗饮，先炙令赤色，捣末置瓷器中，以汤浇复之，用葱、姜、橘子芼之。其饮醒酒，令人不眠。"说明茶饮在当时已被作为醒酒的饮料了。

魏晋南北朝，是中国茶文化发展史上的一个重要时期。西晋时官至中书舍人的杜育，曾撰写我国现存最早专门歌吟茶事的诗赋——《荈赋》，虽原文散佚，然现仍可从《北堂书钞》《艺文类聚》《太平御览》等书中辑出以下二十余句："灵山惟岳，奇产所钟。瞻彼卷阿，实曰夕阳。厥生荈草，弥谷被岗。承丰壤之滋润，受甘露之霄降。月惟初秋，农功少休，结偶同旅，是采是求。水则岷方之注，挹彼清流；器泽陶简，出自东隅；酌之以匏，取式公刘。惟兹初成，沫沈华浮。焕如积雪，晔若春藪。""若乃淳染真辰，色殨青霜，口口口口，白黄若虚。调神和内，倦解慵除。"《荈赋》叙述了茶之性灵、生长环境、种植、采摘、取水、择器、观汤、效用等茶事全过程，将茶事作为审美对象加以描述，展现了当时名士饮茶已达到很高的境界，为唐代陆羽《茶经》的诞生，奠定了基础。陆羽在《茶经》之《四之器》《五之煮》和《七之事》中，曾多次提及杜育及其论述。另外，西晋孙楚《出歌》中，也有"姜桂茶荈出巴蜀，椒橘木兰出高山"等诗句。

晋时，热衷服药、纵酒放达、流连山水等，是文人士子们"风流"的表现，饮茶也为名士们所乐习，成为其风流的一个重要方面。陆纳、桓温等风流名士，积极倡导"俭行"，通常以茶果待客，而不备盛馔珍馐。例如《晋中兴书》载："陆纳为吴兴太守时，卫将军谢安常欲诣纳。纳兄子俶怪纳无所备，不敢问之，乃私蓄十数人馔。安既至，所设唯茶果而已。俶遂陈盛馔，珍羞必具。及安去，纳杖俶四十，云：'汝既不能光益叔父，奈何秽吾素业？'"《晋书》亦载："桓温为扬州牧，性俭，每宴饮，唯下七奠拌茶果而已。"桓温的崇拜偶像——"闻鸡起舞"的北伐志士刘琨，也是有名的爱茶者，不仅自己从茶中受益，还向其侄子推荐饮茶的妙处。他在《与兄子南兖州刺史演书》中云："前得安州干姜一斤，桂一斤，黄芩一斤，皆所须也。吾体中愦闷，常仰真茶，汝可置之。"名士左思不仅好茶，还在《娇女诗》中写道："吾家有娇女，皎皎颇白皙。小字为纨素，口齿自清历……其姊字惠芳，眉目粲如画……驰骛翔园林，果下皆生摘……贪华风雨中，倏忽数百适……止为茶菽据，吹嘘对鼎䥶。"在左思的影响下，他的两个女儿也倾心于烹茶等茶事了。在这些好茶名士的宣传、带动下，饮茶的风习开始传播。陆羽《茶经·七之事》中引《广陵耆老传》曰："晋元帝时有老姥,每旦独提一器茗,往市鬻之,市人竞买。"并引傅咸《司隶教》曰："闻南市有蜀妪作茶粥卖,为廉事打破其器具,后又卖饼于市。而禁茶粥以困蜀姥,何哉?"说明当时茶饮已开始走向商业化。

其次,从原生植物的发现来看。我国古代不少关于茶的记载中,都谈到了野生大茶树的情况。西晋惠帝时人王浮在《神异记》中曰："余姚人虞洪入山采茗,遇一道士,牵三青牛,引洪至瀑布山曰:'吾,丹丘子也。闻子善具饮,常思见惠。山中有大茗,可以相给。祈子他日有瓯牺之余,乞相遗也。'因立奠祀,后常令家人入山,获大茗焉。"意思是说,东汉永嘉年间余姚人虞洪,进山采茶,遇到传说中的神仙丹丘子,指示给他一棵大茶树。无独有偶,陆羽在《茶经·一之源》中也曾详细描述道:"茶者,南方之嘉木也。一尺、二尺乃至数十尺。其巴山峡川,有两人合抱者,伐而掇之。其树如瓜芦,叶如栀子,花如白蔷薇,实如栟榈,蒂如丁香,根如胡桃。"如果说《神异记》中丹丘子指示大茶树还只是一个传说,那么陆羽在《茶经》所记录的,则应该是他长期对产茶情况进行实地研究的"调查报告"了。北宋时宋子安在其所著的《东溪试茶录·茶名》中也说:"一曰白叶茶,民间大重……次有柑叶茶,树高丈余,径头七八寸,叶厚而圆……为食茶之上品……四曰细叶茶,叶比柑叶细薄,树高者五六尺,芽短而不乳……"此类记述,在古代典籍中不胜枚举。

当19世纪中国茶叶走向世界时,中国为茶叶原产地几乎是一种常识。令人遗憾的是,当时中华大地上,尚未有现存野生大茶树的相关报告。1823年,英军少校勃鲁士(R·Bruce)在中印边界萨地亚(Sadiya)山中,发现了一株高约13米,径围近1米的野生状态大茶树。第二年,他的哥哥勃鲁士(C·A·Bruce)在当时属缅甸阿萨姆省的赛比萨加(Sibsagar)也发现类似野生的大茶树,并断言茶原产于印度,理由就是印度有野生大茶树。此消息传开后,在国际上引起了轩然大波。一些学者更是趁机提出茶叶原产地的种种所谓"新说"。英国植物学家勃来克、勃朗、叶卜生以及日本加藤繁等人都坚持认为,判断原产地的唯一标准,只能取决于野生大茶树是否存在。中国没有关于野生大茶树的报告,而印度发现了大茶树,原产地唯一可能应该在印度。茶学界将这种观点称为"原产地印度一元论"。可事实上,直到中国已经使用茶几千年之后的18世纪80年代,印度尚不知茶为何物,此后才开始从中国输入茶种。因此,"原产地印度一元论"难以服人。于是,又出现了以荷兰的科恩司徒为代表的"大叶茶原种在印度,小叶茶原种在中国"的"原产地二元说"。之后,更出现一种以美国人威廉·乌克斯为代表的"凡自然条件有利于茶树生长的地区都是原产地"的"多元说"。虽然这种说法被《中国茶文化》的作者王玲戏说为:"好比说有条件生孩子的女人都生过孩子一样可笑。"但当时在印度的英国茶商还是提出,英国的茶叶贸易必须从中国转移到印度。针对这种状况,1835年,英国茶业委员会专门派遣了一个由植物学家和地质学家联合组成的科学调查团,到阿萨姆进行实地考察。专家们经过考察一致认为,阿萨姆种仅仅是中国茶树的一个变种,品质劣于中国种。英国茶业委员会据此决定采用中国种,第二年即派人到中国购运茶苗和茶籽。至此,这桩公案才得以了结。

◎虚扁壶

自19世纪末开始,包括四川、广西、广东、湖南等地的中国东南各省,都先后发现了高度在10米以上的野生大茶树。尤其是云贵地区,不断发现的野生大茶树,更加令人瞠目。王从仁在《中国茶文化》中,记录了关于这方面很多资料:"19世纪末,英国人威尔逊(A. Wilson)到我国西南地区考察,在《中国西部游记》中写道:'在四川中北部的山坡间,曾见茶丛普遍高达10英尺或10英尺以上,极似野生茶。'1939年,在贵州务川县发现一棵野生大茶树,高达7.5米。第二年,在务川西北老鹰山海拔1400米处,又发现十几棵大茶树,高度均在6.6米左右。1957年,在贵州赤水县黄金区和平乡海拔1400米的高山密林中,发现一棵高达12米的大茶树。1976年,又在道真县海拔1100米的山林中,发现一棵高达13米的大茶树。云南的野生大茶树发现虽然比贵州晚,但却后来居上,更加引人注目。1951年,勐海县南糯山发现三棵大茶树,高约3米多。1958年,又在该地深林里发现一棵两人合抱的大茶树,高约5.5米,株幅10米,生长在1100米的山坡上,树龄有八百年以上,当地群众称之为'茶树王',并为其建立了纪念亭……1956年,在西双版纳地区海拔1900米的孔明山,发现大茶树,最高达19米。此外,还分别发现了高达11米、13米的大茶树。最值得一提的是巴达大茶树。1961年,在勐海县巴达公社的大黑山密林中,海拔约1500米处,发现一棵高32.12米的大茶树,树围2.9米,离地1.5米处有五个分枝,此树树龄约1700年,是迄今为止发现的最大的茶树。可惜前几年,树的上半部为大风吹断,1978年重测时,仅高14.7米了。这一带,还发现类似的大茶树9棵,高度在16米左右,有的在20米以上。"

当然,发现野生茶树的地方,并非一定就是茶树的发源地。作为世界茶的原产地通常还需要有三个要素:一有茶树的原始型生理特征,二有古木兰和茶树的垂直演化系统;三是第三纪木兰植物群地理分布区系。我国与国际上许多科学工作者一道,经过多年的科学考察,不仅在我国的云贵川地区,发现了大面积的野生古茶树群落和作为垂直演化系统的过渡型古茶树,还在云南思茅的景谷县发现了距今已有3540万年的宽叶木兰植物化石。经过科学研究证明,这里是世上唯一具备茶树原产地三个要素的地域。并根据这一系列野生茶树发现,详细研究了茶树的自然分布状况,研究了从地质的变迁以及由此引起的种内变异状况,从而认为中国原始茶树的繁衍及其扩散,是以云贵高原为中心而逐渐展开的。关于这一点,姚国坤在《茶树的演化》中指出:"茶树起源于新生代第三纪早期,其原产地的中心地段是滇、黔、川等省区的毗邻地区。由于第三纪中期开始的地质演变,出现了喜马拉雅山的上升运动和西南地台横断山脉的上升。从而使得第四纪后,茶树原产成了云贵高原的主体部分。由于地势升高以及当时出现的冰川和洪积,形成了褶皱和断裂的山间谷地。这样,由于垂直气候的影响,使得原属热带的同一区域变得既有热带和亚热带,又有温带和寒带,使茶树出现了同源分居的现象。……茶树同源分居以后,由于各自所处地理和气候条件的差异,再经过漫长历史的繁衍过程,引起了茶树自身的缓慢生理变化和物质代谢的逐渐改变,从而使茶树朝着适应各自所处的气候、土壤而改变自身形态结构和代谢类型的方向发展,形成了茶树不同的生态型。"与此同时,茶树也开始了自然繁衍的过程。原始茶树的分布地区,也逐渐从云贵高原扩散至现今的四川、广西、广东、福建、湖南、湖北等地区。如生长于云南的大叶种的乔木型野生茶树;生长于广西、广东、湖南的中叶种的小乔木型野生茶树;生长于四川盆地南部及贵州北部的中叶种的灌木型野生茶树等等。

日本的志村乔与桥木实两位教授,在作细胞染色体的比较观察的报告中指出,中国和印度茶种的染色体的数目是相同的,在细胞遗传学上,没有差异。桥木实还在中国东部(台湾、海南岛)、泰国、缅甸和印度阿萨姆等地进行实地调查。1980年至1984年,又三次到我国云南、广西、湖南、四川等地作了考察,发现各地茶叶的外形虽发生了连续性的变异,但不存在种的变异。他认为,茶的传播是以四川、云南为中心,往南推移,由缅甸到阿萨姆,向乔木化、大叶形发展;往北推移,则向灌木化、小叶形发展。经过这一系列严密的科学论证,学术界最终证实,我国西南地区就是茶树的原产地。

从语音学考察来看,茶原产于中国,更自不待言。世界各国对"茶"的读音,基本都是由我国广东语、福建厦门语和现代普通话的"茶"字这三种语音所构成。潘根生在《茶业大全》中认为:"世界各国'茶'的语音也都导源于我国广东语系(陆路)和福建语系(海路)。如日本'cha'、朝鲜'cha'、蒙古'chai'、比利时'cha'、伊朗'cha'、土耳其

'chay'、希腊'ts·ai'、阿尔巴尼亚'cai'、阿拉伯'chay'、波兰'chai'、葡萄牙'cha'等,均属广东语系;而马来西亚'the'、斯里兰卡'chey'、南印度'tey'、荷兰'thee'、英国'tea'、德国'tee'、法国'the'、意大利'te'、丹麦'te'、瑞典'te'、芬兰'tee'等,均属福建语系。"

鉴于上述三条根据,我们可以问心无愧、理直气壮地向全世界宣称:中国就是茶的原产地,中国就是茶的故乡。

药养食饮 功用兼具

从古代典籍记载来看,秦汉之前,茶基本功用主要在于药用。《神农本草经》载:"茶叶苦,饮之使人益思,少卧,轻身,明目。"《神农食经》说:"茶茗久服,令人有力悦志。"东汉末年的著名医家华佗,在《食论》中也说:"苦茶久食,益意思。"由此可见,以茶为药在当时为主流。

魏晋以后,茶的功用逐渐转移到饮料上,但人们还是没有淡忘其药用功能。刘琨在给侄子的信中写道:"吾体中愦闷,常仰真茶。"显然,身为北方士族的刘琨,还是将茶视为药物,至少是将其视为一种辅助性药品来饮用的。

◎方壶

唐显庆二年(657),唐高宗采纳苏敬的建议,诏命长孙无忌、苏敬、吕才等人,在《神农本草经》及其《集注》的基础上,对其进行修订,并于显庆四年(659),编成我国第一部由国家颁行的药典——《新修本草》后世又称《唐本草》），其中就说："茗，苦茶。味甘苦，微寒，无毒。主瘘疮，利小便，去痰渴热，令人少睡。秋采之苦，主下气消食。"注云："春采之。"

唐代著名道士、医药学家、被人称为"药王"的孙思邈（581～682），在《枕中方》中曰："疗积年瘘，苦茶、蜈蚣并炙，令香熟，等分，捣筛，煮甘草汤洗，以末傅之。"《孺子方》亦曰："疗小儿无故惊厥，以苦茶、葱须煮服之。"

陆羽在《茶经·一之源》曰："茶之为用，味至寒，为饮，最宜精行俭德之人。若热渴、凝闷、脑疼、目涩、四肢烦、百节不舒，聊四五啜，与醍醐、甘露抗衡也。"意思是说，当人遇到热渴胸闷、头疼眼涩、四肢酸懒、关节倦怠时，喝上四五杯茶，足以与饮醍醐甘露，不相上下，上述身体的种种不适，顿可化为乌有。但他同时又提醒人们，若"采不时，造不精，杂以卉莽，饮之成疾"。意思是说，如果茶采摘不当时令，加工粗糙，或者其间混入杂草时，人饮之，也会导致疾病。在《七之事》中，他又引经据典，指出茶具有益神省脑、轻身利尿、解毒疗疮、治小儿惊厥等效用。唐代陈藏器《本草拾遗》，甚至将茶视为"万病之药"而推崇备至。这显然过分夸大了茶的药效。他如《唐本草》《千金药方》等医药典籍，《唐国史补》等文史著作，以及皎然、白居易、陆龟蒙、皮日休等创作的诗歌中，也都谈到茶具有少睡、安神、明目、去暑、清热、解毒、去腻膻、消食、醒酒、利二便、治痢、去痰、祛风解表等药用功效。

茶叶可以治疗众多疾病，但服用不当，也可能会引起不适。宋叶廷珪在《海录碎事》中即曰："茶久食羽化。不可与韭同食，令耳聋。"不过，当时人们对于茶的药用功用，大多"知其然，不知其所以然"，还仅仅处在一种原始经验状态。直到明代李时珍等人，才相继以中医辨证论治的理论，肯定了茶的药理功效，并介绍了各种不同的煎服方法，对茶的药用功用，阐发得也更为科学一些。明代由钱椿年原辑、顾元庆删校的《茶谱》，就说得比较全面合理："人饮真茶能止渴、消食、除痰、少睡、利水道、明目、益思、除烦、去腻。人固不可一日无茶。"经过数千年人们的不断实践，时至今日，茶的药理作用已为现代科学所证明。茶不仅具有防暑降温、预防龋齿，降低血脂、减肥健美等作用，还可以被用来作为治疗细菌性痢疾、黄疸型肝炎、糖尿病、高血压、冠心病、动脉硬化、肠胃炎、眼睛疾病以及某些皮肤炎症、辐射伤害的辅助药物。

在古代，茶的养生、利生的功效，也被注重养生、追求长生不老的道士善加利用，并产生了一些茶与道教或道士的神话传说。《晋书·艺术列传》曾记敦煌人单道开。"不畏寒暑，常服小石子。所服药有松、桂、蜜之气，所饮茶苏而已"。被梁代人称为"山中宰相"的著名道士、医药家、文学家陶弘景（581-682），在《杂录》中也有"苦茶轻身换骨，昔丹丘子、黄山君服之"的说法。被称为"壶公"的道家人物壶居士，在《食忌》中亦曰："苦茶，久食羽化。"由于饮茶可以清胃涤肠，去浊秽，利小便，降心火，这些都与养生之道十分吻合。可见道士是将茶作为一种养生祛病的长生药来饮用的。

非但道家如此，佛家也不例外。唐代大诗人李白在《答族侄僧中孚赠玉泉仙人掌茶序》中说："唯玉泉真公，常采而饮之，年八十余岁，颜色如桃花。而此茗清香滑熟，异于他者，所以能还童振枯。"李白所说的那位返老还童的八旬老僧，还算不得高寿。宋人钱易《南部新书》所载则更为奇妙："大中三年(849)，东都进一僧，年一百三十岁。宣皇问服何药而至此，僧对曰：'臣少也贱，素不知药，性本好茶。至处唯茶是求，或出亦日遇百余碗，如常日亦不下四五十碗。'因赐茶五十斤，令居保寿寺，名饮茶所曰茶寮。"

不仅中国将茶视为养生之物，东邻日本一开始也是将茶视为药物，并且特别强调其养生延年功用。被誉为日本"茶祖"的荣西禅师(1142-1215)，曾于南宋乾道四年(1168)来到中国，在浙江天台山、育王山学习佛教，研读经书之余，关注茶事。回国之后，荣西不仅种植茶树，倡行茶道，而且还撰写了《吃茶养生记》。他在书中写道："茶者，养生之仙药也，延寿之妙术也。山谷生之，其地神灵也；人伦采之，其人长命也。天竺、唐土均贵重之，我朝日本曾酷爱矣，古今奇特之仙药也。"

茶除了药用、养生价值之外，其食用价值也早已被古人知晓且善加利用。《诗疏》

◎煮茶图（局部）

云："椒树、茱萸、蜀人作茶，吴人作茗，皆合煮其叶以为食。"《晏子春秋》亦记载："婴齐景公时，食脱粟之饭，炙三弋、五卵，茗菜而已。"梁刘孝绰《谢晋安王饷米等启》一文中，有"茗同食粲"之句。此处所谓"粲"，即餐也。可见茶之为用，当同菜蔬鱼肉之类，为羹煮餐食之物。唐代杨华《膳夫经手录》载："茶，古不闻食之，近晋宋以降，吴人采其叶煮，是为茗粥。"直到中唐，还有以茶做粥的食法。唐代储先羲《吃茗粥作》云："淹留膳茶粥，共我饭蕨薇。"

当然，茶的最大实用价值，莫过于作为饮料。茶成为饮料，在秦汉时已初见端倪。清代顾炎武在《日知录》中"自秦人取蜀后，始有茗饮之事"的著名推论，已被学术界所普遍接受。

饮茶的正式记载，见于汉代。《华阳国志》载："自西汉至晋，二百年间，涪陵、什邡、南安(今剑阁)、武阳(今彭山)皆出名茶。"至三国时，茶已开始被吴国上流社会用来作为宫廷饮料了。《吴志·韦曜传》载："孙皓每飨宴，坐席无不率以七胜(升的通假字，容量单位)为限，虽不尽人口，皆浇灌取尽。曜饮酒不过二升。皓初礼异，密赐茶荈以代酒。"意思是说，吴国的末代皇帝孙皓凶暴骄矜，溺于酒色，每次宴请群臣，不仅要耗费一整天时间，而且他还下旨，凡参加宴席者，无论何人，必须喝足七升，喝不下的，就派人硬灌入口，以此取乐。孙皓的宠臣韦曜，酒量不大，只能喝二升。孙皓对他网开一面，让韦曜以茶代酒，蒙混过关。后来韦曜失宠，照样也被灌酒，死于非命。

茶作为一种饮料，经历了由南及北、由上而下、缓慢传播普及的过程。东晋南渡之初，来自北方的中原冠冕，便受到了南方久习饮茶文化的挑战。《世说新语·纰漏》中，曾记载过当时颇负盛名的北朝文士任育长饮茶的故事："王丞相请先度时贤共至石头迎之，犹作畴日相待，一见便觉有异。坐席竟，下饮，便问人云：'此为茶为茗？'觉有异色，乃自申明云：'向问饮为热为冷耳。'"意思是说，任育长过江来到石头城(今江苏南京)，当地举行了盛大招待会，席间设有茶水。任育长一口气喝了下去，问道："这是茶还是茗？"茶和茗原本就是一回事，南方豪门听了这句外行话，颇觉可笑。任育长一看情况不妙，连忙改口说："不，不，我刚才问，所饮是热的还是冷的?"欲盖弥彰，冷暖岂不自知，反而更引起人们一场哄堂大笑。这次言谈举止的纰漏失态，使任育长的盛名受挫，被称为"自过江，便失态"。当然，南迁的北方贵族对饮茶知识的缺憾,决非仅仅是任育长一个人的个别现象。据《太平御览》记载,东晋的司徒长史王濛"好饮茶,人至辄命饮之,士大夫皆患之。每欲往候,必云:'今日有水厄。'"简直把喝茶视为一种灾难了。随着时光的流逝,南迁的北方贵族,也渐渐习惯饮茶和喜欢饮茶,整个上流社会饮茶成风。"上有好者,下必甚焉",于是,茶作为一种饮料,也就为朝野上下所普遍接受。

由隋及唐,饮茶习俗获得了充分发展,其兴旺发达,已在大唐盛世中充分显现。唐封演在《封氏闻见记》中载:"开元中,泰山灵岩寺有降魔师,大兴禅教。学禅务于不寐,又不夕食,皆许其饮茶。人自怀挟,到处煮饮,从此转相仿效,遂成风俗。自邹、齐、沧、棣,渐至京邑城市,多开店铺,煎茶卖之,不问道俗,投钱取饮。其茶自江淮而来,舟车相继,所在山积,色额甚多。"由此可见,此时茶已不问道俗,深入到寻常百姓家了。

毫无疑问,茶自古以来除了药用、养生、食用、饮用等满足人们的物质功用之外,还与人们的精神需求密切相关。

中国古代第一部诗歌总集《诗经》中提到过几百种植物的名称,其中多次出现"茶"字。《诗经》经常采用比、兴手法,或将植物的物质特性与人的精神风尚、道德情操进行比德,或用来烘托场景、渲染气氛。《诗经》中"茶"的运用,表明当时人们在食饮茶的过程中,还意识到了茶的人文精神价值。《周礼·地官·掌荼》中有"掌以聚荼"的记载,说明茶已被用于周礼祭祀仪式,开始了与中国"礼"文化的链接与融合。

佛教自西汉哀帝元寿元年(公元前2年)传入华夏,在此后的两千多年佛教传播史上,"茶供养",在香、花、灯、乐、果等诸多供养中,始终占有重要地位。

《南齐书》载,南齐武帝萧赜于永明十一年(493)七月临死之前留下遗诏曰:"祭敬之典,本在因心……我灵上慎勿以牲为祭,惟设饼果、茶饮、干饭、脯而已。天下贵贱,咸同此制。"

南朝刘敬叔(390-470),在其所撰的志怪小说及人物异闻集《异苑》中,也有剡县陈氏于宅院中以茶祀冢灵的记载："剡县陈务妻,少与二子寡居,好饮茶茗。以宅中有古冢,每饮辄先祀之。二子患之曰:'古冢何知?徒以劳意。'欲掘去之。母苦禁而止。其夜,梦一人云:'吾止此冢三百余年,卿二子恒欲见毁,赖相保护,又享吾佳茗,虽潜壤朽骨,岂忘翳桑之报'。及晓,于庭中获钱十万,似久埋者,但贯新耳。母告二子,惭之,从是祷馈愈甚。"

　　以上事例充分说明,人们已不再仅仅满足对茶的物质需求,而是将茶提升到了一个更高的精神层面。

◎扁石壶

茶圣陆羽《茶经》名世

　　陆羽(733-804),字鸿渐,唐复州竟陵(今湖北天门市)人,一名疾,字季疵,号竟陵子、桑苎翁、东冈子,又号"茶山御史"。陆羽一生嗜茶,精于茶道,擅长品茗,并将自己多年通过调查研究掌握积累的关于茶树种植、栽培、采摘、加工等若干资料,撰写成世界第一部茶叶专著——《茶经》,对人类茶业发展作出了卓越贡献,被誉为"茶仙",尊为"茶圣",祀为"茶神"。

智积拾得　龙盖沙弥

　　《新唐书·隐逸传》载:"陆羽,字鸿渐,一名疾,字季疵,复州竟陵人。不知所生。"《全唐文·陆文学自传》云:"陆子名羽,字鸿渐,不知何许人也。始,三岁惸露,育乎竟陵大师积公之禅院。"《陆文学自传》作于上元辛丑岁(761),时陆羽"阳秋二十有九",由此可推知其生年为开元二十一年(733)。不过,由于此时陆羽尚未为太子文学,因

◎《韩熙载夜宴图》中品茶场景

此题目当为后人所加。晚唐诗僧齐己《过陆鸿渐旧居》诗题注云:"陆生自有传于井石。"诗云:"如今若更生来此,知有何人赠白驴。"此处用《自传》所载竟陵司马崔国辅赠羽白驴事,由此可知《自传》曾刻于陆羽竟陵旧居之井石,或因此而得以流传。唐赵璘《因话录》云:"竟陵龙盖寺僧,姓陆,于堤上得一初生儿,收育之,遂以陆为氏。"意思是说,陆羽乃是龙盖寺僧积公从河堤上拾得的一个弃儿,并以积公出家前之俗姓陆为其姓。由于《因话录》作者赵璘之外祖父柳中庸与陆羽交契至深,因此所言比较可信。关于龙盖寺僧之法号,《自传》叒云"积公",《因话录》称之为"陆僧",唯李肇《国史补》云:"羽少事竟陵禅师智积。"据《纪异录》载,智积为唐代名僧,代宗时曾召智积入宫,给予特殊礼遇。由此可见,智积至少也是个参禅悟道的饱学之士,绝非等闲之辈。

有民间传说,毗邻龙盖寺的西村,当时客居着因动乱而放弃幕府官吏一职的饱学儒士李公,正在龙盖山麓开学馆教授村童。智积因与其过从甚密,便请李公夫妇帮助自己哺育这个拾得的弃婴。由于当时李氏夫妇的女儿李季兰刚满周岁，便依着季兰的名字，为其取名季疵，视作亲生一般。待季疵长到七八岁时，李公夫妇因年事渐高，思乡之情日笃，便辞别竟陵，返回了自己的故乡湖州。季疵只得回到龙盖寺，在智积身边煮茶奉水，充任沙弥。由于智积好茶，所以陆羽也从他身上学习了很多艺茶之术。

元代前期的西域人辛文房所撰《唐才子传》中亦载："羽，字鸿渐，不知所生。初，竟陵禅师智积得婴儿于水滨，育为弟子。及长，耻从削发，以《易》自筮，得《蹇》之《渐》曰：'鸿渐于陆，其羽可用为仪'，始为姓名。"意思是说，陆羽按此卦词，为自己取名为"羽"，并以"鸿渐"为字。仿佛谕示着自己：本为凡贱，实为天骄；来自父母，竟如天降。

关于陆羽"耻从削发"一节，《自传》叙之甚详："幼时，其师教以旁行书，答曰：'终鲜兄弟，而绝后嗣，得为孝乎？'师怒，使执粪除圬塓以苦之。又使牧牛三十，羽潜以竹画牛背为字。得张衡《南都赋》不能读，危坐效群儿嗫嚅若成诵状。师拘之，令薙草莽。当其记文字，懵懵若有遗，过日不作，主者鞭苦，因叹曰：'岁月往矣，奈何不知书！'呜咽不自胜。"意思是说，虽然陆羽此时身处佛门净土，但他却并不愿皈依佛法，削发为僧。有一次，智积禅师教他抄经念佛，陆羽却说："出家人，生无兄弟，死无后嗣。这不是违背儒家所说'不孝有三，无后为大'，不能称孝了吗？"智积禅师闻言，颇为恼怒，便以繁重的"贱务"惩罚他，指派陆羽打扫寺院，清洁僧厕，践泥抹墙，外出牧牛，试图以此迫使他悔悟回头。但陆羽并不因此而气馁屈服，求知欲望反而更加强烈。他无纸学字，便在牧牛时以竹为笔，划牛背为书。一次偶得张衡《南都赋》，虽然并不识其字，但却模仿学生模样，危坐展卷，摇头晃脑，念念有词。智积闻知后，恐怕他浸染外典，日旷失教，便把他禁闭寺中，令其芟剪卉莽，还派执事对他进行严格管束。每当其记文字懵懵若有所遗，过日不作时，便会遭到执事鞭答。因常自悲叹："岁月往矣，奈何不知书！"呜咽不能自胜。

戏班优伶 贵人相助

陆羽12岁那年,觉得在寺中待下去实在日月难度,便趁人不备,逃出龙盖寺,到一个戏班子里作了优伶,学习演戏。他在《自传》中写道:"因倦所役,舍主者而去,卷衣诣伶党,著《谑谈》三篇。以身为伶正,弄木人、假吏、藏珠之戏。"虽然陆羽其貌不扬,又有些口吃,但他机智豪放,诙谐幽默,表演极为成功,并编写了笑话书《谑谈》三卷,作诙谐语数千言。《因话录》称:"(羽)学赡辞逸,诙谐纵辩,盖东方曼倩之俦。"周愿《牧守竟陵逸游西塔著三感说》也认为:"(羽)方口谔谔,坐能谐谑。"

俗话说"吉人自有天相"。唐天宝五载(746),曾任河南尹的李齐物,贬任竟陵太守。在一次与州人聚饮中,李齐物看到了14岁的陆羽表演出众,十分欣赏他的才华和抱负,当即赠以诗集。李齐物还修书推荐他到隐居于火门山的邹夫子那里学习,从此陆羽始入士子之列。他在《自传》中曰:"天宝中,郢人酺于沧浪道,邑吏召子为伶正之师。时河南尹李公齐物出守,见异,捉手拊背,亲授诗集。于是汉沔之俗亦异焉……后负书于火门山邹夫子别墅。"天宝十一载(752),陆羽揖别邹夫子下山。恰遇礼部郎中崔国辅因坐王鉷近亲,贬为竟陵郡司马,陆羽与之游处三年。《自传》中曰:"属礼部郎中崔公国辅出守竟陵,与之游处凡三年,赠白驴乌犎牛一头,文槐书函一枚。"崔国辅以诗词尤其是以古诗见长。《河岳英灵集》载:崔国辅的诗"婉娈清楚,深宜讽咏,乐府短章,古人不

◎螃蟹杯

及也"。唐玄宗奇其才,诏试文章,命崔国辅、于休烈为试文之官。因此,在与崔国辅游处三年中,陆羽不但名声由崔而更加显要,同时也从崔国辅身上学到了很多东西,知识愈加丰富,学问大有长进。《唐才子传》曰:"有学,愧一事不尽其妙。"《国史补》云:"羽有文学,多意思,耻一物不尽其妙,茶术尤著。"王谠《唐语林》亦云:"羽有文学,多意思,状一物,莫不尽其妙。"

博学多能 性情中人

至德元载(756)安禄山谋反,乱军入据关中,关中士大夫纷纷渡江南下,陆羽亦随之避乱。《自传》曰:"泊至德初,秦人过江,子亦过。"陆羽辗转流落至越中名茶产地湖州。虽然自唐初以来,各地饮茶之风渐盛,但饮茶者并非一定能体味饮茶的要旨与妙趣。陆羽生活于茶乡明丽的山水之间,又受到诗歌艺术的熏陶,决心根据自己的茶学知识和饮茶实践,把饮茶与艺术结为一体,撰写出一部茶学专著来。他逢山驻马采茶,遇泉下鞍品水,口不暇访,笔不辍录,搜集并获得大量与茶叶种植、采摘、加工、制作相关的第一手资料,为撰写《茶经》奠定了基础。唐肃宗乾元元年(758),陆羽来到升州(今江苏南京),寄居栖霞寺,钻研茶事。他深入民间,遍访茶农,远上层崖,实地考察。诚如皇甫冉《送陆鸿渐栖霞寺采茶》所曰:"采茶非采录,远远上层崖。布叶春风暖,盈筐白日斜。归知山寺远,时宿野人家。借问王孙草,何时泛碗花。"次年,陆羽旅居丹阳。

上元元年(760)陆羽隐居于吴兴苕溪之旁,自称桑苎翁,又号东岗子,不杂非类,闭关读书,时人将其比作"楚狂接舆"。《自传》曰:"上元初,结庐于苕溪之滨,闭关读书,不杂非类。名僧高士,谈谑永日。"又云:"常扁舟往来山寺,随身惟纱巾藤鞋、短褐犊鼻。往往独行野中,诵佛经,吟古诗,杖击林木,手弄流水,夷犹徘徊,自曙达暮,至日黑兴尽,号泣而归。故楚人相谓:陆子盖今之接舆也。"《唐才子传》亦曰:"扁舟往山寺,唯纱巾藤鞋、短褐犊鼻,击林木,弄流水。或行旷野中,诵古诗,裴回至月黑,兴尽

23

恸哭而返。当时以比接舆也。"陆羽非但是性情中人,而且为人诚实守信,鄙夷权贵,不重财富,酷爱自然,坚持正义。《自传》曰:"有仲宣、孟阳之貌陋,相如、子云之口吃,而为人才辩笃信……凡与人宴处,意有所适,不言而去。人或疑之,谓生多嗔。及与人为信,虽冰雪千里,虎狼当道,而不惩也。"又曰:"见人为善,若己有之;见人不善,若己羞之。"《唐才子传》亦称:"与人期,雨雪虎狼不避也。"

陆羽生活的时代,儒、释、道三教并行。陆羽受当时社会上某些名士崇尚"不名一行,不滞一方"的思想影响,交游极广,与活跃在当时文坛上有地位的人,过从甚密。周愿《牧守竟陵因游西塔著三感说》中云:"天下贤士大夫,半与之游。"《国史补》云:"与颜鲁公厚善,及玄真子张志和为友。"陆羽自幼被智积禅师收养,后与诗僧皎然结为忘年之交,自然与佛家有不解之缘。然陆羽好友中不仅有僧人,还有道士。其中最著名的是女道士李冶。李冶,又名李秀兰,自幼聪慧洒脱,喜琴棋书画,尤擅格律诗,被称为"女中诗豪"。天宝间,玄宗闻其名,曾召入宫中一月。陆羽在苕溪,曾与皎然、灵澈等组织诗社,李冶多往与会。李冶晚年多病,孤居于太湖小岛上,陆羽时常泛舟前去探望。李冶还写诗以志,足见其友谊之深。陆羽在《茶经》中,将道家八卦及阴阳五行之说融入其中,反映了他所受道家影响,委实不小。其余诸如皇甫冉、皇甫曾、刘长卿、卢幼平、耿湋、戴叔伦、权德舆、崔载华、鲍防、吴筠、孟郊、柳中庸等饱学之士,均与之交往甚密。陆羽所交往的这些诗人,大多崇尚自然美,这对陆羽在《茶经》中创造美学意境,影响非浅。

陆羽在《茶经》问世之前,即以文人著称于世,尤以"词艺卓异"闻人。陆羽所到一处,每离一地,都得到文人雅士和当地群众的隆重迎送。社会上对陆羽如此礼遇,如权德舆所说,当时还不是因为他茶学上的贡献,而是他在文学上的地位使然。

陆羽在学问上涉猎很广,博学多能,不囿于一业。如独孤及刺常州时,无锡县令为整修惠山名胜,闻知"有客竟陵羽,多识名山大川",还特意请陆羽当"顾问"。陆羽不仅编著过《江表四姓谱》《南北人物志》《吴兴历官志》和《吴兴刺史记》《吴兴

记》《吴兴图经》《慧山记》《虎丘山记》《灵隐天竺二寺记》《武林山记》等一些史学方志著作,他还是一个建筑学家。大历八年(773),颜真卿任湖州刺史,与皎然、陆羽结为挚友。颜真卿曾在湖州杼山妙峰寺造亭,大历八年十二月二十一日建成,恰逢癸年、癸月、癸日,故以"三癸"名之。此亭由陆羽设计,颜真卿记事并书写,皎然和诗一首。三大名人集于一处,也算一绝了。皎然诗下有注:"亭即陆生所创。"陆羽同时也是一位文物鉴赏家。皎然在《兰亭石桥柱赞》的序文中曾称,大历八年(773)春天,卢幼平奉诏祭会稽山,邀陆羽等同往山阴(今浙江绍兴),发现古卧石一块,经陆羽鉴定,系"晋永和中兰亭废桥柱。"皎然对为什么邀请陆羽来鉴定说得很清楚:"生(陆羽)好古者,与吾同志。"只是《茶经》问世之后,陆羽在文学方面的成就反"为《茶经》所掩"了。

拓荒之作 尊为茶神

唐肃宗上元元年(760),陆羽从栖霞山麓来到苕溪。他隐居山间,深入农家,采茶觅泉,品茶评水。南朝谢灵运的十世孙——诗僧皎然,长年隐居湖州杼山妙喜寺,但他"隐心不隐迹",与当时的名僧高士、权贵显要,有着广泛的联系。皎然好诗又喜茶,经常与陆羽探讨茶艺,两人结为忘言之交凡四十余年,直至相继去世。《自传》曰:"与吴兴释皎然为缁素忘年之交。"《唐才子传》亦称:"与皎然上人为忘言之交。"赞宁《宋高僧传·唐湖州杼山皎

◎白铜錾花吉祥八宝杯

然传》曰:"以陆鸿渐为莫逆之交。"《皎然集》中,有赠陆羽之诗多首,多处写到与陆羽共同采茶、制茶、品茶的情景。陆羽与皎然的交往,拓展了陆羽的交友范围和视野思路。一年后,陆羽写出了我国第一部茶文化专著——《茶经》初稿,时年28岁。

宝应二年(763),持续八年的安史之乱终于平定,陆羽又对《茶经》初稿做了一次修订。大历九年(774),陆羽参与了颜真卿组织的《韵海镜源》编修一事,他借此机会又搜罗查阅了关于茶事的历代典籍,补充完成了《七之事》,从而完成《茶经》的全部著述,对我国中唐以前茶文化的发展做出精彩总结。建中元年(780),在皎然的倾力资助下,陆羽呕心沥血二十载撰著的《茶经》,终于付梓。

陆羽撰写的《茶经》,首次将中国儒、释、道的思想文化精神,渗透到饮茶艺术之中。他所创造的茶艺,无论在形式、器物上,都体现了儒家的和谐统一。例如他所设计的煮茶风炉,不仅形如古鼎,而且还在其三足之一上书:"坎上巽下离于中",运用了《易经》中坎、巽、离三个卦象说明煮茶包含的自然和谐的原理。在另一足上书:"圣唐灭胡明年铸",表明其积极入世的人生态度。他所造的茶釜,"方其耳,以正令也。广其缘,以务远也。长其脐,以守中也。"这令正、务远、守中的思想,也都是儒家治国方略。他所强调茶人必须精行俭德,以茶养廉、励志、雅志,当然也都是儒家所提倡的。他在《茶经》中希望茶人通过饮茶把自己与山水、自然、宇宙融为一体,在饮茶中度尽烦恼,求得精神解脱,也与佛教禅宗倡导"息心涤虑"、"静参自悟"的主旨,不谋而合。道家强调"天人合一",强调"道法自然",倡导精神与物质的统一。陆羽也认为应该在饮茶过程中充分享受大自然的情趣。他在《茶经·五之煮》中形容沫饽变化:"如枣花漂漂于环池之上,又如回潭曲渚青萍之始生,又如晴天爽朗有浮云鳞然。其沫者,若绿钱浮于水湄,又如菊英堕于樽俎之中。饽者……则重华累沫,皤皤然若积雪耳。"也就是说,茶汤中也包含了大自然最洁静、最美好的品性。

被誉为"大历十大才子"之一的耿湋,盛赞陆羽对茶学的贡献:"一生为墨客,几世作茶仙。"陆羽"茶仙"之名即由此而来。耿湋已断定《茶经》必将名垂后世。皮日休

《茶中杂咏·序》中称:"自周以降,及于国朝茶事,竟陵子陆季疵言之详矣。"陈师道在《茶经序》中也曾这样写道:"夫茶之著书,自羽始;其用于世,亦自羽始。羽诚有功于茶者也。上自宫省,下迨邑里,外及戎夷蛮狄,宾祀燕享,预陈于前。山泽以成市,商贾以起家,又有功于人者也,可谓智矣。"也就是说,陆羽是天下第一个写茶书的人,对茶事、人事,功不可没。因此陆羽从唐代起,即被人誉为"茶仙",尊为"茶圣",祀为"茶神",这是亘古未有的巨大荣誉。当然,陆羽为之付出的心血,恐怕也是常人难以估量的。《茶经》问世,不仅使"世人益知茶",陆羽之名亦因而传布,并为朝廷所知,曾召其任"太子文学","徙太常寺太祝",但陆羽无心于仕途,竟不就职。

陆羽晚年,由浙江经湖南而移居江西上饶,依山傍水,自造山舍,凿泉为井,临山建亭,植竹林花圃。孟郊《题陆鸿渐上饶新开山舍》云:"惊彼武陵状,移归此岩边。开亭拟贮云,凿石先得泉。啸竹引清吹,吟花新成篇。乃知高洁情,摆落区中缘。"诗中盛赞陆羽将桃源景色于此再现,并寓意他高洁的人品。至今上饶有"陆羽井",人称陆羽所建故居遗址。

贞元二十年(804)冬或次年春,陆羽病逝,享年七十多岁。对于陆羽究竟逝于何地,史家多有争议,有的说在上饶,有的说在湖州。孟郊有《送陆畅归湖州因凭题故人皎然、陆羽坟》诗,其中详细描述了湖州杼山陆羽坟的情况,由此看来,陆羽逝于湖州较为准确。

《茶经》共十章,七千余言,分为上、中、下三卷。分别论述了茶的起源与鉴别方法、制造饼茶的工具、饼茶的制作、煎茶与饮茶的器具、煎茶的方法、茶的饮用、有关茶的史料、茶叶的产区、简单的制作方法、茶图等十个方面。

其中,《一之源》,概述中国茶的主要产地及土壤、气候等生长环境和茶的性能、功用。

《二之具》,论述当时用来采茶、制作、加工茶叶的——籯、灶、甑、杵臼、规、承、檐、芘莉、棨、朴、贯、棚、穿、育等各种工具。唐代以前的制茶和饮用方法,都比较粗

◎秋水壶

糙。而陆羽在其中探索的,则是从采摘到蒸茶、捣茶、拍茶、晾晒、焙茶的一系列工序比较精细的蒸青饼茶。经过这些工序,制作出的蒸青饼茶,不仅易于保存、便于运输,而且口感也比之前有了很大进步。陆羽还根据饼茶制作的需要,设计并改进了一系列制茶设备。例如为提高焙烤效率而制造的茶棚:"高一尺,以焙茶也。茶之半干,置下棚;全干,升上棚。"这些设备的出现,也使得饼茶的焙制质量有了较大的提升。

《三之造》,论述当时茶的种类及其采制方法和过程。

《四之器》,讲煮茶、饮茶的各种器具。唐代多用饼茶,陆羽提倡煎茶法,他根据饮茶的实际需要,列出了风炉(兼灰承)、筥、炭树、火筴、镀(或作釜)、交床、夹、纸囊、碾(兼拂末)、罗合、则、水方、漉水囊、瓢、竹筴、鹾簋(兼揭)、熟盂、碗、畚、札、涤方、滓方、巾、具列等,24种共28件茶器,并为这些茶器设了一个储存器——"都篮"。在陆羽设置的这些茶器中,烘焙器、碾罗器、贮茶器、贮盐器、烹煮器、饮茶器等,一应俱全。值得注意的是,其中涉及三种"夹",它们制作材质与用途,多有不同。"火筴",又称"筯",即以铁或熟铜制成的"火钳"、"火筷子"。"夹"则是以小青竹子制成,用来夹放茶饼炙烤。"竹筴",或以桃、柳、蒲葵木为之,或以柿心木为之。长一尺,银裹两头。用来环击汤心以形成水涡,便于投茶。

《五之煮》,讲烹茶的方法、技艺以及各地水质的品第。唐代之前的饮茶方法多是

陆羽设计的各种茶具

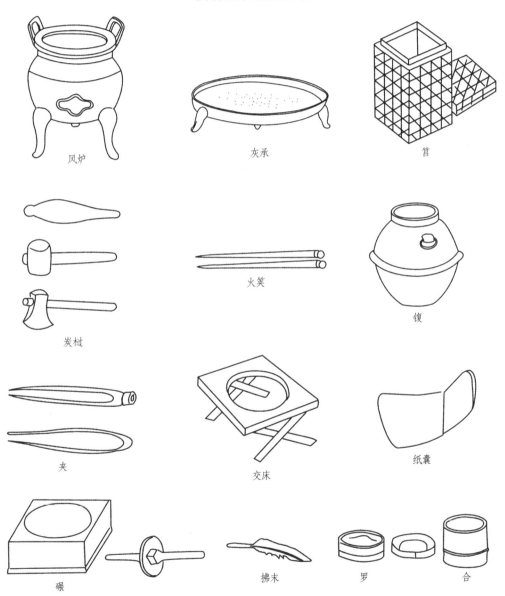

风炉　　　　　灰承　　　　　筥

炭檛　　　　　火筴　　　　　鍑

夹　　　　　交床　　　　　纸囊

碾　　　　　拂末　　　　　罗　　　合

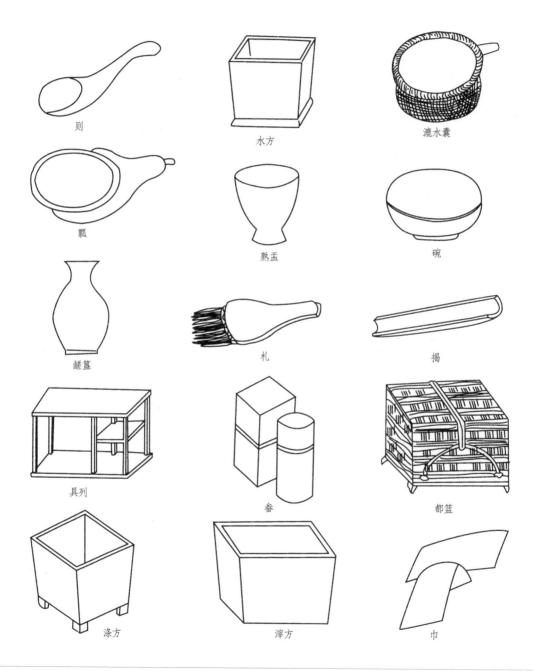

则　　　　　　水方　　　　　　漉水囊

瓢　　　　　　熟盂　　　　　　碗

鹾簋　　　　　　札　　　　　　揭

具列　　　　　　畚　　　　　　都篮

涤方　　　　　　滓方　　　　　　巾

煮饮,皮日休《茶中杂咏·序》就说:"必浑以烹之,与夫瀹蔬而啜者无异。"陆羽在煮饮的基础上,加工改进,发展为煎茶法。其程序大致分为炙茶、热捣、研末、煮水、煎茶、酌茶等。值得注意的是,陆羽对煎茶用水非常讲究。例如他认为:"用山水上,江水中,井水下",并要求"其江水,取去人远者;井水,取汲多者",总之要洁净、远离污染。据唐张又新《煎茶水记》记载,陆羽还品评了天下二十处水源,并为之排定次序。虽然这种说法未必可靠,但重视水质与茶叶品质间的关系,无疑是正确的。以上五章是《茶经》的核心部分。

《六之饮》,讲饮茶的风俗,即陈述唐代以前的饮茶历史和当时饮茶的方法及其鉴赏。陆羽认为:"天育万物,皆有至妙。"并提出"茶有九难:一曰造,二曰别,三曰器,四曰火,五曰水,六曰炙,七曰末,八曰煮,九曰饮。阴采夜焙,非造也;嚼味嗅香,非别也;膻鼎腥瓯,非器也;膏薪庖炭,非火也;飞湍壅潦,非水也;外熟内生,非炙也;碧粉缥尘,非末也;操艰搅遽,非煮也;夏兴冬废,非饮也"。强调每个程序都必须求精、求工,讲究分寸适度,内心要平静,意念要集中,动作要协调。把本来源于物质需求的饮茶活动,从人的饮食生活中区分出来,说明饮茶绝不仅是一种消渴的方式,而是一种高雅情趣,一种精神需求,一种修身养性的自我修养过程,只有这样,才能通过饮茶陶冶情操,平和心境,自我节制,精行俭德。这也就是人们所说的"茶道"。

《七之事》,叙述我国中唐之前有关茶的故事、产地、药效等历史资料,在《茶经》中所占篇幅最大。从传说中的上古三皇时代到隋唐,凡是涉及茶的相关文字材料,大部分都涵盖了。虽然《茶经》没有注明材料来源,但可以想象在此之前的类书中,保存与茶相关的史料还是不少的。虞世南的《北堂书钞》及欧阳询的《艺文类聚》中所收有关茶的史料,即与《七之事》基本相同,仅在个别字句上稍有差别。再者,唐代是诗歌创作最为繁荣的时期,类书作为诗歌创作的重要参考,在唐朝文士间又非常普及,陆羽不难利用类书汇集其中的茶史材料。

《八之出》,详细记载了当时全国茶区的基本分布以及四十余州的产茶情况,品评其质地高下位次。陆羽其中所言,并非道听途说和臆测妄断,而是建立在他亲自详细而深入考察基础上所形成的结论。据说,陆羽为了著述《茶经》,历时五年,几乎走遍天下产茶州县。他将全国分为山南、淮南、浙西、剑南、浙东、黔中、江南、岭南等八大茶叶产区。想必这些产区大多是陆羽亲身到过的,所以才能有如此详尽地记述。当然,也有部分产区陆羽未必亲自到过,因此才会有"其思、播、费、夷、鄂、袁、吉、福、建、泉、韶、象十一州未详,往往得之,其味极佳"的说法。陆羽根据自己的鉴别评价标准,又为每一产区内不同地区的茶品划分了等级。有些较大的茶叶产区,如浙西和剑南,其内部划分更为详细,为后人研究、了解唐代的茶叶生产,提供了相当丰富的材料。

《九之略》,论述可依所处环境,对采茶、制茶用具做某种省略。例如野外采薪煮茶,风炉、交床等不必讲究;临泉汲水,可省去若干盛水之具等等。但强调在正式茶宴上,"城邑之中,王公之门","二十四器缺一则茶废矣"。

《十之图》,是教人把《茶经》的内容分别写在四幅或六幅绢素上,张挂墙上或陈诸座隅,使茶人对茶的本源、制茶工具、茶的采制、烹饮器具、煮茶方法、茶的饮用、历代茶事、茶叶产地、茶具省略等,一目了然。既品茶之味,又明茶之理,这与仅仅端来一瓢一碗,牛饮灌下的意境,自然相去甚远,大不相同。

◎釉彩绘壶

在《茶经》中,陆羽首次把饮茶当做一种艺术过程来看待。他创造了从采茶、制茶、烹茶、酌茶到茶具、茶器等一套中国茶艺,并且贯之以求精求美的美学理念。这就将本来只是日常生活普通行为的饮茶,提高为一种充满情趣、充满诗意的文化现象,升华为茶文化。陆羽从茶的实物到器皿,再到水的选择,各地风俗的呈现,茶的华夏版图也变得清晰可见,到最后形成的是茶的图腾与仪式,《茶经》所要表达的意图也十分明了。那就是要人们把自己的精神融合在格物运化之中,只有将自己与自然融为一体,才能真正回到自然之中。

◎僧帽壶

在中国茶文化史上,陆羽所创造的这套茶学、茶艺、茶道思想,他所撰著的《茶经》,是一个划时代的标志。在我国封建社会里,研究经学坟典被视为士人正途。像茶学、茶艺这类学问,通常被认为是难入正统的"杂学"。陆羽与其他士人一样,对于传统的中国儒家学说十分熟悉并悉心钻研,深有造诣。但他又不像一般文人被儒家学说所拘泥,而能入乎其中,出乎其外,把深刻的学术原理融入茶这种物质生活之中,从而总结和提升了茶文化。虽然经过两晋南北朝三百多年的发展,我国饮茶习俗已经较为普遍,但饮茶在隋唐以前,无论是制茶的技艺,还是饮茶的方式,都比较粗陋,仍处于童年时期。这种状况一直持续到陆羽《茶经》出现之后,才大为改观。

《茶经》的出现,对唐代饮茶风气的进一步流行起到了推波助澜的作用,带动了制茶、饮茶技术的推广。书中详细描述了复杂、细致的制茶、煎茶、饮茶的方法,使人倍感雅致;其中记载的关于饮茶的相关史料,也增添了人们饮茶的趣味。再通过与陆羽交往的一些文人,如戴叔伦、权德舆,以及晚唐的皮日休、陆龟蒙等人的鼓吹,陆羽及其《茶经》,自然深受唐人的推崇。唐赵璘《因话录》称:"(陆羽)性嗜茶,始创煎茶法,至今鬻茶之家,陶为其像,置于炀器之间,云宜茶足利……又有追感陆僧诗至多。"唐代诗人创作的大量茶诗,也与陆羽《茶经》有密切的关系。

《茶经》既是中国茶学的拓荒之作,又是后世茶书的楷模,为唐代及此后的历代茶书写作创立了范式。唐张又新《煎茶水记》、温庭筠《采茶录》、五代毛文锡《茶谱》等片段,或借陆羽以自重,或模仿《茶经》的记述。宋、明两代,是茶书创作更为繁荣的时期,今天所能看到的几十种茶书,记述内容大多仍不出《茶经》论及的几个方面。

《茶经》以其丰富的内容对中国乃至世界茶史,都产生了不可估量的影响。日本茶道的形成,就是在吸收了我国唐宋时期的饮茶方式的基础上加以改造的,时至今日还保留了一些《茶经》记述的唐代的饮茶方式。

◎瀑泉提梁壶

饼团散茶　各具擅场

茶作为一种饮料，成为人们日常生活中的必需品，经历了漫长的历史过程。虽然各个时代可能都存在诸如饼茶、团茶、粗茶、散茶、末茶等若干品种类别，但不同时代、不同地区，相对而言都有人们崇尚或倡导的主流品种。其中，唐、宋、明这三个历史阶段，对饮茶习俗的影响，尤为显著。

饼茶碾末　诸香合煮

唐之前中国人对茶的加工和饮用方法，相对粗放，比较原始。也就是说，将鲜茶叶投入水中做成羹饮，几乎与喝菜汤差不多。诚如皮日休《茶中杂咏·序》所谓："季疵以前，称茗饮者，必浑以烹之，与夫瀹蔬而啜者无异也。"不过，由于鲜茶叶无法长久存贮，当时的交通运输条件也没有能力将其大批量转运，势必只能将茶叶自然晒干，根本谈不上什么加工。

《茶经》曾引三国时魏人张揖在《广雅》中记载的一段话："荆、巴间采叶作饼。叶老者,饼成,以米膏出之。欲煮茗饮,先炙令赤色,捣末置瓷器中,以汤浇复之,用葱、姜、橘子芼之。其饮醒酒,令人不眠。"这是现存关于当时茶叶加工、饮用方法的最早资料。说明那时已出现饼茶,以及将饼茶碾末冲饮的方法。

至唐代时,茶叶的加工、饮用方法,有了较大的改进。陆羽在《茶经·六之饮》中记载:"饮有粗茶、散茶、末茶、饼茶者,乃斫、乃熬、乃炀、乃舂,贮于瓶缶之中,以汤沃焉,谓之痷茶。或用葱、姜、枣、橘皮、茱萸、薄荷之等,煮之百沸,或扬令滑,或煮去沫。斯沟渠间弃水耳,而习俗不已。"由此看来,唐代茶叶已分为粗茶、散茶、末茶、饼茶等四大类。所谓粗茶,就是将连同梗、叶、芽一起采摘且经过加工的散茶。散茶,即指与饼茶、团茶之类的紧压茶相对而言,蒸青后没有经过拍打紧压,基本保持茶的原形的茶。末茶,是指将茶叶经蒸青、烘烤干燥之后,再予以捣碎的碎末茶。饼茶,指茶叶经过蒸青、紧压成饼后,再烘烤干燥的茶。饮用这四类茶叶的方法当时有两种:一种是将茶投入瓶缶之中,以未经煮沸的热水浸泡,半生不熟,温吞而饮,即陆羽所谓的"痷茶"。另一种是将茶与葱、姜、枣、橘皮、茱萸、薄荷之类混合煮饮。陆羽认为,这两种饮法,简直使茶汤变成了如同倾倒到沟渠里的泔水一般,令人倒胃,然当时却是相沿成习,流俗不止。于是,他便大力倡导饼茶及其饮法,使饼茶在唐宋两代,统摄茶坛,独领风骚。

陆羽对饼茶制作的要求,十分严谨。不仅对原材料要求十分苛刻,而且还需经过采、蒸、捣、拍、焙、穿、封等七道工序,方才制作完成。

首先是采。他在《茶经·三之造》中曰:"凡采茶,在二月、三月、四月之间。"一般而言,采摘下来的茶叶,通常包括笋、芽、叶三种。所谓"笋",即形同竹笋,抽头而未绽开的嫩芽。所谓"芽",指刚刚抽头的嫩叶,即陆羽最为赞赏的"茶之至嫩者"。所谓"叶",就是已经绽开的茶叶了。因此,掌握采摘时机,对饼茶制作至关重要。诚如陆羽所谓:"茶之笋者,生烂石沃土,长四五寸,若薇蕨始抽,凌露采焉。茶之牙者,发于蓑

薄之上,有三枝、四枝、五枝者,选其中枝颖拔者采焉。其
日,有雨不采,晴有云不采。晴,采之、蒸之、捣之、拍之、
焙之、穿之、封之,茶之干矣。"也就是说,对于那些生长
在烂石沃土中,四五寸长,形同竹笋,抽头而未绽开的嫩
芽,要乘着晨露未干时采摘。对于那些生长在丛生的草
木中,有三枝、四枝、五枝的新芽者,则要采摘那些长在
中央且茶芽挺拔的。而且下雨时不能采茶,虽是晴天但
有云也不能采,只有在晴天时方可采摘。

　　采摘后,还需要经过蒸透、捣烂、拍压、烘烤、穿串、
封藏等数道工序,饼茶才算制作完成。首先须将采摘的
茶叶放入竹篮置于甑中,再将甑放入锅中蒸。蒸后趁热
便捣,此时,茶叶轻易就被捣烂了,而芽、笋却仍旧保持
原型。唐·柳宗元"山僮隔竹敲茶臼"诗句,说的就是
这道工序。陆羽在《茶经·五之煮》中曰:"其始,若茶
之至嫩者,蒸罢热捣,叶烂而牙笋存焉。假以力者,持
千钧杵亦不之烂,如漆科珠,壮士接之,不能驻其指。及
就,则似无穰骨也。"意思是说,开始制饼茶时,如果是极
嫩的茶叶,蒸后要趁热捣,捣得叶面烂了而芽尖仍然完
整,即使是有力气的人,拿着千钧重的杵去捣,其芽尖仍
不会被捣烂,就像再有劲的人也很难用手指拿稳捏牢漆
科珠一样。捣好之后的茶,如同没有筋骨的秋秸一样。然
后再将捣好的茶膏放入一定的茶规圈模中,拍打制成。
由于茶规圈模造型各异,因此茶饼的形状、大小、重量也
不尽相同。有方形、圆形、花形、鸟形、掌形。有的厚重坚

◎仙鹤芦苇杯

实,有的薄如玉片。既有一斤重的,也有四两的。接着,在茶饼中穿眼,放入焙坑中烘焙,之后再将烘干的饼茶穿成串,加以密封。如此一来,既便于保藏储存,也便于运输往来。

那么应该如何透过饼茶的外观来判断其质量的好坏呢? 陆羽认为:"自采至于封,七经目。自胡靴至于霜荷,八等。或以光黑平正言嘉者,斯鉴之下也。以皱黄坳垤言佳者,鉴之次也。若皆言嘉及皆言不嘉者,鉴之上也。何者?出膏者光,含膏者皱;宿制者则黑,日成者则黄;蒸压则平正,纵之则坳垤。此茶与草木叶一也。茶之臧否,存于口诀。"意思是说,从采摘到封藏,经过七道工序。其外观,从如同胡人靴子一样皱缩的饼茶到像霜打过的荷叶一样干枯的饼茶,共分为八个等级。有人把光亮黝黑、平整的视为好茶,其实这种鉴赏力是最差的;若把皱缩、色黄、表面凹凸不平的视为好茶,这种鉴赏力也很一般。如果能将茶的优点和不足都说出来,这才是最好的鉴别。为什么这样说呢?因为压出茶汁的饼茶表面显得光洁,富含茶汁的则表面皱缩;隔夜制作的饼茶颜色会发黑,当天制作的颜色则会发黄;蒸压好的饼茶表面平整,蒸压得不好就会凹凸不平。从这个层面上讲,茶叶与草木叶子是一样的。至于茶品质的高低,则另有口诀来予以鉴别。

饼茶的煮饮方法,颇多讲究。首先需要将饼茶烤干,烤到其水汽完全蒸发为止。烤完趁热贮入纸袋,勿

◎圆球壶

使香气散失。待其冷却后,碾成细末,方才煮用。陆羽认为:"凡炙茶,慎勿于风烬间炙,熛焰如钻,使炎凉不均。持以逼火,屡其翻正,候炮出培塿,状虾蟆背,然后去火五寸。卷而舒,则本其始又炙之。若火干者,以气熟止;日干者,以柔止……炙之,则其节若倪倪,如婴儿之臂耳。既而承热用纸囊贮之,精华之气无所散越,候寒末之。末之上者,其屑如细米;末之下者,其屑如菱角。"意思是说,但凡炙烤饼茶,注意不要在迎风的馀火上烤。由于飞迸的火焰会像钻头一样,使得饼茶烤炙受热不匀。要夹着饼茶靠近火,不停地翻转,等到饼茶表面烤出凸显像蛤蟆背一样的小疙瘩时,远离火五寸,继续烤炙。等到卷曲的饼茶逐渐舒展时,则依照原来的办法从头再烤一次。如果是烤干的饼茶,要烤到蒸汽冒出为止;如果是晒干的饼茶,要烤到柔软为止……烤炙之后,就会像婴儿的手臂一样柔弱绵软。烤好之后趁热贮藏在纸囊中,使茶的香气不散逸,等茶冷却下来就碾成细末。上等茶末,颗粒形状像细米;下等的茶末,颗粒形状似菱角。

陆羽认为,烤茶所用的燃料,非同小可,最好用木炭,其次是硬柴。但无论何种燃料,必须不沾油腥等异味。他说:"其火,用炭,次用劲薪。谓桑、槐、桐、枥之类。其炭,曾经燔炙,为膻腻所及,及膏木、败器,不用之。膏木为柏、桂、桧也。败器,谓朽废器也。古人有劳薪之味,信哉。"意思是说,烤茶的火,最好用木炭。其次可用硬木柴,即桑木、槐木、桐木、枥木之类。凡是曾经烤过肉、鱼等沾染了腥膻气味的木炭,以及富含油脂的柏木、桂木、桧木、腐烂的木器柴火等,都不能用来烤茶。古人认为使用很久的废木,即所谓"劳薪"作柴火,烧制出来的食物味道不好,是可信的。

陆羽认为,煮茶用水,也不可小觑。他说:"其水,用山水上,江水中,井水下……其山水,拣乳泉、石地慢流者上。其瀑涌湍漱,勿食之,久食令人有颈疾。又多别流于山谷者,澄浸不泄,自火天至霜郊以前,或潜龙蓄毒于其间,饮者可决之,以流其恶,使新泉涓涓然,酌之。其江水,取去人远者。井取汲多者。"意思是说,煮茶的水,以山水为最好,其次是江水,井水最差。山水,选取从石钟乳滴下的和在石面上慢慢流淌的最好。汹涌翻腾的急流水，不要饮用，如果经常饮用这样的水，会使人的颈部生病。还有一些汇流于山谷中的死水，看起来清澈，但浸渍而不流动，从炎夏到霜降以前这段时间，可能会有细菌病毒繁殖其中，取用时可以开掘口子，使被污染的水流走，令新鲜的泉水涓涓流入之后，才能取用。江水，要取远离人居住地的。井水，要取常用的井中之水。

当然，掌握煮茶时水温火候、操作要领，更是至为关键。陆羽认为："其沸，如鱼目，微有声，为一沸；缘边如涌泉连珠，为二沸；腾波鼓浪，为三沸。已上，水老，不可食也。初沸，则水合量调之以盐味，谓弃其啜余……第二沸，出水一瓢，以竹筴环激汤心，则量末当中心而下。有顷，势若奔涛溅沫，以所出水止之，而育其华也。"意思是说，煮水时，当沸腾的水泡像鱼眼，并且微有响声的，称为"一沸"；当镬边冒出像涌泉一样的连续水泡时，称为"二沸"；当沸水像翻腾的波浪一样时，称为"三沸"。此时如果再继续煮下去，水就煮老了，便不能饮用。一沸时，应该根据水的多少放入适量的盐来调味，并将尝过剩下的水倒掉。二沸时，舀出一瓢水，用竹筴在沸水的中心绕圈搅动，再用"则"（即量茶的用具）量取适量的茶末对着沸水的中心投下。稍待片刻，沸水就像奔腾的波涛一样迸溅出泡沫，此时将先前二沸舀出的水加入其中用以止沸，以使茶之精华尽育汤中。

同时陆羽对茶汤的精华，也有其独到的见解。他说："凡酌，置诸碗，令沫饽均。沫饽，汤之华也。华之薄者曰沫，厚者曰饽。细轻者曰花，如枣花漂漂然于环池之上，又如回潭曲渚青萍之始生，又如晴天爽朗有浮云鳞然。其沫者，若绿钱浮于水渭，又如菊英堕于鐏俎之中。饽者，以滓煮之，及沸，则重华累沫，皤皤然若积雪耳。《荈赋》所谓"焕如积雪，烨若春蔽"。意思是说，饮茶的时候，需要根据饮茶人数放置适量的碗，要把茶汤中的漂浮的浮沫均匀地分配到各个碗中。这些浮沫，就是茶汤的精华。其中薄的称为沫，厚的称为饽。轻细的称为花，就如同枣花飘落在圆形的水池上，又如同回旋曲折的池水中、洲渚上刚刚长出的青萍，还如同晴朗的天空中鱼鳞般的浮云。

沫，就像漂浮在水面上的绿苔，又像撒落在樽俎中的菊花。饽，是茶渣煮沸时出现的一层层浮沫，白白的像积雪一样。就像《荈赋》中所说的"明亮如积雪，灿烂如春花"一样。难怪卢仝在《走笔谢孟谏议寄新茶》中描绘分茶时的汤花道："碧云引风吹不断，白茶浮光凝碗面。"刘禹锡在《西山兰若试茶歌》中也咏叹说："骤雨松声入鼎来，白云满碗花徘徊。悠扬喷鼻宿醒散，清峭彻骨烦襟开。"饮茶，既有物质的享受，又有精神的愉悦。

陆羽在《茶经·五之煮》中认为，正确的饮用方法应该是："第一煮水沸而弃其沫，之上有水膜如黑云母，饮之则其味不正。其第一者为隽永……至美者曰隽永。隽，味也。永，长也。味长曰隽永……或留热盂以贮之，以备育华救沸之用。诸第一与第二、第三碗次之。第四、第五碗外，非渴甚莫之饮。凡煮水一升，酌分五碗。碗数少至三，多至五。若人多至十，加两炉。乘热连饮之，以重浊凝其下，精英浮其上。如冷，则精英随气而竭，饮啜不消亦然矣。"意思是说，茶在第一次煮沸时，要去掉浮沫上那层像黑云母一样的水膜，否则喝起来味道不正。第一次舀出的称为"隽永"，茶味最佳的称为隽永。隽的意思是味，永的意思是长，回味悠长就被称为隽永。也有人将其储存在热盂中，准备供孕育茶汤精华和止沸时使用。其后舀出的第一、第二与第三碗茶汤，味道要稍差一些。第四碗、第五碗之外的茶汤，如果不是特别口渴，最好就不要饮用了。但凡煮水一升，可分为五碗。碗的数量少则为

◎甘露和风壶

三,多则为五。如果人多到十个,则增加到两炉。要趁热连续饮用,因为重浊的茶渣凝聚在茶汤下部,而精华的茶沫部分浮在上部。如果茶汤放凉,精华部分就会随着热气散失而消散,此时饮茶得不到享受,也是自然的了。

同时陆羽还提醒人们注意:"茶性俭,不宜广,广则其味黯澹。且如一满碗,啜半而味寡,况其广乎。"意思是说,茶性俭约,水不宜多,水多则会使茶淡而无味。如同一满碗茶汤,当喝掉一半时往往就会觉得味淡了,何况再多添加水呢?

陆羽倡导的这种制茶、饮茶法,一改过去那种粗放饮茶的原始草腥气,摒弃了与各种香料搭配浑烹的菜汤式煮法,更有利于发挥茶叶自身的香气,因此流行于唐宋两代,久盛不衰。饮用这色如黄蕊、泛花飘鼎、芳芬扑鼻的饼茶,可以使人得到润肌涤虑,洗尽尘心之享受。

龙团凤饼 渐尚清饮

俗话说,"时势造英雄",每个时代的人群,都有各自崇尚的审美情趣,无不打上生活时代的烙印。宋代人的审美情趣显然与唐人不同,尤其是宋代文人,相对唐人而言,他们的心态显得更为内省、细腻。对待事物的态度也更为现实、冷静。因此宋代崇尚的主流,是在唐代饼茶的基础上发展而来的精致团茶。团茶虽然在制法上与饼茶基本相似,但其制作过程却更为严格精细,其造型也更加精致考究。采摘来的茶叶,不仅必须经过严格挑选,而且还要加以洗涤,然后才能去蒸,蒸过之后还要经过"榨"这道工序,以除去茶汁,尽可能地减少草青气、苦涩味,促使茶色趋白。有些还杂以龙脑等名贵香料,使之身价倍增。

"上有好者,下必甚焉。"由于宋太祖赵匡胤有饮茶癖好,导致宫廷饮茶成为时尚,因此宋朝历代皇帝皆有饮茶嗜好。宋太宗赵光义曾于太平兴国三年(978)亲自下令,派遣特使监制皇宫专用的龙凤团茶。茶人们为此倾尽全力,使得这些茶叶登峰造极,与众不同。宋徽宗赵佶不仅亲自撰写《大观茶论》,还亲自烹茶赐宴群臣。蔡京在

《延福宫曲宴记》中描述其情景曰:"召宰执亲王等曲宴于延福宫……上命近侍取茶具,亲手注汤击沸,少顷白乳浮盏面,如疏星淡月,顾诸臣曰,此自布茶。饮毕,皆顿首谢。"蔡襄担任福建转运使时,在前人进贡的大龙凤团茶的基础上,精挑细选,进一步制作出小龙团茶。欧阳修《归田录》中称:"茶之品莫贵于龙凤,谓之团茶,凡八饼重一斤。庆历中,蔡君谟为福建路转运使,始造小片龙茶以进。其品绝精,谓之小团,凡二十饼重一斤,其价直金二两。"他又在《龙茶录》后序中称:"茶为物之至精,而小团又其精者,录序所谓上品龙茶者是也,盖自君谟始造而岁贡焉。"蔡襄的侄子蔡绦在《铁围山丛谈》中也说:"建溪龙茶,始江南李氏,号'北苑龙焙'者,在一山之中间,其周遭则诸叶地也。居是山,号'正焙',一出是山之外,则曰'外焙'。'正焙'、'外焙',色香必迥殊,此亦山秀地灵所锺之,有异色已。'龙焙'又号'官焙',始但有龙凤、大团二品而已。仁庙朝,伯父君谟名知茶,因进小龙团,为时珍贵,因有大团、小团之别。小龙团见于欧阳文忠公《归田录》,至神祖时即'龙焙',又进'密云龙'。'密云龙'者,其云纹细密,更精绝于小龙团也。及哲宗朝,益复进'瑞云翔龙'者,御府岁止得十二饼焉。其后,祐陵雅好尚,故大观初'龙焙'于岁贡色目外,乃进御苑玉芽、万寿龙芽,政和间且增以长寿玉圭。玉圭凡犀盈寸,大抵北苑绝品曾不过是,岁但可十百饼。然名益新,品益出,而旧格递降于凡劣尔。又茶茁其芽,贵在于社前则已进御。自是迤逦宣和间,皆占冬至而尝新茗,是率人力为之,反不近自然矣。茶之尚,盖自唐人始,至本朝为盛;而本朝又至祐陵时益穷极新出,而无以加矣。"由此可知,北宋时期在蔡襄主持下的贡茶生产,是蒸青团饼茶制作工艺上的高峰,而蔡襄论述团饼茶点试方法的《茶录》,也在相当程度上反映了当时制茶、饮茶的盛况。苏东坡对蔡襄为了博得皇上的青睐恩宠而煞费苦心监制出的"小龙团",极为反感,他在《荔支叹》中斥责道:"君不见,武夷溪边粟米芽,前丁后蔡相笼加。争新买宠各出意,今年斗品充官茶。"诗中所谓的"丁",即丁谓;蔡,则是蔡襄。当然,苏东坡的这些斥责感叹,也是百无一用,无济于事。

宋初所制团茶多将名香添加其中,蒸以成饼,直至大观、宣和年间(1107—1125),方才舍弃香料,开始制三色芽茶。明代谢肇淛在《五杂组》中就说:"宋初团茶多用名香杂之,蒸以成饼,至大观、宣和间始制三色芽茶,漕臣郑可间制银丝冰芽始不用香,名为'胜雪',此茶品之极也。然制法方寸新銙有小龙蜿蜒其上,则蒸团之法尚如故耳。"此处所谓"银丝冰芽",即专挑极嫩的芽尖制茶,选择标准极严,连稍大的芽也去掉,"只取其心一缕,用珍器贮清泉渍之,光明莹洁,若银线然,以制方寸新銙。"并在一寸见方的茶饼上,压印蜿蜒曲折的游龙,因此被称为"龙团胜雪"。这种茶,"每片计工值四万",造价之高,令人瞠目。

北宋年间茶叶的名称,也日趋繁多,越来越"雅"。仅据《宣和北苑贡茶录》记载,北苑茶的品名即有:龙团胜雪、御苑玉芽、万寿龙芽、上林第一、乙夜清供、承平雅玩、龙凤英华、玉除清赏、启沃承恩、雪英、云叶、蜀葵、金钱、玉华、寸金、无比寿芽、万春银叶、玉叶长春、宜年宝玉、玉清庆云、无疆寿龙、瑞云翔龙、长寿玉圭、兴国岩銙、香口焙銙、上品拣芽、新收拣芽、太平嘉瑞、龙苑报春、南山应瑞、兴国岩拣芽、兴国岩小龙、兴国岩小凤、琼林毓粹、浴雪呈祥、壑源拱秀、贡篚推先、价倍南金、旸谷先春、寿岩却胜、延平石乳、清白可鉴、风韵特高,等等。一派龙飞凤舞、富丽堂皇。

宋茶的饮法较之唐人有所变化,最主要是去掉了加盐及香料之类,改为清饮。这种变化,大约出现在北宋中叶。苏轼《东坡志林》中说,唐人煎茶用姜或盐,但"近世有用此二物者,辄大笑之"。他认为,在中等的茶里,放点姜还说得过去,放盐是决计不行的。苏辙在《和子瞻煎茶》中也写道:"君不见,闽中茶品天下高,倾身事茶不知劳;又不见,北方茗饮无不有,盐酪椒姜夸满口。"对北方人饮茶投放种种佐料,表示讥讽。黄庭坚《煎茶赋》也认为,茶中放盐是"勾贼破家,滑窍走水",会败坏茶味。明谢肇淛《五杂组》中曰:"薛能茶诗云:'盐损添常戒,姜宜煮更黄。'则唐人煮茶多用姜、盐,味安得佳?此或竟陵翁未品题之先也。至东坡和寄茶诗云:'老妻稚子不知爱,一半已入姜盐煎。'则业觉其非矣,而此习犹在也。今江右及楚尚人有以姜煎茶者,虽云古

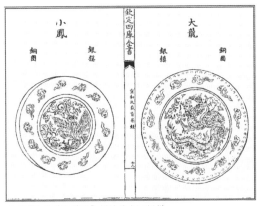

◎《宣和北苑贡茶录》描绘的龙团凤饼

◎古代的团饼茶，大约就是这般模样

风，终觉未典。"总的说来，有宋一代，清饮派逐渐占为上风，成为"主流派"。当然，这个演变过程绝非一朝一夕，应该也是长期的。而且，由于各地嗜好风尚不同，很难一概而论。例如直到南宋，今南京、苏州等地，还有人在茶中放盐。为此，南宋陈鹄《耆旧续闻》卷八中曾说是"风土嗜好，各有不同"。

需要说明的是，宋代茶书记载的多是团饼茶的制作及饮用，而且大都集中反映建茶的情况，可是我们并不能将以北福建建安苑贡茶为代表的团饼一类紧压茶，看作宋代茶叶品种的全部，需知宋代散茶的发展也是极为迅速的。《宋史·食货志》称："散茶出淮南归州、江南荆湖，有龙溪、雨前、雨后、绿茶之类十一等。"散茶不但品种多，而且产量也大，到南宋就已经逐渐超越团饼茶而占了上风。谢肇淛《五杂组》中曰："《文献通考》：'茗有片、有散。片者即龙团旧法，散者则不蒸而干之，如今之茶也。'始知南渡之后，茶渐以不蒸为贵矣。"由此可见宋元之交时，散茶已经取代蒸青团饼茶而成为流行的茶类了。

散茶崛起 一瀹便啜

南宋灭亡以后,历经元朝九十余年的缓慢发展,又迎来了明朝这一中国茶叶史上的重要历史时期。明代的制茶技术有了更快的发展,炒青绿茶的制造工艺逐步完善,成为明清以降茶业生产的主流,并在绿茶的基础上,又进一步出现了黄茶、白茶、黑茶等诸多茶类。如前文所述宋代茶书记载的茶类与实际茶类之间的关系一样,明朝茶书虽然记述的大都是炒青绿茶,但蒸青团饼茶并没有完全退出历史舞台,在某些茶叶产区仍然存在。也就是说,蒸青团饼茶与炒青散茶从南宋到明代一直共存并行,持续了数百年的时间。

散茶,是相对团饼一类紧压茶而言的,不但是明清的主要茶类,而且延续至今。不过,散茶并非明人的发明。如前所述,至少在唐代,已产生经过加工的散茶。但是,唐宋的散茶,只不过是制作饼茶、团茶工艺过程中的一种省略,尚未形成自己独特完备的生产工艺。真正的变化,始于元朝。据王祯《农书》记载,当时的制茶方法分为杀青、揉捻和干燥三道工序。所谓杀青,就是高温处理新鲜茶叶,使之变软,保持绿色并失去一部分水分,便于造型,利于发香。诚如明许次纾在《茶疏》中所说:"生茶初摘,香气未透,必借火力,以发其香。"元代盛行的杀青方法是蒸青法,即将采摘的鲜叶放入釜甑中微蒸,使之生熟得当。蒸完后,放到筐箔上摊凉,乘湿揉捻,再用火均匀地将其焙干。蒸青,实际上导源于团饼茶制法,只不过蒸后不揉不压,直接烘干罢了。当然,元代的散茶虽已产生,但却并未普及,仍然处于饼茶、散茶共存杂用的状态,而且在饮用散茶时,通常也将其碾成茶末,依然是唐宋遗风。

入明以后,起初仍以团茶为贡,未几,明太祖朱元璋为减轻茶户劳役,对贡茶制度进行了改革。贡品是中国封建社会贯穿始终的一种制度。"溥天之下,莫非王土,率土之滨,莫非王臣"。天下物产,都得进贡,茶叶当然也不能例外。贡茶,起源于周武王时期,当时作为贡送的礼品,其实就是一种无偿征用或定额实物税。自唐代起,贡茶成为定制。唐代贡茶制度主要有两种形式:第一种,朝廷选择出产茶叶且品质优异的地方"定点"纳贡。比如雅州蒙顶茶、常州阳羡茶、湖州顾渚紫笋茶、睦州鸠坑茶、舒州天柱茶、宣州雅山茶等二十多个州的名优茶，就是按照朝廷下达的指标，每年向朝廷纳贡。第二种，是选择茶树生态环境得天独厚、自然品质优异、产量集中、交通便捷的重点地区及其产品，由朝廷直接设立贡茶院，专业制作贡茶。例如湖州长兴顾渚山，东临太湖，西北依山，峰峦叠翠，云雾弥漫，土层深厚，土壤肥沃，茶树生态环境优越，水陆运输方便，所产"顾渚"在广德年间列为贡品。唐代宗大历五年(770)，在顾渚设置贡焙房，规模盛大。《元和郡县图志》载："贞元以后，每岁以进奉顾山紫笋茶，役工三万人，累月方毕。"由于朝廷在顾渚官办贡茶，所以顾渚茶名气非常大。"天子须尝阳羡茶，百草不敢先开花"，"牡丹花笑金钿动，传奏吴兴紫笋来"等茶诗中经典的诗句，都是描写顾渚贡茶的。贡茶焙制成后，快马日夜兼程运抵京城长安，供李唐王室摆设"清明宴"，先荐宗庙，后赐群臣。茶宴，也成为当时社会的一种时尚，其中以顾渚山举办的最为著名。由于顾渚山所产的紫笋茶和阳羡茶在当时被列为贡品，因此每到早春时节，两州太守都要到顾渚山来监制，并邀请许多社会名流共同品尝，并由此形成了每年一度的茶宴。钱起在《与赵莒茶宴》中写道："竹下忘言对紫茶，全胜羽客醉流霞。尘心洗尽兴难尽，一树蝉声片影斜。"反映了唐代茶宴与会者代酒欢宴的感慨之情。吕温在追仿王羲之《兰亭集序》而作的《三月三茶宴序》中，对茶宴的幽雅环境、品茗的美妙回味，以及令人陶醉的神态都作了细腻的描绘："乃拨花砌，憩庭荫。清风逐人，月色留兴。卧指青霭，坐攀花枝。闲莺近席而不飞，红蕊拂衣而不散。乃命酌香沫，浮素杯，殷凝虎珀之色。不令人醉，唯觉清思。虽玉露仙浆，无复加也。"宋代茶园多为民间经营，仅福建、江西设有官茶园和官焙制造贡茶。其时斗茶流行，福建所产建茶取阳羡茶和顾渚紫笋茶而代之。元朝的贡茶，始于武夷置场官工员。

明洪武二十四年(1391)诏天下产茶之地，岁有定额，以建宁为上，并颁布了废团茶兴叶茶的诏令："岁贡上供茶，罢造龙团，听茶户惟采芽茶以进。"《明实录·太祖实录》载："庚子诏……上以重劳民力，罢造龙团，惟采茶芽以进。其品有四，曰探春、先春、次春、紫笋。"从此散茶大为流行。《余冬序录摘抄内外篇》亦载:"国初建宁所进,必碾而揉之,压以银板,为大小龙团,如宋蔡君谟所贡茶例,太祖以重劳民力,罢造龙团,一照各处,采芽以进。"至明中叶,邱濬在《大学衍义补》中说:"《元志》犹有末茶(即团茶)之说,今世惟闽广用末茶,而叶茶之用,遍于全国,而外夷亦然,世不复知有末茶矣。"明代朝廷的这一举措,促使当时饮茶风气为之大变。

团饼茶的制作,耗工费时,明太祖"罢造龙团"而兴叶茶的政治举措,本是想通过轻徭薄赋的恤民措施来恢复、发展社会生产,以稳固新政权,但却带动了制茶、饮茶、茶器等一系列的连锁反应,促使明朝叶茶全面发展。为避免和减少茶叶经过蒸、挤、榨等若干工序使茶香遭受损失,明朝人便改蒸青为炒青,使得散茶生产更臻完美。

关于"炒青"的来源,清代茹敦和在《越言释》中记载:"茶理精于唐,茶事盛于宋,要无所谓撮泡茶者。今之撮泡茶,或不知其所自,然在宋时有之。且自吾越人始之。按炒青之名,已见于陆诗,而放翁安国院试茶之作有曰……日铸(指浙江绍兴日铸茶)则越茶矣,不团不饼,而曰炒青。"其实,茶叶的炒制,自唐代即有。中唐诗人刘禹锡在《西山兰若试茶歌》中曾说:"宛然为客振衣起,自傍芳丛摘鹰嘴。斯须炒成满室香,便酌沏下金沙水。"宋、元对茶的炒制,亦有所继承。虽然这项关键性的改进,究竟起于何时、何人,目前仍不可考,不过其普及定型,可以肯定是在明代。

炒青技法的日趋完善,使得炒青绿茶成为明朝茶叶的主流。明闻龙在《茶笺》就说:"诸名茶法多用炒。"明张源在《茶录》中说:"新采,拣去老叶及枝梗碎屑。锅广二尺四寸,将茶一斤半焙之,候锅极热始下茶。急炒,火不可缓。待熟方退火,彻入筛中,轻团那数遍,复下锅中,渐渐减火,焙干为度。中有玄微,难以言显。火候均停,色香全美,玄微未究,神味俱疲……优劣定乎始锅,清浊系乎末火。火烈香清,锅寒神倦。火猛生焦,柴疏失翠。久延则过熟,早起却还生。熟则犯黄,生则著黑。顺那则甘,逆那则涩。带白点者无妨,绝焦点者最胜。"许次纾在《茶疏》中记载的炒青法,更为详尽。他说:"生茶初摘,香气未透,必借火力,以发其香。然性不耐劳,炒不宜久。多取入铛,则手力不匀;久于铛中,过熟而香散矣,甚且枯焦,不堪烹点。炒茶之器,最嫌新铁,铁腥一入,不复有香。尤忌脂腻,害甚于铁,须预取一铛,专供炊饭,无得别作他用。炒茶之薪,仅可树枝,不用干叶,干则火力猛炽,叶则易焰易灭。铛必磨莹,旋摘旋炒。一铛之内,仅容四两,先用文火焙软,次加武火催之,手加木指,急急炒转,以半熟为度。微俟香发,是其候矣,急用小扇钞置被笼,纯绵大纸衬底燥焙,积多候冷,入瓶收藏。人力若多,数铛数笼;人力即少,仅一铛二铛,亦须四、五竹笼,盖炒速而焙迟。燥湿不可相混。混则大减香力,一叶稍焦,全铛无用。然火虽忌猛,尤嫌铛冷,则枝叶不柔,以意消息,最难最难。"

高温杀青的炒青制法,大大增进了绿茶的色、香、味,使得明朝人尝到了真正天然纯真的茶香。由此,他们对唐宋饼茶团茶及其饮法,不以为然。明罗廪在《茶解》中就说:"即茶之一节,唐宋间研膏蜡面,京铤龙团,或至把握纤微,直钱数十万,亦珍重哉。而碾造愈工,茶性愈失,矧杂以香物乎?曾不若今人止精于炒焙,不损本真。故桑苎(即桑苎翁,陆羽号之一)《茶经》,第可想其风致,奉为开山。其春、碾、罗、则诸法,殊不足仿。"

与散茶的普及相联系的,还有茶的饮法——用叶茶直接冲泡的"瀹茶法",或称"撮泡法"、"冲泡法",在社会上广泛流行起来。这个转折,大约发生在明代中后期。明代初期,虽然废除了饼茶,然许多人受宋元茶法的影响,还是将茶叶碾成粉末冲点。陈师《茶考》就说:"杭俗,烹茶用细茗置茶瓯,以沸汤点之,名为'撮泡'。北客多哂之,予亦不满。一则味不尽出,一则泡一次而不用,亦费而可惜,殊失古人蟹眼、鹧鸪斑之意。"至明代中期,冲点末茶的饮法,遭到了大多数茶人的扬弃。明田艺蘅《煮泉小品》中说:"茶之团者、片者,皆出碾硙之末,既损真味,复加油垢,即非佳品,总不若今之芽茶也。盖天然者自胜耳。曾茶山《日铸茶》诗:'宝銙自不乏,山芽安可无。'苏子瞻《壑源试焙新茶》诗:'要知玉雪心肠好,不是膏油首面新。'是也。且末茶瀹之有屑,滞而不爽,知味者当自辨之。"明周高起在《阳羡茗壶系·别派》中说:"壶供真茶,正在新泉活火,旋瀹旋啜,以尽色声香味之蕴。"明确指出散茶冲泡的真正特点,在于把茶叶放在茶碗或茶壶内"旋瀹旋啜"。张源的《茶录》,不仅竭力主张冲饮,而且还对于投茶的时机、顺序和适用的季节作了详尽的论述。他认为:"茶之妙,在乎始造之精,藏之得法,泡之得宜。"他认为正确的泡法应该是"探汤纯熟便取起,先注少许壶中,祛荡冷气,倾出,然后投茶。茶多寡宜酌,不可过中失正。茶重则味苦香沉,水胜则色清气寡。两壶后,又用冷水荡涤,使壶凉洁。不则减茶香矣。确熟则茶神不健,壶清则水性常灵。稍俟茶水冲和,然后分酾布饮。酾不宜早,饮不宜迟。早则茶神未发,迟则妙馥先消。"他还认为应该投茶有序,毋失其宜。并将其分为三种:"先茶后汤,曰下投;汤半下茶,复以汤满,曰中投;先汤后茶,曰上投。春秋中投,夏上投,冬下投。"意思是说,先放茶叶后注开水,称为"下投";将开水放一半投入茶叶再注满开水,称为"中投";将先注满开水后投茶叶,称为"上投"。并认为,"春秋中投,夏上投,冬下投",就是"投茶有序"。也有人将上投、中投、下投,称为"晚交"、"中交"、"早交"。周高起在《洞山岕茶系》中也说:"盖他茶欲按时分投,惟岕既经洗控,神理绵绵,止须上投耳。倾汤满壶,后下叶子,曰上投,宜夏日。倾汤及半,下叶满汤,曰中投,宜春秋。叶着壶底,以汤浮之,曰下投,宜冬日初春。"

陈师与张源的差异,反映出冲饮与煮饮交替时期的复杂状态,最终冲饮获得大多数茶人的认可,并基本上取代了传统的煮饮。散茶与冲泡法,将饮茶从繁琐的制作与饮用中解放出来,使茶叶的生产呈现千姿百态的繁荣局面,也使人品尝到茶的天然滋味,这是明人的重要贡献。对此,明朝人是引以为自豪的。万历年间的沈德符在《万历野获编·补遗》中就声称:"国初四方供茶,以建宁、阳羡茶品为上。时犹仍宋制,所进者俱碾而揉之,为大小龙团。至洪武二十四年九月,上以重劳民力,罢造龙团,惟采茶芽以进,其品有四,曰探春、先春、次春、紫笋。置茶户五百,免其徭役。按茶加香物,摏为细饼,已失真味。宋时,又有宫中绣茶之制,尤为水厄中第一厄。今人惟取初萌之精者,汲泉置鼎,一瀹便啜,遂开千古茗饮之宗。……陆鸿渐有灵,必俯首服;蔡

◎青瓷碗

君谟在地下,亦咋舌退矣。"此言不虚,时至今日,饮茶之法仍沿袭明人所开的这种格局。

毫无疑问,除了朝廷"罢造龙团,听茶户惟采芽茶以进"之外,文人雅士对于推动明代尊崇散茶和冲泡法,也功不可没。宋代茶事虽盛,但由于点茶、斗茶程序复杂,对于茶的碾磨和点沸等操作技巧的刻意强调,背离了人的真性情,遏制茶的自然天趣。因此,经过元的过渡,明朝中期茶人,不墨守宋人之制,追求个性解放,与明代自由独创的时代精神相表里,使散茶和冲泡法得以兴起。明代张源《茶录》说:"今时制茶,不假罗碾,全具元体。"这种制作简易却又不失茶之真味的冲泡法,天然自胜,遂天地之性,与明朝李贽的"童心说"、汤显祖的"唯情说"、袁宏道的"性灵(性情)说"强调自然本真而不造作,表露真性情,追求天趣的美学思想相契合,在人群中迅速普及开来。明人文震亨《长物志》指出:"吾朝所尚(指条形散茶)又不同,其烹试之法,亦与前人异,然简便异常,天趣悉备,可谓尽茶之真味矣。"人们通过文征明《惠山茶会图》、陈洪绶《品茶图》、仇英《松亭试泉图》、仇英《煮茶论画图》、唐寅《事茗图》等有关茶事的绘画中也可看出,文人饮茶品茗常移于室外山水之间,或在环境幽雅的茅屋草亭之中,别具天趣。文人通过茶,与自然相融无间。

五彩斑斓 别具一格

　　我国茶叶,通常分为绿茶、红茶、黄茶、乌龙茶(青茶)、白茶、黑茶等六大类,可以说是五彩斑斓,别具一格,色泽纯正,沉穆无华。然茶人们却见仁见智,各有侧重;萝卜白菜,各有所好。有人将澄碧青翠的绿茶,喻为清丽的"少女";将艳如琥珀的红茶,视为风韵的少妇;将色橙香高的黄茶,视为优雅的"潮男";将绮丽多彩的乌龙茶,视为力大无穷的"壮汉";将毫色如银的白茶,视为蕴藉的"白领";将味浓隽永的黑茶,视为茶中的"禅者"。事实上,茶性如人性,有的性情浓烈,有的性情柔和,有的性格外露,有的性格内敛,而那些"修炼"有术的茶,则通常会显得性子"平和"。

一、澄碧青翠——绿茶

　　绿茶,就是没有经过发酵的茶,是我国产量最多,饮用最为广泛的一种茶。其主要特点就是汤清叶绿。制作工艺主要有杀青、揉捻、干燥。依其加工方法,又可分为炒青、烘青、晒青、蒸青等四种。其品质通常由高到低分为一至六级。有扁平形、卷曲成螺形、雀舌形、兰花形、瓜子片形、圆珠形、针形、眉形、菊花形、曲条形等十大造型。绿茶产地极广，名品众多。例如西湖龙井、洞庭碧螺春、黄山毛峰、六安瓜片等，都是享誉中外的名茶。一般又有旗枪、雨前、明前等品种。绿茶常以产地命名，如屯绿、婺绿、徽绿、杭绿等等。

1.炒青，按照干茶形状不同，又分为长炒青、圆炒青和扁炒青。长炒青，一般呈长条形，条索紧结、重实。精制长炒青，外形略弯，恰似老人眉毛，因此又称为眉茶。色泽绿润，香气高带板栗香，滋味浓醇爽口，汤色绿或黄绿清澈，叶底绿匀明亮。圆炒青，因外形呈颗粒状而得名。精制圆炒青一般紧结、重实、浑圆如珠，因此又称为珠茶。色泽墨绿油润，香纯味浓，汤色黄绿，叶底完整，黄绿明亮。扁炒青，外形平扁匀齐，色泽黄绿微褐，油润有

◎扁炒青

光,香气浓烈,滋味香醇,汤色微黄清澈,叶底肥嫩。

2.烘青,产区分布较广,以福建、浙江、安徽、云南等省产量为多。其品质特征为:条索紧直完整,显锋苗,色泽深绿油润,香气清纯,滋味醇和,汤色清绿明亮,叶底嫩匀柔软完整。与炒青相比,烘青的外形比较松散、完整,干茶色泽较深,香气带清香,汤色绿而滋味稍淡。因原料采摘的嫩度与加工方法的不同,可分为普通烘青和细嫩烘青。普通烘青,因松散的外形,有更多的空隙表面吸附茶香,更适宜于窨制花茶,因此普通烘青直接饮用者不多,除少量在原产地销售外,大部分精制成茶坯用于窨制花茶,如茉莉烘青、珠兰烘青等。普通烘青因产地不一,分为浙烘青、闽烘青、徽烘青、苏烘青、湘烘青、川烘青等。细嫩烘青,泛指采摘细嫩、加工精巧的烘青。

3.晒青,主产于云南、四川、贵州、广西、湖北、陕西等地。晒青的加工方法较为原始,是古代最早生产的茶类。晒青的加工工艺为鲜叶经杀青、揉捻之后采用日光干燥。其品质特征为条索完整、稍松、乌绿欠润、汤色黄,香气低闷且带日晒味。主要品类有云南的"滇青"、陕西的"陕青"、广西的"桂青"、四川的"川青"、湖北的"老青茶"等。晒青除部分以散茶的形式销售及特殊的方式饮用外,大部分经再加工后压制成紧压茶销往边疆各少数民族地区。

4.蒸青,即采用蒸汽杀青而制成的绿茶。蒸青,是我国古代最早发明与生产的一种茶类,唐宋时期,蒸青已盛行全国。后因锅炒杀青比蒸汽杀青更有利于绿茶香气与滋味的形成,因此逐渐地被炒青所代替。目前只有少数地区仍在维持蒸青的制法。蒸青自唐朝时由日本僧人传入日本后,一直是日本茶叶的主要产品。蒸青的品质特征为"三绿":即干茶色泽翠绿、汤色嫩绿、叶底青绿。由于采用蒸汽杀青,因此香气和滋味的风格与炒青相差很大。香气似苔菜香,滋味醇香回甘。中低档茶条索尚紧略扁,色泽深绿,香气清香,滋味略涩。我国现代蒸青绿茶主要产品为煎茶和玉露。煎茶主要产于浙江、福建、安徽,产品出口日本。玉露茶中,目前只有湖北的"恩施玉露"仍保持着蒸青绿茶的传统风格。除恩施玉露外,江苏宜兴的"阳羡茶"、湖北当阳的"仙人掌茶"都是蒸青绿茶中的名品。

二、艳如琥珀——红茶

红茶,是我国主要出口茶类,在国际市场上享有较高声誉。红茶起源于1650年前后,是在绿茶、黑茶、白茶的基础上发展起来的。人们由白茶的晒制实践,认识到制红茶的日光萎凋;由绿茶杀青不透则变红,黑茶渥堆变黑的实践,认识到红茶的"发酵"技术措施。目前,我国将通过萎凋、揉捻、发酵、干燥等四道工序加工而成的茶叶,统称为红茶。红茶,也称为全发酵茶。萎凋,是将鲜叶摊开使其散失水分,激活体内的酶活性。目前一般采用日光萎凋、加温萎凋或自然萎凋等方法。揉捻,是为了破坏叶细胞,使多酚类与多酚氧化酶充分接触。发酵,是创造条件促进多酚类的酶促氧化,使茶叶由绿变红,以形成完全不同于绿茶风格的红茶。干燥,就是蒸发水分,固定已形成的品质。红茶的本质特征为:干茶色泽乌黑或棕褐油润,毫呈金黄色,香气高甜鲜纯,汤色红艳鲜亮,滋味醇厚甘和,叶底嫩匀红亮。

◎红茶汤样

最早的红茶生产是从福建崇安的小种红茶开始的,后逐渐演变产生了工夫红茶。清朝董天工在《武夷山志》中,曾记有小种红茶和工夫红茶的茶名,可见清朝就从小种红茶发展到了工夫红茶。产地也由福建传入安徽、江西、浙江、湖南、湖北、云南、广西、广东、海南、四川等地。

茶人通常根据红茶加工方法的不同,将其分为工夫红茶、小种红茶和红碎茶三种。

1. 工夫红茶,清朝初期创制,因做工精致而得名。由于是在条形红毛茶基础上,经过多道工序制作而成的,因此又称为"条红"。产区分布12个省区,并按产地予以命名。分为云南的滇红,安徽的祁红,湖北的宜红(含石门工夫),江西的宁红,四川的川红(含黔红工夫),浙江的越红,江苏的苏红,湖南的湖红,广东(海南)的粤红,福建的闽红(含坦洋工夫、白琳工夫、政和工夫)以及台湾的台湾工夫等。其中,高档滇红,外形肥壮厚实,色泽乌润,香气嫩香,滋味鲜醇,茶色红艳,叶底红艳。高档祁红,外形细紧挺秀,色泽乌润,香气嫩甜似蜜糖,滋味鲜嫩带甜,茶汤红艳,叶底嫩红。

也有按品种分为大叶工夫和小叶工夫的。大叶工夫以乔木或小乔木茶树鲜叶加工而成,又称红叶工夫,以滇红工夫、政和工夫为代表。小叶工夫由灌木型小叶种茶树鲜叶加工而成,因干茶色泽乌黑,又称黑叶工夫,以祁门工夫、宜红工夫为代表。

我国的工夫红茶,根据品质分为1-7级,按号码工夫茶(称中国工夫)及原箱工夫茶(以地名命名,如祁门工夫、滇红工夫)出口,畅销法国、英国、德国、荷兰、芬兰、意大利、瑞士、瑞典、俄罗斯等多个国家和地区。

2. 小种红茶,始创于17世纪中叶,是我国特有的红茶品种,产于福建省。有正山小种和外山小种之分。正山小种产于崇安县武夷山区的星村乡桐木关一带,也称"星村小种"或"桐木关小种"。正山小种也有表明其真正高山地区所产制的意思,以别于武夷山区以外所产的小种。外山小种是政和、坦洋、北岭、古田、沙县等地所产的仿照正山品质的小种红茶,质地相对较差,也称"人工小种"。

小种红茶加工方法独特,分为萎凋、揉捻、发酵、杀青(也称过红锅)、复揉、熏焙等工序。由于小种红茶产地桐木关地处武夷山脉之北段,地势高峻,春夏之间,终日云雾缭绕,温度低,湿度大,茶叶萎凋多采用松木加温,干燥也用松木熏烟,蒸发水分。因此在干燥的同时,茶叶也吸收了大量的松木烟香,形成了小种红茶特殊的风格。小种红茶的品质特征为:外形条索壮结,色泽乌润,汤色红浓,香气高长且具强烈松木烟香,滋味醇厚,带有桂圆汤味,叶底呈古铜色。小种红茶风格独特,深受欧洲人的青睐,畅销法国、英国、荷兰、意大利等地。

3.红碎茶,又名"分级红茶",始创于1876年,是当今世界茶叶市场上的主流产品。是通过揉切工序,将茶条切成短小而细的碎茶。大叶种红碎茶,颗粒紧结重实,香气高锐,茶汤红艳,滋味浓强,叶底嫩厚。中小叶种红碎茶,颗粒紧卷,色乌润,香气鲜,汤色红,滋味鲜,尚浓,叶底红亮。

三、色橙香高——黄茶

黄茶,最早出现在唐朝,起初是指茶树芽叶自然发黄的黄茶。当时最负盛名的贡茶"寿州黄芽",便是其中之一。现在的黄茶是在绿茶的加工工艺上加一道"闷黄"的工序,使其形成了"黄汤黄叶"的黄茶风格。黄茶的加工分为杀青、揉捻、闷黄(有的在揉前闷黄,有的在初烘或烘后闷黄)、干燥等工序,其中闷黄是形成黄茶品质的关键。在闷黄过程中,鲜叶体内的叶绿素在热化作用下,引起氧化、裂解、置换等变化而被破坏,黄色物质更加显露出来,这是黄茶呈现黄色的主要原因。黄茶总的品质特征为:外形色泽金黄,汤色黄亮,叶底嫩黄。

黄茶的制法据文献记载出现在明代。当绿茶炒制工艺掌握不当,如杀青温度低、时间长,或杀青后未及时摊晾、及时揉捻,或揉捻后未及时干燥,堆积过久,都会使叶子变黄,产生黄汤黄叶,出现类似后来的黄茶。明代许次纾在《茶疏》中描述了绿茶变成黄茶的例子。他说:"江南地暖,故独宜茶……顾彼山中不善制造,就于食铛大薪炒焙,未及山釜,业已焦枯,讵堪用哉。兼以竹造巨笱,乘热便贮,虽有绿枝紫笋,辄就萎黄,仅供下食,奚堪品斗。"

黄茶依采制原料芽叶的嫩度和大小,可分为黄芽茶、黄小茶和黄大茶三类。

1.黄芽茶,采摘原料细嫩,采单芽或一芽一叶初展(一般芽长于叶)加工而成,又分为银针和黄芽。其中,君山银针,产于湖南洞庭湖的君山。君山银针的制造工艺精细,满披茸毛,色泽金黄;香气清鲜,茶汤浅黄,滋味甜爽。冲泡在杯中,芽尖冲出水面,悬空竖立,接着徐徐下降,最后立在杯底。蒙顶黄芽,产于四川省名山县的蒙山。蒙顶黄芽肥嫩多毫,香气甜香,汤色嫩黄,滋味醇和。霍山黄芽,产于安徽霍山县。外形芽叶细嫩,色泽黄绿,茶汤黄绿带金黄圈,香气清高,滋味醇厚回甘,叶底嫩匀黄亮。

2.黄小茶,采一芽一叶或一芽二叶初展的鲜叶加工而成,分为湖南的北港毛尖和沩山毛尖,浙江的平阳毛尖,皖西的黄小茶等。其中,北港毛尖,产于湖南岳阳北港。外形条索紧结卷曲,色泽金黄,茶汤杏黄,香气清高,滋味醇香,耐冲泡。沩山毛尖,产于湖南省宁乡县的沩山。外形叶边微卷,色泽黄亮,茶汤橙黄,松烟香,滋味甜醇,叶底肥厚黄亮。

3.黄大茶的原料较粗大,一般采一芽三四叶的鲜叶加工而成。黄大茶产量较多,分为安徽霍山黄大茶和广东大叶青茶。其中,霍山黄大茶像钓鱼钩,色泽油润金黄,茶汤深黄,似锅巴香,滋味浓厚,耐冲泡。广东大叶青的外形条索肥壮卷曲,色泽青黄或青褐,香气纯正,滋味浓醇,汤色深黄或橙黄。

◎君山银针茶汤

四、醇厚鲜爽——乌龙茶(青茶)

乌龙茶(青茶),属半发酵茶,肇始于明代晚期。与绿茶不同之处,在于它多了晒青(又称为萎凋)和做青二

道工序,因此也有人将其称为"青茶"。乌龙茶的鲜叶成熟度较高,一般等嫩梢生长形成驻芽后采其二三叶,俗称"开面采",鲜叶采回之后,经萎凋、做青、杀青、揉捻、干燥等工序加工而成。在萎凋、做青过程中,茶叶表面四周组织破损,茶汁外溢,由于氧化作用,使得茶叶形成"绿叶红镶边"的鲜明特色。品质兼有红、绿茶的特征而又形成了自己独特的风格。其总的品质特征为:外形较壮大,色泽青褐油润,内质香气高浓馥郁,多带花香果香,滋味醇厚甘润滑口,经久耐泡,汤色橙黄或橙红色,叶底带红点。深受闽南、潮汕、香港、澳门地区,以及东南亚各国、美国旧金山等地茶人的欢迎。

关于乌龙茶的起源,虽然茶学界目前尚有争议:一种认为乌龙茶约肇始于16世纪的明代;一种认为始创于18世纪初。但乌龙茶最早创始于福建,却是大家的共识。

关于乌龙茶的加工,清朝陆廷灿在《续茶经》中曾引述王草堂《茶说》曰:"武夷茶……茶采后,以竹筐匀铺,架于风日中,名曰晒青。俟其青色渐收,然后再加炒焙。阳羡岕片,只蒸不炒,火焙以成。松萝、龙井皆炒而不焙,故其色纯。独武夷炒焙兼施,烹出之时,半青半红,青者乃炒色,红者乃焙色也。茶采而摊,摊而摝,香气发越即炒,过时不及皆不可。既炒既焙,复拣去其中老叶枝蒂,使之一色。"这些记载与当今乌龙茶的加工方法基本相同。《茶说》成书于清初,由此推论,乌龙茶这种独特的加工工艺,至少应该形成在明末。

乌龙茶通常分为福建乌龙茶、广东乌龙茶和台湾乌龙茶三种。

1.福建乌龙茶,产量最高,花色品种最多,品质也最优。通常色泽较乌润,香气熟香,茶汤橙黄明亮或橙红,叶底三红七绿。根据其产地,又可分为闽南乌龙茶与闽北乌龙茶两大品质系列。

闽南乌龙茶,主要产于安溪、永春、南安、同安等地,产品以安溪铁观音最具盛名。闽南乌龙茶,又分为铁观音、本山茶,大叶乌龙茶、竹叶奇兰、毛蟹茶、黄金桂茶、梅占茶、闽南水仙茶、永春佛手茶、平种白芽奇兰茶、福建单枞茶等。其中,铁观音产于安溪县,外形条索肥壮,圆结,紧卷,叶面多叶背稍卷,色泽油润,香气浓郁或馥郁

◎陶中瑰宝

持久，滋味醇厚鲜爽，茶汤金黄清澈，叶底似带有"绸缎面"现象。本山茶，外形条索肥壮结实，色泽乌润砂绿，香气浓郁或馥郁持久，似观音茶香，滋味醇厚，汤色金黄或橙黄，叶底柔软黄绿。大叶乌龙茶，外形条索肥壮，色泽乌绿稍润砂绿，香气清纯持久，滋味浓厚，汤色淡黄或金黄，叶底肥厚带明显红边。竹叶奇兰，外形条索较细，色泽砂绿，香气高长，滋味清醇或较醇厚，茶汤浅金黄或橙黄，叶底软亮带红边。毛蟹茶，外形条索紧卷结实，色泽乌润砂绿，香气清爽，滋味清纯，茶汤清黄或金黄，叶底黄绿带红边。黄金桂茶，外形细长，色泽黄绿或赤黄绿，香气似水蜜桃，滋味清醇细长，汤色清黄或金黄，叶底黄绿带鲜红边。梅占茶，外形肥壮卷曲，色泽乌绿，香气较浓，滋味浓厚，茶汤橙黄。闽南水仙茶，外形紧结卷曲，色泽砂绿蜜黄，香气似兰花香，滋味醇厚，茶汤金黄。永春佛手茶，外形肥壮卷曲，色泽乌绿，香气浓郁清长，滋味醇厚，茶汤橙黄。平种白芽奇兰茶，外形紧结匀整，色泽油润青褐带蜜黄，香气清高，滋味醇爽，茶汤金黄。福建单枞茶，外形紧结稍壮实或卷曲，色泽乌绿带黄，滋味浓厚，茶汤橙黄或金黄。

闽北乌龙茶主要产于崇安、建瓯、建阳、水吉等县，产品以崇安武夷岩茶为极品。

闽北乌龙茶外形紧细较重实,色泽乌润,香气清细,滋味醇厚,汤色橙黄,叶底柔软。武夷岩茶又根据茶树品种,分为武夷水仙茶、武夷肉桂茶和武夷奇种茶。武夷水仙茶,外形肥壮紧结,叶端稍扭曲,似兰花香,滋味醇厚鲜爽。武夷肉桂茶,条索壮结,香气馥郁或浓郁清长,辛带桂皮味或姜味,滋味醇厚,茶汤橙黄或金黄。武夷奇种茶,色泽铁青带褐较油润,香气清细,滋味甘爽,茶汤橙黄。

2.广东乌龙茶,产于汕头地区,分为岭头单丛茶和凤凰单枞茶。其中,岭头单丛茶主产于饶平、潮安、兴宁、蕉岭。外形紧结挺直,色泽黄褐油润,香气花香,滋味醇爽带蜜味,茶汤橙黄,叶底黄腹红边。凤凰单枞茶主产于潮安县凤凰山。外形呈直条形,色泽金褐油润,花香细腻清高,滋味醇爽带蜜味,茶汤金黄清澈。

3.台湾乌龙茶,产于台湾的台北、南投、云竹、嘉义、新竹、苗栗、文山等地,产品有轻发酵的文山包种、冻顶乌龙,中发酵的铁观音,重发酵的白毫乌龙等。文山包种茶,是台湾生产的乌龙茶中数量最多的。外形呈直条形,色泽深绿,茶汤蜜绿,兰花清香,滋味醇滑。冻顶乌龙茶产于南投县的冻顶山,外形为半球形,色泽青绿,兰花香又带乳香,滋味甘滑,茶汤金黄带绿。白毫乌龙是乌龙茶中最嫩的,外形茶芽肥壮,色泽红黄白,茶汤橙红色,天然花果香,滋味醇滑甘爽。

五、毫色如银——白茶

白茶的名字最早出现在唐宋期间,是指偶然发现的白叶茶树采摘制成的茶,数量很少,被宋代列为极品贡茶。这种白茶与后来发展起来的不炒不揉而制成的白茶不同。宋徽宗赵佶在《大观茶论》中曾说:"白茶自为一种,与常茶不同。其条敷阐,其叶莹薄,崖石之间,偶然生成。盖非人力所可致。正焙之有者不过四五家,生者不过一二株,所造止于二三銙而已。芽英不多,尤难蒸焙,汤火一失,则已变为常品。须制造精微,运度得宜,则表里昭彻,如玉之在璞,它无与伦也。浅焙亦有之,但品不及。"宋姚宽在其所撰的《西溪丛语》中云:"茶有十纲,第一第二纲太嫩,第三纲最妙,自六纲至十纲,小团至大团而止。"宋代赵汝砺《北苑别录》就将白茶列在细色第三纲中。他说:"白茶。水芽,十六水,七宿火,正贡三十銙,续添十五銙,创添八十銙。"

现代白茶,是从宋代绿茶三色细芽、银丝水芽的基础上逐渐演变而来的。最初是指干茶表面密布白色茸毫,色泽银白的"白毫银针",后指16世纪中叶在绿茶加工的基础上逐渐演变成直接烘干或晒干的茶叶。诚如明代田艺蘅在《煮泉小品》中所曰:"芽茶以火作者为次,生晒者为上,亦更近自然,且断烟火气耳。况作人手器不洁,火候失宜,皆能损其香色也。生晒茶瀹之瓯中,则旗枪舒畅,清翠鲜明,尤为可爱。"白茶现主产于福建省的福鼎、政和、松溪和建阳等地,除此之外,台湾也有少量生产。

白茶的加工工艺,在明朝已达到了较完美的境界。由于白茶不炒不揉,直接烘干或晒干,因此仅分为萎凋和干燥两道工序。虽然工艺简单,但其技术要求却很高。首先是将采回的鲜叶摊放在室内萎凋帘上进行自然萎凋,待其水分散发至三分之一左右时,采用文火烘干或将其晒干。如时机掌握不当,色泽就会变暗或出现红筋,香气则会低闷或产生"酵气"。精心加工的白茶,其品质风格为外形呈自然态,色银绿密布白毫;香气清高具毫香,汤色嫩绿清澈,滋味清醇、和淡、鲜爽,叶底嫩白匀齐。由于白茶未经锅炒而又低温焙干,性凉,因此退热降火功效明显。清周亮工《闽小纪》曰:"太姥山有绿雪芽,今名白毫,色香俱绝,而尤以鸿雪洞为最。产者性寒凉,功同犀角,为麻疹圣药,运售国外,价同金埒。"

白茶是茶中精品,根据采摘原料的不同,可将其分为芽茶和叶茶两类。芽茶是用肥壮的单芽加工而成。叶茶则是指由一芽二叶或单片为原料加工而成。在清代,白茶发展成如"白毫"、"银针"、"老君眉"等名贵品种。根据其鲜叶原料茶树品种的不同,白茶又分为无性系品种肥壮单芽采制而成"大白"(水仙白)和有性系品种芽叶制成"小白"。其花色品种则分为白毫银针、白牡丹、贡眉和寿眉四种。

1.白毫银针,又叫银针或白毫,用大白茶的肥大芽尖制成。外形似针,色白似银,茶汤浅杏黄,香气清鲜,滋味清醇。

2.白牡丹,形态似枯萎的花瓣,色泽灰绿,茶汤橙黄清澈,香气清鲜,滋味清甜,叶脉微红。

3. 贡眉,外形细嫩,色泽灰绿,叶缘下垂卷曲似眉。高档贡眉茶,色泽墨绿,香气纯正,滋味清甜,茶汤黄亮,叶底灰绿稍红。

4. 寿眉,指大白、小白精制以后的副产品。

六、味浓隽永——黑茶

黑茶,明代产于四川,是一种易马之茶。《明史·食货志》载:"嘉靖三年,御史陈讲以商茶低伪,悉征黑茶,地产有限,乃第茶为上中二品,印烙篦上,书商名而考之。"

黑茶的起源,来自两种不同的加工方法。一种是指绿毛茶经过堆积发酵,渥成黑色。这种黑茶的制法,大约始于11世纪前后。当时销往西北边陲的四川绿茶,为了便于长途运输,必须压缩体积,将其蒸制为边销团块茶。在将绿毛茶蒸制为团茶的过程中,产品须进行湿堆,在湿堆的过程中人们对变色有了新的认识,发现了这种新的茶类的制法。另一种是指鲜叶经杀青、揉捻之后,进行较长时间的堆积,使其叶色变为油黑,再进行烘干的制法。这种制法大约起源于16世纪初湖南的安化。

现在,黑茶的产区主要分布在湖南、湖北、广西、四川、云南等省区。采用的鲜叶原料一般都较为粗老,分为杀青、揉捻、渥堆、干燥,或杀青、揉捻、初干、渥堆、干燥等加工工艺。其总的品质特征为:干茶色泽黑褐,汤色橙黄或橙红,香气纯,味不涩,叶底黄褐粗大(或尚软嫩)。黑茶除少量以散茶销售外,大部分经过简单精制之后,再加工蒸压成各种类型的紧压茶。黑茶通常分为条形黑茶和压制黑茶两种。

1.条形黑茶,又称黑毛茶,分为黑毛茶、老青茶、做庄茶、六堡散茶、普洱茶等。黑毛茶,香气纯正,滋味平和,茶汤橙黄,叶底黄褐。普洱茶,具有越陈越香的特点。

2.压制黑茶,根据压制的形状不同分为若干种。其中有砖形茶,如茯砖茶、花砖茶、黑砖茶、青砖茶、米砖茶、云南砖茶等。枕形茶,如康砖茶和金尖茶。碗臼形茶,如沱茶。篓装茶,如六堡茶、方包茶等。圆形茶,如饼茶、七子饼茶等。又分为云南紧压茶、湖南紧压茶、四川紧压茶以及湖北、广西紧压茶等。

黑茶的产量约占全国茶叶总产量的四分之一左右,产品主要边销,部分内销,少量侨销。黑茶是我国边疆藏族、蒙古族、维吾尔族等少数民族日常生活不可或缺的必需品。《旧唐书·食货志》中对此早有记载:兄弟民族"嗜食乳酪,不得茶以病"。由此可见,他们往往"宁可一日无食,不可一日无茶"。

七、众花和合——花茶

茶叶除了上面所说的绿、红、黄、乌龙、白、黑六大类之外,还有用各种香花窨制的花茶。

花茶,又称熏花茶,是再加工茶的一种,指用茶坯和香花进行拼和窨制,使茶叶充分吸收花香而制成的香茶。花茶特征是:芬芳的花香加上醇和的茶味。花茶的主要产区有福建的福州、宁德、沙县,江苏的苏州、南京、扬州,浙江的金华、杭州,安徽的歙县,四川的成都、重庆,湖南的长沙,广东的广州,广西的桂林、玉林、横县,以及台湾的台北等地。

花茶的生产历史,非常悠久。据相关文献记载,12世纪时在茶叶中加入"珍茉香草"已非常普遍。很多人将花茶的创制归于明人,其实花茶的发明权,应该归功于北宋龙凤团茶掺加龙脑等加工工艺。12世纪施越有《茉莉词》,说明约在南宋就发明了用茉莉花窨茶的技术。南宋时赵希鹄在其所编的《调燮类编》中载:"木樨、茉莉、玫瑰、蔷薇、兰蕙、桔花、栀子、木香、梅花,皆可作茶。诸花开时,摘其半含半放,香气全者,量茶叶多少,摘花为伴。花多则太香,花少则欠香而不尽美,三停茶叶一停花始称。假如木樨花,须去其枝蒂及尘垢、虫蚁,用磁罐一层茶一层花投间至满,纸箬系固,入锅隔罐汤煮,取出待冷,用纸封裹,置火上焙干收用。诸花仿此。"

当然,有意识地大量制作花茶,则应该出自明人。由朱权《茶谱》、顾元庆《茶谱》

◎莲花藕心壶

等茶书可知,明朝常用以窨茶的鲜花除茉莉花外,更扩展到莲花、橙皮、木樨、玫瑰、蔷薇、兰蕙、橘花、栀子、木香、梅花等十数种"皆可作茶"。明初的朱权在《茶谱》中记录了一种"熏香茶法",他说:"百花有香者皆可,当花盛开时,以纸糊竹笼两膈,上层置茶,下层置花,宜密封固,经宿开换花。如此数日,其茶自有香味可爱。有不用花,用龙脑熏者亦可。"只不过,这种比较原始的花茶制法,还仍然没有脱尽宋人添加龙脑香的痕迹。

到了明中叶,由钱椿年编,顾元庆删校的《茶谱》所载花茶制法,相对而言就比较成熟、比较高明了,花式品种也更多。有一种"莲花茶",就是"于日未出时,将半含莲花拨开,放细茶一撮,纳满蕊中,以麻皮略絷,令其经宿。次早摘花,倾出茶叶,用建纸包茶烘干。再如前法,又将茶叶入别蕊中,如此者数次,取其焙干收用,不胜香美"。又有"橙茶",其制法是将橙皮切成细丝,以一对五的比例与干茶掺和,放到细麻布衬垫的火箱中烘烤,然后上面盖以干净棉被,以防香气散逸。捂盖二至三个时辰,将茶取出放入纸袋封裹,再放入棉被将其捂后烘干。

花茶,也是明代文人们别出心裁的清玩。大画家、文学家徐渭也自制花茶,他的办法是,取梅、兰、桂、菊、莲、茉莉、玫瑰、蔷薇等花,杂入茶叶中,盛于锡瓶内,隔水而煮,一沸即起。采用开水煮沸的方法,发挥花香,促进茶叶吸收香气。因以文人自制自娱为多,当时未能推广,更未能成为商品茶。清中叶起,苏州开始生产茉莉花茶销往各地,但主要市场始终在北方各省,正如福格《听雨丛谈》所载:"今京师人又喜以兰蕙、茉莉、玫瑰熏袭成芬者,渐亦通于海内。唯吴越专尚新茶,不嗜花熏,固是出产之地,易得嫩叶耳。"这种南北不同的饮茶习惯,一直保持至今。

现在,花茶是我国主要内销茶类之一。其销区主要为华北、东北地区,并以山东、北京、天津、成都销量最大。用于窨制花茶的茶坯,主要是烘青,还有部分炒青、细嫩烘青、细嫩炒青,以及少量珠茶、红茶、乌龙茶。用于窨制花茶的鲜花为茉莉花、白兰花、珠兰花、玳玳花、栀子花、桂花、玫瑰花、米兰花、树兰花等。

◎红泥秦权壶

名茶辈出　各领风骚

中国茶叶历史悠久，六大茶类外加花茶，可谓五彩斑斓，争奇斗艳。中国名茶，就是这诸多花色品种中的珍品。尽管人们对名茶的定义，见仁见智，各持一说，然综合各方面的情况，大多数人还是认为名茶之所以有名，不仅在于其以独特的风格著称于世，非同凡响；而且还在于其在色、香、味、形、韵等方面都具有特色，即人们常说的所谓色正、香郁、味醇、形美、韵雅，而为人们所赞赏。纵观这些名茶的历史，无一不是经过若干年一代又一代茶人不断改善提高而最终形成的。虽然1915年"巴拿马万国博览会"曾对各种茶叶进行了评比，此后，又出现了所谓"十大名茶"等多种说法，但毋庸否认，由于各地饮用习惯的差异，人们见仁见智，在所难免，五花八门的茶叶评比，客观上催生的没有任何权威性可言的所谓名茶排行榜，更是层出不穷，不胜枚举。由于本书篇幅所限，不可能将其一一编入，不得不忍痛割爱，只能排名不分先后地择其大要而述之。

西湖龙井

中国茶名,大多是以其产地而命名的。西湖龙井,即产于浙江省杭州的西湖群山之中。因其具有外形扁平挺秀,光滑匀齐,翠绿略黄;冲泡后匀齐成朵,旗枪相映,芽芽直立;汤色杏绿,清澈明亮,滋味甘鲜;香气清高持久,香馥若兰;叶底嫩绿,栩栩如生;品饮茶汤,沁人心脾,齿间流芳,回味无穷等品质特点,而被誉为"天下第一茶"。

西湖群山产茶,已有上千年的历史。陆羽在《茶经·八之出》中就有"钱塘(今杭州)天竺、灵隐二寺产茶"的记载。天竺寺,有三天竺之分,即创建于五代的上天竺

◎西湖龙井

法喜寺，创建于隋代的中天竺法净寺，创建于东晋的下天竺法镜寺。由此可见，虽然三天竺所创建的时代有所不同，但都早于唐代。苏东坡知杭州时，曾对杭州西湖何时开始种茶做过考证。他认为：西湖龙井茶区种茶，最早是在下天竺香林洞一带，是南朝诗人谢灵运(385—433年)在下天竺法镜寺翻译佛经时，从天台山带来种子播种的。为此他还在诗中写道："天台乳花世不见"，"雾芽吸尽香龙脂"。由此可见，西湖种茶最迟应该始于南北朝。

西湖茶闻名于世，实滥觞于宋代。据宋《图经》记载：至宋时，杭州宝石山产的"宝云茶"，下天竺香林洞产的"香林茶"，上天竺白云峰产的"白云茶"，就已被列为贡品。苏东坡曾二度仕杭，不仅对西湖山水有深入研究，而且对西湖茶也情有独钟。他曾称赞白云茶说"白云峰下两旗新，腻绿长鲜谷雨春。静试却如湖上雪，对尝兼忆剡中人。"在《怡然以垂云新茶见饷，报以大龙团，仍戏作小诗》中还进一步谈到，当时宝严院垂云亭产的"垂云茶"，可与北宋进宫的贡茶"大龙团"相媲美。

龙井之名，始于辩才法师。北宋元丰二年(1079)，上天竺法喜寺住持辩才法师，退居龙井村寿圣院，在龙井狮峰山麓开山种茶，这是西湖龙井村种茶的最早历史记载。宋秦观在《淮海集·龙井记》中记云："龙井，旧名龙泓，距钱塘十里。吴赤乌中，方士葛洪尝炼丹于此，事见《图记》。其地当西湖之西，浙江之北，风篁岭之上，实深山乱石之中泉也。每岁旱，祷雨于他祠不获，则祷于此，其祷辄应，故相传以为有龙居之……元丰二年，辩才法师元静，自天竺谢讲事，退休于此山之寿圣院。院去龙井一里。凡山中之人有事于钱塘，与游客将至寿圣者，皆取道井旁。法师乃即其处为亭，又率其徒以浮屠法环而呪之，庶几有慰夫所谓龙者。俄有大鱼自泉中跃出，观者异焉。然后知井中之有龙不缪，而其名由此益大闻于时。"辩才法师与宋代许多大名士均有交往，并与苏东坡过从甚密。苏轼诗《次辩才韵过溪》曰："去如龙出水，雷雨卷潭湫。"赵抃有《重游龙井》诗(题注：予元丰己未仲春甲寅以守杭得请归田，出游南山，宿龙井佛祠。今岁甲子六月朔旦复来，六年于兹矣。老僧辩才登龙泓亭烹小龙茶以迓予，因作四句)云:"湖山深处梵王家,半纪重来两鬓华。珍重老师迎意厚,龙泓亭上点龙茶。"南宋程泌《洺水集·游龙井记》亦载其曾到此品茗酌泉。可见此时已有龙井茶。所以,西湖茶乡的山民一致认为,辩才是西湖龙井茶的始祖。辩才圆寂后,人们在西湖龙井村狮峰山麓的寿圣院旁,建立辩才墓塔,以示纪念。

龙井茶之显,则始于元代。元代翰林学士虞集,将龙井与饮茶联系起来了。他在《次邓文原游龙井诗》中写道:"徘徊龙井上,云气起晴昼。澄公爱客至,取水挹幽窦。坐我檐葡中,余香不闻嗅。但见瓢中清,翠影落碧岫。烹煎黄金芽,不取谷雨后。同来二三子,三咽不忍漱。"虞集对游龙井时汲泉品茗的美妙情景,赞叹不已。可见当时僧人居士,对龙井一带风光幽静十分看重,又有好泉好茶,故结伴前来饮茶赏景。当文人雅集时,汲龙井水,烹黄金芽,的确为他们增添了不少生活情趣。这表明在元时,西湖龙井所产之茶已经声名鹊起,广为人知了。

明代,西湖龙井茶更藉文人之手笔,而名声远播。明万历三十七年(1609)间修的《钱塘县志》说:"老龙井茶品,武林第一。"这时大约可称得上是地方名茶。明《嘉靖通志》也称:"杭郡诸茶,总不及龙井之产。而雨前取一旗一枪,尤为珍品第一。"明代官至礼部郎中的屠隆,平生最爱品龙井茶,他在《龙井茶》中写道:"令人对此清心魂,一漱如饮甘露液。摘来片片通灵窍,啜处泠泠馨齿牙。"在此,首次出现了龙井茶的提法。他还在专门研究茶叶的专著《茶笺》中,对龙井茶的产地及其品质,作了真实的记载。

明代与董其昌齐名的文学家、书画家陈继儒,屡辞征诏,平生好茶,对龙井茶情有独钟,在他写的《试茶》诗中,用"泉从石出情宜洌,茶自峰生味更圆"来赞誉龙井茶好、水好,是佳茗配美泉。张岱在《西湖梦寻》中,也有多处关于龙井茶的论述。其中有"龙井:南山上下有两龙井,上为老龙井,一泓寒碧,清冽异常,弃之丛薄间,无有过而问之者。其地产茶,遂为两山绝品"。官至翰林院侍讲学士的高士奇,由于深爱龙井茶,还专门将龙井茶树移栽于自家园圃之中,并自采、自制、自烹龙井茶。他在《北墅抱瓮录》中写道:"茶:吾乡龙井、径山所产茶,皆属上品,偶移其种于圃中栽之,发花极香。春末,绿芽新吐,访得采焙之法,手自制成,封缄白纸中,于评赏书画时,瀹泉徐啜,芳味绝伦。茶喜山石荫密,此地无山,故不能多植,然亦足解玉川之癖矣。"谢肇淛在《五杂组》中写道:"今茶品之上者,松萝也,虎丘也,罗芥也,龙井也……"除此之外,明代田汝成《西湖游览志》、黄一正收录的《名茶录》、田艺蘅《煮泉小品》以及江南才子徐文长辑录的全国名茶中,也都有关于西湖龙井的记载。这表明在明代,西湖龙井茶已被列入当时中国名茶之中。

尽管文人如此喜爱龙井茶,然明代的产量并不很多,这可从屠隆的《考盘余事·茶笺》中找到根据。他说:"龙井,不过十数亩,外此有茶似皆不及,大抵天开龙泓美泉山灵,特生佳茗以副之耳。山中仅一二家,炒法甚精。近有山僧焙者亦妙,真者天池不能及也。"高濂在《遵生八笺·论茶品》中也说:"如杭之龙泓(即龙井也),茶真者,天池不能及也。山中仅一二家,炒法甚精。近有山僧焙者亦妙,但出龙井者方妙。而龙井之山,不过十数亩,外此有茶,似皆不及,附近假充,犹之可也。"意思是说,由于龙井茶产地山灵水美,加之炒制"甚精",又所产不多,终使其地所产的龙井茶,成为妙不可言的"妙品"。当然随着市场需求的不断扩大,龙井茶的种植面积也在逐渐提高。例如同样是在明代,屠隆时龙井茶的种植面积不过十数亩,可比屠隆晚些时候的许次纾在《茶疏》中却说:"钱塘(今杭州)诸山,产茶甚多,南山尽佳,北山稍劣。"

清代,西湖龙井茶在众多名茶之中,已经名列前茅,并被康熙朝(1662-1722)列为贡品。清初的陆次云《湖壖杂记》对龙井茶作了高度的赞扬:"采于谷雨前者尤佳……作豆花香……啜之淡然,似乎无味,饮过后,觉有一种太和之气,弥沦乎齿颊之间,此无味之味,乃至味也。为益于人不浅,故能疗疾。其贾如珍,不可多得。"这个评语探幽入微,如果没有对龙井茶独特风韵的深刻体会,恐怕很难得出如此高论。清代学者郝懿行也认为:"茶之名者,有浙之龙井,江南之芥片,闽之武夷云。"乾隆皇帝六次南巡,其中有四次到西湖天竺、云栖、龙井、九里松、风篁岭等地,巡幸龙井茶事,并观采

茶、炒茶;五次为龙井茶作诗讴歌。乾隆十六年(1751),
他第一次南巡到杭州,去天竺观看了茶叶的采制,赋诗
一首,其中"火前嫩,火后老,惟有骑火品最好"、"地炉
文火徐徐添,干釜柔风旋旋炒,慢炒细焙有次第,辛苦
工夫殊不少"等诗句,对炒茶的"火功"描述十分贴切准
确。乾隆二十二年(1757),乾隆第二次来到杭州,在云
栖,他又作《观采茶作歌》诗一首,对茶农的艰辛有较多
的关注:"前日采茶我不喜,率缘供览官经理。今日采茶
我爱观,关民生计勤自然……雨前价贵雨后贱,民艰触
目陈鸣镳。由来贵诚不贵伪,嗟我老幼赴时宜。敝衣粝食
曾不敷,龙团凤饼真无味。"五年之后,即乾隆二十七年
(1762),乾隆第三次南巡,来到了龙井,品尝了龙井泉水
烹煎的龙井茶后,欣然成诗《坐龙井上烹茶偶成》曰:"龙
井新茶龙井泉,一家风味称烹煎。寸芽出自烂石上,时节
焙成谷雨前。何必凤团夸御茗,聊因雀舌润心莲。呼之欲
出辩才在,笑我依然文字禅。"品尝龙井茶之后,乾隆意
犹未尽,时隔三年,即第四次南巡时,他又来到龙井,再
次品饮香茗,也再次留下了他的诗作《再游龙井》。乾隆
回京城后,仍不忘龙井茶事,还作过《烹龙井茶》《项圣
谟松阴焙茶图即用其韵》等诗。从此,西湖龙井茶更加驰
名中外,问茶者络绎不绝。袁枚在《茶》一文就有记载:
"龙井茶,杭州山茶处处皆清,不过以龙井为最耳。"沈初
《西清笔记》说,龙井茶一向以谷雨前为贵,如今将清明
节前采制的上贡,称为"头纲"。徐珂也称:"各省所产之

◎三足如意壶

绿茶,鲜有作深碧色者,唯吾杭之龙井,色深碧。茶之他
处皆蜷曲而圆,唯杭之龙井扁且直。"当时龙井茶产地,
据清代陈撰的《玉几山房听雨录》所载,已遍及现今的西
湖风景名胜区所辖范围。

　　西湖龙井茶,最先产于西湖龙井村,因此被名西湖
龙井茶。而如今,凡产于杭州西子湖畔的西湖风景名胜
区及西湖区一带的龙井茶,均称为西湖龙井茶。但又因
产地不同,生态有别,炒制方法也稍有变化,因此,尽管
西湖龙井茶处于同一生产区域,但其产品风格却各具特
色,品质特征也有一定差异。人们习惯于按产地划分西
湖龙井茶的品质风格,将狮峰、龙井、云栖、虎跑所产的
西湖龙井茶分为"狮"、"龙"、"云"、"虎"四个字号。以后,
又从"云"字号西湖龙井茶中,划分出"梅"字号西湖龙井
茶,即梅家坞一带所产的西湖龙井茶,如此一来,西湖龙
井茶就有了"狮"、"龙"、"云"、"虎"、"梅"五个字号。上世
纪50年代以后,国家建立了西湖龙井茶标准样,将其归
并为三个品类:即将原来的"狮"、"龙"字号合并,成为新
的"狮峰龙井";将原来的"梅"、"云"字号合并,成为新的
"梅坞龙井";原龙井产区所产的茶叶,除上述两种之外,
统称为"西湖龙井",并以狮峰龙井为上乘。上世纪80年
代以后,又不分产地和字号,对外统称"西湖龙井"。只可
惜如今真赝相杂,伪茶太多。

　　龙井茶的外形和内质,与其采摘、加工手法密切相
关。龙井茶区有句谚语:"茶叶是个时辰草,早采三天是

◎西湖龙井茶汤

个宝,迟采三天变成草",反映的是西湖龙井茶的采摘,要求十分精细,技术性很强。清代乾隆皇帝在观龙井采茶后作歌说:"火前嫩,火后老,唯有骑火品最好。"所谓"骑火",指的是采茶时限,即清明前后几天,龙井茶以这期间采的质量"品最好"。采摘时,要求做到"三要",即要晴天采、要标准采、要提手采。同时,还要做到"五不要",即不要带柄蒂、不要带鳞片、不要带鱼叶、不要带碎片和不要带雨水叶。采茶姿势要:一手前,一手后,好似两只公鸡啄米一般。特别是西湖特级龙井茶采摘的鲜叶,要形似"雀舌",或"一旗一枪"(即一芽一叶),且芽长于叶。采制1公斤特级西湖龙井茶,需要8万-10万个芽梢。

过去的龙井茶,都是采用七星柴灶炒制的,掌火十分讲究,素有"七分灶火三分炒"的说法。现在,一般采用电锅,既清洁卫生,又容易控制锅温,保证茶叶质量。炒制时,分"青锅"、"辉锅"两道工序,传统的手工炒制工艺有一抖、二搭、三搨、四甩、五捺、六抓、七推、八扣、九磨、十压等十大手法。炒制时,十种手法相互穿插进行,不停变换手势,因势炒成。西湖龙井茶独特的色、香、味、形,就是在这样的加工过程中逐步形成的。

洞庭碧螺春

产于太湖之滨江苏吴县洞庭东山、洞庭西山的洞庭碧螺春,是与西湖龙井齐名的极品绿茶。以纤细条,螺旋形,毛茸茸,花果香而著称。清代震钧《茶说·择茶》云:"茶以碧螺春为上,不易得;次则苏之天池;次则杭之龙井;芥茶稍粗,或有佳者,未之见。"将其誉为天下第一。精制碧螺春,条索纤细,卷曲呈螺,满身披毫,色泽银白隐翠,匀整洁净,香气嫩香浓郁,滋味甘醇,汤色碧绿清澈,叶底嫩绿明亮。用苏东坡"从来佳茗似佳人"的千古名句来形容碧螺春,可谓恰到好处。

太湖万顷碧水,烟波浩渺,云雾缭绕,使得洞庭东山、洞庭西山气候温和,冬暖夏凉,是植物生长的福地。相传吴王夫差与西施,曾将这里作为他们的避暑胜地。洞庭

◎洞庭碧螺春

山产茶,历史悠久。陈继儒《太平清话》中载:"洞庭中西尽处,有仙人茶,乃树下之苔藓也,四皓采以为茶。"由此可见洞庭山茶传说的古老了。唐代杨华撰《膳夫经手录》称:"茶,古不闻食之,近晋、宋以降,吴人采其叶煮,是为茗粥,至开元、天宝之间,稍稍有茶,至德、大历遂多,建中以后盛矣。"说明洞庭山茶,到唐时已崭露头角,人们已经采其叶煮为茗粥了。唐上元二年(761),陆羽初次到苏州,游览虎丘,探访剑池,品鉴石泉。此后,自唐大历五年(770)至大历十年(775),陆羽时常到苏州,并于此期间,考察了洞庭山茶事。诗僧皎然对此曾在《访陆处士羽》诗中描写道:"太湖东西路,吴主古山前。所思不可见,归鸿自翩翩。何山赏春茗?何处弄春泉?莫是沧浪子,悠悠一钓船。"陆羽经过周详的考察后,把苏州洞庭山茶写入了《茶经》:"浙西,以湖州上,常州次,宣州、杭州、歙州下,润州、苏州又下。"

经陆羽考察倡导后,苏州洞庭山茶,逐渐为文人所爱好和唱颂,洞庭山也成为他们制茶、品茗、赋诗的地方。皮日休在《崦里》诗中有"罢钓时煮菱,停缫或焙茗。峭然八十翁,生计于此永"。《吴县志》中,记有皮日休和陆龟蒙唱和《茶中杂咏》十首中

◎紫砂莲花杯

的《茶坞》《煮茶》各二首。其中,皮日休《茶坞》曰:"闲寻尧氏山,遂入深深坞。种荈已成园,栽葭宁记亩。石洼泉似掬,岩罅云如缕。好是夏初时,白花满烟雨。"陆龟蒙《茶坞》则曰:"茗地曲隈回,野行多缭绕。向阳就中密,背涧差还少。遥盘云髻慢,乱簇香篝小。何处好幽期,满岩春露晓。"皮日休《煮茶》曰:"香泉一合乳,煎作连珠沸。时有蟹目溅,乍见鱼鳞起。声疑带松雨,饽恐烟生翠。尚把沥中山,必无千日醉。"陆龟蒙《煮茶》则曰:"闲来松间坐,看煮松上雪。时于浪花里,并下蓝英末。倾余精爽健,忽似氛埃灭。不合别观书,但宜窥玉札。"尽管文人如此欣赏赞美,但唐时苏州洞庭所产之茶,质地却非常一般。正如陆羽在《茶经·八之出》所载:"浙西,以湖州上,常州次,宣州、杭州、歙州下,润州、苏州又下。"清末大学者俞樾在《茶香室丛钞》中也说:"今杭州之龙井茶,苏州洞庭山之碧螺春,皆名闻天下,而在唐时,则皆下品也。"

宋时,苏州洞庭山茶逐渐为"吴人所贵",并将洞庭山"水月茶"选作贡茶。北宋李宗谔在《吴郡图经》中载:"山出美茶,旧入为贡。"北宋乐史《太平寰宇记》称:"江南东道苏州长洲县洞庭山,按苏州记云,山出美茶,岁为入贡。"北宋朱长文《吴郡图经续记》亦称："洞庭山出美茶，旧为入贡。《茶经》云，长洲县生洞庭山者，与金州、蕲州、梁州味同。近年山僧尤善制茗，谓之水月茶，以院为名也，颇为吴人所贵。"宋范成大《吴郡志》则曰："水月禅院，在洞庭山缥缈峰下。梁大同四年（538）建，隋大业六年（610）废。唐光化中，僧志勤因归地结庐。刺史曹珪以明月名之。唐朝祥符间，诏易今名。山有无碍泉，绍兴间始名。"《吴郡志》中录有李弥大《无碍泉诗并序》："水月寺东，入小青坞，至缥缈峰下，有泉泓澄澈，冬夏不涸，酌之甘洌，异于他泉而未名。绍兴二年（1132）七月九日无碍居士李似矩，静养居士胡茂老，饮而乐之，静养以无碍名泉，主僧愿平为煮泉烹水月芽。为赋诗云：'鸥研水月先春焙，鼎煮云林无碍泉，将谓苏州能太守，老僧还解觅诗篇。'"从"鸥研水月先春焙"句中可以看出，洞庭山最早的贡茶"水月茶"应该还是饼茶，与现今卷曲成螺、浑身披毛的碧螺春，迥然不同。除此之外，《吴郡志》中还附有苏子美于庆历七年（1047）写的《游水月禅院记》全文，其中有"数僧宴坐，寂然于泉石之间，引而与语，殊无纤芥世俗间气韵。其视舒舒，其行于于。"由此可见，当时西山水月寺的茶汤会已较普遍。

明代弘治年间（1488-1505）刊印的《三吴杂志》中称："墨佐君坛，《洞庭实录》云，在缥缈峰北一里，水月寺相近……上有池，可半亩……百步许，地名吃摘，出茶最佳。谚云：'墨君寺畔水，吃摘小青茶。又称缥缈峰西北塘里坞，曰水月寺……产茶入贡，谓之水月茶。'"明代正德元年（1506），吴县人王鏊《姑苏志》在土产条中写道："茶，出吴县西山。谷雨前采焙极细者贩于市，争先腾价，以雨前为贵也。"明崇祯《吴县志》还载，王鏊在《洞庭山赋》中将其称为"雨前"、"茗芽"。明陈继儒撰《太平清话》中有："洞庭山小青山坞出茶，唐宋入贡，下有水月茶，即贡茶院也。"由于明代出现了炒青茶，因此水月茶的外形开始变为纤细，方与现代碧螺春形制相近。

2006年，在水月寺遗址上重建的"水月禅寺"中，有刻于明正德四年（1509）的《水月禅寺中兴记》碑，上有苏舜钦的题诗："水月开山大业年，朝廷敕额至今存。万株松覆青云坞，千树梨开白云园。无碍泉香夸绝品，小青茶熟占魁元。当时饭圣高阳女，永作伽蓝护法门。"由此可见,当时水月寺一带的茶园生态环境,与现在碧螺春茶园的果茶间作生态环境相似,这就为水月茶和洞庭山的其他名茶改制成碧螺春茶,创造了条件。明王世懋《二酉委谭》称:"时西山云雾新茗初至,张左伯适以见遗。茶色白,大作豆子香,几与虎丘埒。……汲新水烹尝之……两腋风生,念此境味,都非宦路所有。"明代茶书上有"苏州茶饮遍天下"之说,洞庭西山的云雾茶,在唐宋入贡的基础上,仍保持了名茶品质,与当时誉为"最号清绝,为天下冠"的虎丘茶相等。在采摘时间上,以谷雨前为贵,外形上追求"极细者",从这两点看已与现在的碧螺春茶十分接近。

清代,徐崧、张大纯于康熙二十九年(1690)编的《百城烟水》中,有秦嘉铨《水月寺新晴偶成》诗,其中就有"一铛寒雪烹无碍(即无碍泉),满阁香风焙小青(即小青坞茶,最瘦)",说明水月寺、小青坞一带的茶叶条索紧细。2006年重建的"水月禅寺"贡茶院中,有这样的解释:"此地原为水月寺贡茶园,所产水月茶又称小青茶,小春茶……碧螺春独特的螺旋状形,就是明代水月寺僧人受佛相螺状发髻启发而独创的。"这些都可以说明,明代洞庭山茶逐渐向细紧、卷曲的碧螺春过渡。清王维德辑《林屋民风》(1712)称:"茶出洞庭西山者,名剔目,俗称细茶。出东山者品最上,名片茶。制精者价倍于松萝。"清康熙举人厉鹗在《秋玉游洞庭回以橘茶见饷》中写道:"饷我洞庭茶,鹰爪颗颗先春芽。虎丘近无种,剔目名可嘉。功能沏视比龙树,金铋不怕轻翳遮。瀹以龚春壶子色最白,啜以吴十九盏浮云花。翩翩风腋乘兴到,左神幽墟列仙之所家。"由此可见,清康熙时洞庭山产名茶只有剔目,还没出现碧螺春。清方武济《龙沙纪略》则称:"茶自江苏之洞庭山来,枝叶粗杂,函重两许,值钱七八文,八百函为一箱,蒙古专用,和乳交易分列并行。"从以上资料看,清初期,洞庭山采制的茶叶,品种较多,既有当时的名茶西山剔目、东山片茶,也有粗杂的边销茶,质量悬殊。

清陆廷灿《续茶经》引现已佚之最早记载碧螺春的《随见录》曰:"洞庭山有茶,微似芥而细,味甚甘香,俗呼为'吓煞人',产碧螺峰者尤佳,名碧螺春。"清代地理学者、洞庭东山人金有理在其编纂的《太湖备考》中称："茶出东西两山，东山者胜。有一种名碧螺春，俗呼'吓煞人香'，味殊绝，人赞贵之。然所产无多，市者多伪。"

一般而言，茶叶的命名，起初也并非全都温文尔雅，应该是经过若干人加工润色，方为人称道，登上大雅之堂的。碧螺春命名，当然也不例外。关于碧螺春得名有种种传说：一为康熙皇帝命名。清陈康琪《郎潜纪闻》载："洞庭东山碧螺峰石壁，岁产野茶数株，土人称曰'吓杀人香'。康熙己卯，车驾幸太湖，抚臣宋荦购此茶以进，上以其名不雅驯，题曰碧螺春。"王应奎《柳南续笔·碧螺春》和顾禄《清嘉录·茶贡》，均持此说。二为明代宰相吴县东山人王鏊命名。其三乃因东山有碧螺峰而得名。其四则因其色泽翠绿，卷曲如螺，清明前采制而得名。笔者认为，这最后一说近乎可信。因为碧螺春的滥觞为西山水月茶。北宋苏舜钦《水月庵记》已略有所及。清代戴延年《吴语》也称："碧螺春产洞庭西山，以谷雨前为贵。唐皮、陆各有《茶坞》诗，宋时水月院僧所制尤美，号水月茶。近易兹名，色玉香兰，人争购之，沟茗莽中尤物也。"其说甚允。

碧螺春的采摘、制作，要求十分严格。高档碧螺春在春分前后便开始采制，清明时正是采制的黄金时节，谷雨后采摘只能加工一般绿茶了。采摘标准为一芽一叶初展，称为"雀舌"。如此嫩度要求，即使是熟练的茶农，每天也只能采1-2斤鲜叶。制作1斤成品碧螺春，约需细

◎竹节壶

嫩雀舌六七万个,名列国内高级名茶之首。碧螺春的炒制方法,也特别讲究。完全按照传统手工炒作,需要经过高温杀青、热揉成形、搓团显毫、文火干燥等四道工序,揉中带炒,炒中带揉,连续操作,一锅到底,才能使其芽叶完整,色泽青翠,条索卷曲而茸毛显露,形成别具一格的独特风貌。

黄山毛峰

黄山毛峰,是一种雀舌型细嫩烘青历史名茶,产于安徽省黄山市黄山风景区的汤口、冈村、杨村、山岔和洽舍一带的山地上,特级黄山毛峰则主要产于风景区境内的桃花峰之桃花溪两岸的云谷寺、松谷庵、吊桥庵、慈光阁以及海拔1200米的半山寺周围。

俗话说:"名山出名茶。"名山与名茶,犹如孪生儿。名山为名茶提供优良的生态环境,名茶又为名山增光添彩。以怪石、奇松、云海、温泉"四绝"著称于世的黄山,被世人称为"天下第一奇山"、"人间仙境"。明代旅行家徐霞客游览黄山后盛赞:"薄海内外,无如徽之黄山。登黄山,天下无山,观止矣!"黄山之三十六大峰、三十六小峰、十六泉、二十四溪,无不以奇险而取胜。清代程弘志所言:"山行之险,莫如黄山。而黄山险处,乃黄山奇处。险不极,奇亦不极;险至不可思议,奇亦不可思议。"后人认为黄山兼具泰岱之瑰伟,武夷之秀逸,华岳之峻峭,衡山之磅礴,匡庐之飞瀑,故"五岳归来不看山,黄山归来不看岳"之说,成为数百年来赞美黄山的名句。由此可见,黄山所产之名茶"黄山毛峰",也是出自必然了。

黄山,古代隶属徽州,徽州自唐代便产名茶。在宋贡茶中,就有"早春英华"、"来泉胜金"出歙县之说。明清时期,更是名茶迭出,松萝、大方、云雾茶,名重天下。明代许次纾在《茶疏》中说:"天下名山,必产灵草,江南地暖,故独宜茶。若歙之松萝,吴之虎丘,钱塘之龙井,香气秾郁,并可雁行,与岕颉颃。往郭次甫亟称黄山,黄山亦在歙中,然去松萝远甚。"据成书于弘治十五年(1502)的《徽州府志》记载:"黄山产茶始于宋之嘉祐,兴于明之隆庆。"

　　明清时期,黄山佛教兴盛,山上的寺庙往往辟有茶园。僧人采茶制茶,以满足日常饮用和待客之需。明代旅行家徐霞客在《黄山游记》中,记载他第一次游黄山狮子林时,曾受到僧霞光的设茶招待。明代时任兵部尚书的休宁人程信,在《游黄山》诗中也曾写道:"黟山深处旧祥符,天下云林让一区。千涧涌青围佛寺,诸峰环翠拱天都。烹茶时汲香泉水,燃烛频吹炼药炉。为问老僧年几许,仙人相见可曾无。"文士吴日宣在明万历三十八年(1610)游览黄山时曾见并描述道:"仙灯洞,洞高五十余仞,前广丈余,中半倍之,后视中复广者尺,深五十余步。一壁下隔为二洞,各广四步,有奇水从石渗出,右洞二池,一泓澄澄,足供酌盥。僧架木为室,块处其间。洞口古茗数柯,前僧所树,今僧抚育之。"新编《黄山志》载:"仙灯洞,又名仙僧洞,在仙都峰下。从云谷寺去二道

◎黄山毛峰

岭，约四里可至。洞周有竹林茶园，旧时由僧人所植。旧志记载传闻，南朝宋时有东国高僧居于洞中。阴暗之夜，洞口有灯，朗朗如星月，人称'圣灯'。"这大概就是仙灯洞、仙僧洞得名的由来。清代文人袁枚在《坐光明顶上老僧送茶至》诗中写道："方学渴猊思饮海，忽见老僧来送茗。和云带露一吸干，满腹金茎仙露冷。"清人潘来在《皮蓬雪庄禅师》一诗中也写道："梦里披画图，汲涧煮茗芋。"而清人吴雯清在《宿文殊院》诗中则提到"客话围炉火，僧茶吸涧泉"。从以上记载中可以看出，茶饮是当时黄山僧众日常生活中必不可少的重要部分。

据《黄山志》记载，黄山莲花庵旁石隙中植有茶树，茶质得云雾之精，轻香袭人，称为黄山云雾茶，这便是黄山毛峰的前身。成书于明弘治十五年(1502)的《徽州府志·土产》记载："近岁茶名，细者有雀舌、莲心、金芽；次者为芽下白，为走林，为罗公；又其次者为开园，为软枝，为大号。"这种分等法与后来把黄山毛峰茶分为"四级九等"虽不完全一样；但已经接近。而从"雀舌"、"金芽"、"芽下白"之命名来看，可由"雀舌"而知其形状，由"金芽"而知其色泽，由"芽下白"而知其白毫显露，与"形如雀舌，锋毫显露，色显嫩绿泛象牙色"的黄山毛峰，极为相似。许楚在明崇祯八年(1635)《黄山游记》中记载："莲花庵地平旷，约二亩许，四楹三室，左右映带，篱茨甚幽丽。就石隙养茶，多轻香，冷韵袭人，齿腭不去，所谓黄山云雾茶是也。"可见在明代中叶，黄山毛峰茶的雏形就已基本形成。随着时间的推移，黄山寺庙中有关云雾茶的种植、采制技术，也逐渐流传到了黄山周边地区。

清初，黄山云雾茶饮誉士林。清代江澄云在《素壶便录》中，将黄山云雾茶推为"茶品中第一"。他说："黄山有云雾茶，产高山绝顶，烟云荡漾，雾露滋培，其柯有历百年者。气息恬雅，芳香扑鼻，绝无俗味，当为茶品中第一。"清人陆廷灿，字秩昭，官崇安时，曾广泛涉猎茶叶史料，并依照《茶经》原目，采撷诸事故实而续之，撰成《续茶经》三卷。他在《续茶经》中引《随见录》曰："黄山绝顶，有云雾茶，别有风味，超出松萝

◎《心经》壶

之外。"由前述可知,在陆廷灿撰写《续茶经》的一百多年前,明人许次纾还在《茶疏》中认为黄山茶的品质不如松萝茶,而百年之后,陆廷灿则认为黄山云雾茶"超出松萝之外",可见黄山茶后来居上。由此也引来了文人学士为之吟咏高歌。清代俞樾《孙莲叔赠云雾茶赋谢》曰:"浮丘山人旧游处,至今万丈青芙蓉。天梯石栈缭以曲,非云非雾常蒙蒙。朝闻木客啸其上,夜见山精游其中。人间烟火所不到,云喷雾泄皆神功。一朝抽出珠绯晶,石罅青翠如蒲茸。茶丁欲采不得路,导以鹤子从猿公。缘桐缒索仅得上,十人提筐九则空。由来神物不多有,何怪价与黄金同。故人赠我满一篦,云花雾叶犹惺忪。嗟余容积斗许许,如坠五浊神懵懵。得此月团三百片,快哉两腋来清风。茶铫手拭翻自愧,近来面目仍吴蒙。"由此可见,在烟火罕见的黄山石罅绝壁生长着茶树,饱受云雾滋润。但采茶却十分艰辛,不仅需要登壁攀崖,而且十人提篮九人空,所以云雾茶堪与黄金争价。烘托出云雾茶的珍贵,折射出其产量绝少之一斑。

1929年出版的《黄山指南》记载："云雾茶,生在眉毛峰为最,桃花峰、汤池旁次之,吊桥、丞相源与松谷庵、芙蓉岭相伯仲。"此处不但记述了云雾茶的具体产地,而且还对各处茶的质量进行了评价。从中可见,从明代走来的云雾茶,到清末产地已经扩大,不局限在桃花峰、仙都峰,而是扩大到汤池、眉毛峰、吊桥庵、丞相源、松谷庵、芙蓉岭等处。黄山毛峰,与创自于黄山僧人之手的黄山云雾茶,一脉相承。黄山云雾茶之名,一直延续到上世纪80年代。此后,便统称黄山毛峰了。

黄山毛峰采制加工,要求十分精细。特级黄山毛峰,通常在清明前后采摘,以一芽一叶初展为标准,茶农称"麻雀嘴稍开"。采来鲜叶经稍稍摊放后,当即制作。炒制分为杀青、揉捻、干燥等几道工序。但高级毛峰(包括特级、一级)一般不经揉捻就上烘,这是因为嫩芽摘自早春,难以锅炒,便以烘代炒。烘干工艺精巧而细腻,分为毛火、足火进行,干燥均匀,使其白毫不至于碰落。因此,高级毛峰属烘青类条形绿茶。黄山毛峰,芽叶肥壮匀齐,形似雀舌,细扁而微微卷曲,银毫显露,色泽亮润嫩绿,汤色清澈略带杏黄,香气持久,回味甘醇,堪称茶中珍品。

信阳毛尖

以"色翠、味鲜、香高"著称的信阳毛尖,是深受茶人喜欢的著名绿茶之一,产自河南信阳市、信阳县和罗山县(部分乡)一带的"五山、二潭、一寨地区,这里海拔500-800米,高山峻岭,重峦叠嶂,溪流纵横,云雾弥漫,四季分明,是生产高档茶叶的风水宝地。

信阳产茶历史久远。茶学家陈椽教授曾论证说:"我国原始茶树的传播,从云南西南部原产地向北推移到四川雅州……而达绵州,形成陆羽所说的剑南茶区,即今川西北茶区。由四川再向北推进,沿川陕大道入陕西南部至兴州……而达安康,陆羽划入山南茶区,即今陕南茶区。秦岭屏障阻碍向西北推进,折南沿汉水下流到襄州而达河南的义阳郡至光州,再向东入安徽西部的寿州(六安),形成陆羽所称的淮南茶区和河南信阳茶区。"由此可见,信阳茶是由巴蜀经陕南的汉水传入的。

东汉时,在江淮一带行医的安徽亳县人华佗(亳县与信阳毗邻)在《食论》中说:"苦荼久食,益意思。"因此,他经常采信阳茶饮用并为民众治病。据传说,隋文帝患头疾,久治不愈,有僧人告诉他,江淮山中有茗草,煮而饮之可治。隋文帝派人到信阳采来茶叶煮饮,不久痛愈。由此可见,唐代之前信阳茶就已声名远播,为天下人所知晓了。

唐代,信阳被列为当时全国官办的13个重点山场之一,并与安徽的中部、湖北北部共同构成唐代第二大产茶区——淮南茶区,包括光州、义阳郡、舒州、寿州、蕲州、黄州。

唐天宝十三载(754)初春,陆羽为了著述《茶经》,辞别竟陵司马崔国辅,出游淮南和巴山峡川。清明时节,陆羽赶到了义阳郡(包括现在的罗山、信阳市)。他先在义阳考察了南部的钟山等地的茶树和淮源之水,倍加赞赏。后又从义阳入光州、潢川、固始,并对光州黄头港的茶叶,称颂不已。传说,陆羽路过固始县祁门山紫阳洞时,饥渴难忍,随香客入洞内,掬石泉而饮,清冽甘甜,采嫩茶而食,清香鲜醇。洞中舒适凉爽,烦躁全消,于是便于洞内歇脚。后来人们为了纪念他,还在洞内为他设立了神位,每

◎信阳毛尖

年清明节敬茶祭祀。这一带至今仍保留"清明采新茶,试新火"的习俗。后来陆羽复东出舒州、南下黄州、北上寿州,最后隐居于浙江苕溪。他在《茶经·八之出》中这样评价道:"淮南,以光州上,义阳郡、舒州次,寿州下,蕲州、黄州又下。"

唐代信阳所产,多为中间呈现有孔的饼茶,也就是当时人们所谓的"大模茶"。即唐《食货志》所说:"贞元江淮茶为大模。"由于质量优良,被朝廷列为贡茶。唐《地理志》中载:"义阳(即信阳)土贡品有茶。"据传,信阳西部车云山的茶叶,品质极优,武则天饮用之后,使久治不愈的肠胃疾病症状顿消,心情大爽,并敕命在车云山头建立了一座千佛塔。现在千佛塔虽已破败,但仍可见到塔门的残迹及塔内石佛。石佛身上,至今还保留明代嘉靖三十五年(1566)修复时所刻写的铭文,成为信阳茶历史的一个独特标志。

宋代,信阳茶树栽培非常普遍。当时信阳茶田面积和产量都很大,年产茶多达93万余斤,几乎占全国茶叶销售总量的五分之一。宋代信阳栽培的茶树,皆为灌木型。沈括在《梦溪笔谈》中曾说:"建茶皆乔木,吴、蜀、淮南(信阳、罗山、光山)唯从茭而已。"宋代以后,散茶开始出现《宋史·食货志》载:"茶有两类,曰片茶,曰散茶……散茶出淮南归州。"宋代信阳散茶作为贡品,制作更为讲究,包装一般都与龙凤相连。《宋史·食货志》说:"当时进贡的散茶出淮南,有龙溪、雨前、雨后之类。"宋代信阳茶不仅在本地销售,还有相当一部分通过惠民河、汴河,运往北宋的都城开封,从而推动了京都的市场繁荣。《宋会要辑稿·食货》中载,京师每年要消耗大量的茶叶,所以商人从江淮(包括信阳)经惠民河、汴河把茶叶大量输入到东京。当时的东京已经出现专门的茶肆,一些酒楼也设茶座。《东京梦华录》载,"小商小贩提瓶卖茶","煎点汤茶者,直到天明"。《清明上河图》中所画的茶坊,就是当时东京生活的具体写照。

宋元丰三年(1080),苏东坡在被贬出汴京外放到湖北黄州任团练副使途中,曾这样评价信阳茶:"淮南茶,信阳第一……西南山农种茶者甚多。本山茶,色味香俱美,品不在浙闽之下。"他还在《过淮》诗中写道:"朝离新息县,初乳一水碧。暮宿淮南

◎《清明上河图》局部

村,已度千山赤。"此处所谓"新息",即今信阳市息县。渡过淮河,苏轼来到义阳浉水河畔。义阳自古就有"浉河中心水,车云顶上茶"之说。苏轼驻足浉水,以水煎茶,鉴水品茗,赞叹"生斯土者,往往多禀清气,具风骨之士,不可谓非山水之有灵也"。苏轼来到今信阳地区的光山县净居寺时,每日与净居寺和尚居仁,吟诗作赋。至今净居寺仍留有其诗文碑刻。明代光山县令沈绍庆在碑文跋中说:"苏东坡被谪黄州,时好游光山净居寺。"苏轼在净居寺盘桓数日,极尽其兴,渐生依恋之情。他在《梵天寺次韵》中云:"但闻烟外钟,不见烟中寺。幽人行未已,草露湿芒屦。唯有山头月,夜夜照来去。"苏轼离开净居寺时,寺院钟鼓齐鸣,东坡流连忘返,恋恋不舍。并在《游净居寺》中,抒发了自己这种惆怅的心绪:"钟声自送客,出谷犹依依。回首吾家山,岁晚将焉归。"

明时,信阳茶遭受自然灾害,茶税过重,官吏盘剥,加上匪徒敲诈掠夺,茶农只能弃茶谋生,茶树逐渐被砍毁,只有李家寨三条沟内还有人种茶。《县志》载:"大茶沟、中茶沟、小茶沟在五斗峰之北,皆明茶之产地,尚有遗株。"

"毛尖"一词,最早出现在清末,人们把产于信阳的毛尖,称为"本山毛尖"或"毛尖"。又根据采制季节、形态等不同特点,将其称为"针尖"、"贡针"、"白毫"、"跑山尖"等等。清末,信阳车云茶社为了振兴茶业,派人到名茶产区浙江西湖龙井和安徽六安,购买茶籽、观摩学习制茶方法,借鉴了西湖龙井和六安瓜片的制法,形成了自己独特的风格,并把制成的茶称为"车云龙井"。1915年2月在"巴拿马——太平洋国际

◎井栏壶

博览会"上,由车云山采制的信阳茶以其外形美观,香气清高,滋味浓醇,独树一帜,赢得普遍赞赏,并获得世界茶叶金质奖状与奖章。巴拿马获奖后,信阳车云山将采制的茶,更名为"信阳毛尖"。新中国成立后,把它归于"毛峰"一类,并将产于信阳及罗山南部的信阳毛尖,命名为"豫毛峰";将产于光山、潢川、商城、新县、固始的茶,称为"豫毛青"。

"信阳毛尖"的名字,来自其细圆紧直的外形,这种外形的形成,又与信阳独特的炒茶工艺有密切关系。清代以前,茶工在生锅中炒制茶叶时,双手各握一只用竹枝制作的小茶把同时操作,久之十分疲劳,难以长时间坚持。清末民初,茶工试用炒熟锅的大茶把代替小茶把炒"生锅",两手同握一只大茶把,左右手重力互相交替,称为"握把炒"。不过,这样炒出的茶叶存在茶条弯曲、欠光润的不足。1925年,车云茶社试用"散把"炒茶,并在炒制过程中,不时用手抓起茶叶,观看炒制程度,同时把结成团块的茶叶撒开、甩出再炒,如此反复,炒出的茶条比较紧、直,色泽也变得鲜绿光润,人们称之为"理条",使茶叶呈现出现在细、紧、圆、直的形状特点和品质。

信阳毛尖条索细紧圆直,色泽翠绿,白毫显露,汤色清绿明亮,香气鲜高,滋味鲜醇;叶底芽壮,嫩绿匀整。1985年,信阳地区制定了信阳毛尖特级、一级地方标准,并于1994年1月将同纬度、同工艺、同质量、同地区生产的毛尖茶,统称为信阳毛尖。

六安瓜片

六安瓜片,是绿茶中唯一去梗去芽仅含叶子的烘青绿茶,产于长江以北、淮河以南的皖西大别山茶区,以六安、金寨、霍山三县所产最为著名。由于金寨、霍山的部分区域历史上曾属六安管辖,因此称为"六安瓜片"。

◎六安瓜片

六安瓜片以金寨齐云山为发源地,所以又称为"齐云瓜片"。其中,又以齐云山蝙蝠洞所产品质最优。齐云山主峰海拔800多米,峰峦叠翠,土壤肥沃,雨量充沛,终年云雾弥漫。茶树生长在如此日照短且多漫射光的温湿环境中,饱受雾露的滋润,因而造就优美的茶质。诚如《六安州志》所载:"齐头绝顶常为云雾所封,其上产茶甚壮,而味独冲淡……"

六安产茶,历史悠久。陆羽《茶经·八之出》中就有"淮南,以光州上……寿州下"的评价。六安唐时隶属寿州,宋代改名为六安县,元代始置六安州,辖区与今六安市相当,由此可见六安茶唐代以来就是广为人知的名茶之一。清道光《寿州志》载:"唐、宋史志,皆云寿州产茶,盖以其时盛唐、霍山隶寿州,隶安丰军也。今土人云:寿州向亦产茶,名云雾者最佳,可以消融积滞,涤除沉疴……"寿州是唐时著名的茶叶产区和集散中心之一。唐代著名"寿州黄芽"就产自此。宋代淮南十三茶场的霍山、麻步、开顺三场,也在寿州。

六安茶以明清年间最为昌盛。六安贡茶,始于明嘉靖三十六年(1557)武夷茶罢贡后,直至清咸丰年间(1851-1861)贡茶制度终结,约有三百年的历史。历经两个朝代几十位皇帝,是历史上十余处贡茶中最长的。据说,1856年4月27日,咸丰帝的懿嫔(即慈禧)生下了第八代皇帝载淳(即同治)。咸丰帝闻知此事,喜不自胜,便当即谕旨:"懿嫔着封为懿妃。"按照宫中规定,慈禧从此便可享受"每月供给'齐山云雾'瓜片茶叶十四两"这样更高一级的生活待遇。

明代许次纾《茶疏·产茶》曰:"天下名山,必产灵草。江南地暖,故独宜茶,大江以北,则称六安。然六安乃其郡名,其实产霍山县之大蜀山也。茶生最多,名品亦振,河南、山、陕人皆用之。南方谓其能消垢腻、去积滞,亦共宝爱。"徐光启在《农政全书》中称"六安州之片茶,为茶之极品"。陈霆在《两山默谈》中也称:"六安茶为天下第一。有司苞贡之余,例馈权贵与朝士之故旧者。"明代大学者李东阳、萧显、李士直同值玉堂,有联句诗《咏六安茶》:"七碗清风自六安,每随佳兴入诗坛。纤芽出土春雷动,活火当炉夜雪残。陆羽旧经遗上品,高阳醉客避清欢。何时一酌中冷水,重试君谟小风团。"除此之外,名著《金瓶梅》和《红楼梦》中,也均有关于六安茶的记述。清代康熙年间文华殿大学士兼礼部尚书张英在《聪训斋语》中这样写道:"予少年嗜六安茶,中年饮武夷而甘,后乃知芥茶之妙。此三种可以终老,其它不必问矣。芥茶如名士,武夷如高士,六安如野士,皆可为岁寒之交。六安尤养脾。食饱最宜。"

清末,在霍山黄芽、六安小岘春基础上创制的六安瓜片,采自当地特有品种,经采片、扳片、炒片、烘片四道工序,加工制成片状茶叶。由于片甲叶软,薄如蝉翼,形似葵花子,而被称为"瓜子片",略称"瓜片"。六安瓜片采摘时间必须在"谷雨"前后十天,鲜叶必须长到"开面"时,方可采摘,以保证茶品质量。采片时,将新叶连梗采下,称为"留梗采法"。即早上采,下午扳片、去梗、去芽,以"片"取胜。其中扳片工序,在我国绿茶初制工艺中,独一无二。扳片既可以摘去叶片,分开老嫩,除杂汰劣,保持品质纯一,又可以通过扳片达到起萎作用,利于叶内多酚类化合物及蛋白质、糖类物质的转化,提高成茶滋味和香气。扳片时,将断梢上的芽一一扳下,第一叶制"提片";第二叶制"瓜片";第三、四叶制"梅片"。芽,则制成"银针"。随扳随炒。炒制时,分炒生锅、炒熟锅、拉毛火、拉小火、拉大火,竹篓装茶木炭灰,炭火猛烈,火苗盈尺,抬篮走烘,一罩即提,二三付烘篮,交替进行,一抬一步,边烘边翻,节奏紧扣,配合默契,如同跳舞一般,次数在80次以上,直至起霜有润,清香扑鼻。然后趁热装入铅桶内,封口贮存。六安瓜片外形单片平展,顺直匀整,叶边背卷,不带芽梗,形似瓜子,色泽明亮油绿,叶被白霜,汤色清澈,香气高长,滋味鲜醇回甘,叶底黄绿匀高。

新中国成立后,"六安瓜片"也有相当一段时间作为中央政府用以招待贵宾的特供茶。周恩来总理在病重辞世之前,还向医护人员提出:"我想喝点六安瓜片。"

1971年7月,美国前国务卿基辛格博士,作为美国前总统尼克松特使,第一次秘密访华,为中美两个大国建交打开大门。回美前,我国曾赠送他一桶"六安瓜片",作为礼品。

◎祁门红茶

祁门红茶

祁门红茶,简称"祁红",又称为"祁门工夫",与印度大吉岭茶、斯里兰卡乌伐季节茶并列为世界公认的三大高香茶(红茶)。祁红,由祁门褚叶种加工而成,外形条索细紧苗秀,大小粗细匀整一致,锋苗显露,色泽乌黑泛灰光,俗称"宝光";内质香郁似蜜糖香,国际市场上称这种地域性香气为"祁门香";汤色红亮,滋味醇厚,回味隽永,叶底嫩匀红亮。祁红,是我国地域性工夫红茶中出口最多、售价最高的红茶。据记载,1913年出口一担"祁红",售价高达360两白银。现在一般情况下售价也比其他工夫红茶高出10%。祁红主销英国,是英国皇室的首选饮料。其次为荷兰、德国、丹麦、瑞士、瑞典、法国、澳大利亚、加拿大、爱尔兰、芬兰、日本、意大利、新加坡以及港澳台等国家和地区。

祁门红茶它之所以驰名世界,名冠天下,就在于它具有良好的自然生长条件和优渥的生态环境。祁门群峰竞秀,山势磅礴,奇峰突兀,怪石嶙峋,瀑布飞溅,流泉潺潺,云海氤氲,林海莽莽,翠竹葱郁,鸟鸣啁啾。"千千石楠树,万万女贞林,山山白鹭满,涧涧白猿啼"。既是绿色植物的宝库,也是珍稀动物的乐园。"奇峰出奇云,秀木含秀气""晴时早晚遍地雾,阴雨成天满山云",撷山林精髓,聚云雾灵气,吸春雨琼浆,沐山花香韵,由此而孕育出独冠天下的祁门红茶。

祁门产茶,历史悠久,自唐宋以来即为著名茶叶产区。祁门,古属歙州和饶州两地,其东部属黟县,西部属浮梁。浮梁为唐时全国最大的茶叶集散地,与祁门一水相依。祁门茶乃至歙州茶属于茶中极品,唐代敦煌写本《茶酒论》中,就有"浮梁歙州,万国来求"的赞誉。祁门境内阊江,北起黄山西脉的大洪山麓,逶迤南下,出祁门到浮梁和景德镇,最后注入鄱阳湖。祁门茶就是通过此水道运往浮梁外销。曾任江州司马的唐代大诗人白居易曾在《琵琶行》中曰:"门前冷落车马稀,老大嫁作商人妇。商人重利轻别离,前月浮梁买茶去。来去江口守空船,绕船月明江水寒……"无独有偶,唐咸通三年(862年)由时任歙州司马张途撰写的《祁门县新修阊门溪记》,也翔实地记载了当时祁门的茶事,具有很高的史料价值。当时张途为处理地方政务来到祁门,"寓于郡下,尝游兹邑",并对这里浓郁的茶风感受颇深。他写道:"县西南十三里,溪名阊门,有山对耸而近,因以名焉。水自叠嶂积石而下,通于鄱阳,合于大江,其济人利物不为不至矣……邑之编籍民五千四百余户,其疆境亦不为小。山多而田少,水清而地沃。山且植茗,高下无遗土,千里之内业于茶者(十)七八矣。繇是给衣食,供赋役,悉恃此。祁之茗,色黄而香,贾客咸议,愈于诸方。每岁二三月,赍银缗缯素求市将货他郡者,摩肩接迹而至……不独以贾客巨艘,居民叶舟往复无阻,自春徂秋,也足以劝六乡之人业于茗者,专勤是谋,衣食之源,不虑不忧……"显然这是一份中国茶叶发展史上不可多得的文献。诚可谓"阊水流香走浮梁,两任司马留绝唱",通过他们精彩的描述,使得千余年以后的读者,仍得以窥见唐朝祁门茶事的风貌。

据史料记载,唐时祁门所产之茶,多为方茶。唐大中十年(856) 杨晔在《膳夫经手录》曰:"歙州、婺州、祁门、婺源方茶,制置精好,不杂木叶。自梁、宋、幽、并间,人皆尚之。赋税所入,商贾所赍,数千里不绝于道路,其先春、含膏,亦在顾渚茶品之亚列。祁门所出方茶,川源制度略同,差小耳。"新编的《祁门县志》认为方茶就是饼茶,"制作工序是:将鲜叶经蒸气杀青后烘干捣碎,碾成细末,再蒸软,做成长条状或圆饼状,中间留一孔,穿串起来烘干即成饼茶"。宋元时期,祁门茶事不甚明了,但产茶事实毋庸置疑。仙芝、玉津、先春、绿芽等就是当时徽州的茶叶。祁门时属徽州,当然不会例外。明时流行散茶,祁门生产的茶被称为"软枝茶",明永乐《祁阊志》对此有所记载。软枝茶,分芽茶和叶茶两种。其中,芽茶属于上品,叶茶次之。

清代,祁门主要流行绿茶和安茶。绿茶,主要是屯绿,其中以凫峰绿茶为代表,因质好香高,被称为"屯绿之冠"。安茶,是介于红茶和绿茶之间的半发酵紧压茶,因其制法与六安茶相似,而被称为"安茶"。安茶色泽乌黑,汤浓微红,味香而涩,既可作饮料,又可作药用。历史上安茶产地分布在祁门四乡各地,尤以西南乡为甚。从近年民间搜集到的安茶茶票中得知,这种茶创制于清道光年间,清末民初曾风靡一时,兴盛百余年,被广东和东南亚地区尊为"圣茶",尤为畅销。祁门人卖安茶,习惯在茶篓中放上茶票。这些茶票系木刻印刷,雕刻精细,周边为极具地方色彩的图案,中间有一段文字。如:"举报单人安徽孙义顺茶号,向在六安采办雨前上等细嫩真春芽蕾,加工拣选,不惜资本。向运佛山镇北胜街经广丰行发售。近有无耻之徒,假冒本号字样甚多,贪图影射,以假乱真。而茶较我号气味大不相同。凡士商赐顾,多辨真伪。本号茶篓内票四张:底票、腰票、报单、面票。上有龙团佳味字印,并秋叶印为记,方是真孙义顺安茶,庶不致误。新安孙义顺谨启。"这些茶票,如今成了印证当年安茶的最好实物,殊为珍贵。虽然当时绿茶和安茶均有部分外销出口,但正如茶学家陈椽先生所言:"当时绿茶销路不好,外销仅占出口量的10%左右。红茶畅销,市价高于绿茶,相导仿制,势所必然,这是推动祁门茶叶生产变革的动力。"

光绪元年(1875),黟县人余干臣从福建罢官回籍经商,在至德县(今东至县)尧渡街设立红茶庄,仿照"闽红"制法试制红茶。1876年余从至德来到祁门,又在祁门历口闪里设立茶庄,扩大红茶生产。另有一种说法认为,祁门改制红茶从胡元龙开始。胡为祁门南乡贵溪人,于清咸丰年间在贵溪开荒种茶,生产绿茶。光绪元年至二年间,因绿茶销量不旺,他考察制红茶之法,建成日顺茶厂,改制红茶。尽管这两种说法认为祁门红茶的开创者有所不同,但却都认为祁门生产红茶始于光绪元年。由于选用的茶树品种得当,茶树生长的自然环境得天独厚,工艺精益求精,制成的红茶有天然的香气,很快就独树一帜,著称于世。

祁门红茶以高香味醇的独绝品质脱颖而出,备受消费者青睐。然祁红茶名,在问世后很长的一段时间里,却并未规范地被称为祁红,而是被冠以"乌龙"投入市场的。如黄山书社出版的《祁门县工商行政管理志》载:"至光绪初,祁门红茶试制成功,商标名'赤山乌龙'。"例如祁门县箬坑乡伦坑的永昌茶号商标为"祁山乌龙",祁门县塔坊乡群胜茶号的样品茶箱也印有"祁门乌龙"。由此表明,祁门红茶一度被称为祁门乌龙,或者说祁门红茶又名祁门乌龙。其实我们前面讲过,从科学角度来说,真正的乌龙茶属于青茶类,而祁红属于红茶类,人们把这不同的二者扯到了一块,必然事出有因。分析缘由,不外以下因素:一是制法相似。虽然乌龙茶属于半发酵茶,祁红属于全发酵茶,但在干燥这道工序上,二者均用火烘。二是茶色相似。乌龙的茶色为褐色,祁红的茶色也为乌褐;乌龙汤色黄红,祁红的汤色为金红。二者虽有差异,然区别不大,一般人较难分辨。三是外形相似。虽说乌龙茶外形粗壮,祁红茶外形细小,但二者都条索虬曲,颇为相似。四是创制时间相近。据考证,发源于闽南的乌龙茶,创制时间在清咸丰年间(1851-1861),祁红问世则在光绪初年(1875),二者相距不过二十余年。但正是由于乌龙茶早面市了二十年,市场也基本培育成功,所以作为后起之秀的祁红,一问世便借船出海,搭梯上楼,这也是顺理成章之事。需要指出的是,祁门乌龙曾是一个很响的品牌,乃至在很长的一段历史时期中,它就是祁红的替身和别称。正如茶学家庄晚芳先生所说："在20世纪初期，上海市场上仍有以乌龙代表红茶的，如祁门红茶称为祁门乌龙……"

祁门红茶1915年在巴拿马万国商品博览会上获"金质奖"，此后又在国内外多次获奖，成为我国国事礼茶之一。

普陀山佛茶

普陀山佛茶，又称普陀山云雾茶，是中国绿茶类古茶品种之一，属晒青茶，产于浙江普陀山。

普陀山佛茶，之所以被冠以佛名，是因为与普陀山佛教有着深厚的渊源。普陀山，与九华山、峨嵋山、五台山同为我国佛教的四大名山，是观世音菩萨的道场，俗称"南海"。相传唐大中元年(847)，有一位天竺(古印度)和尚来此地礼佛，自燔十指，在潮音洞前目睹观世音菩萨示现说法，于是他就地结茅，于此修行。从此，普陀为观音显灵之地的说法，便在中土广为传播。五代后梁贞明二年(916)，临济宗日本名僧慧锷，从五台山请观音菩萨像回日本，途经普陀，几次为大风所阻，不能遂愿，慧锷便在普陀潮音洞前的紫竹林内，建"不肯去观音院"，普陀的观音道场就此开基。此后，随

◎雅韵壶

着观音信仰在民间的日渐深入人心,号为"海天佛国"的普陀山也闻名遐迩,香火极盛,就连日本、朝鲜以及东南亚的佛教徒,也不远千里,络绎而来。至清末,全山已形成了普济寺、法雨寺、慧济寺等三大寺;大乘庵、不肯去观音院等八十八庵院以及无量棚、白莲棚等一百二十八茅蓬,僧众数千。无论寺院规模大小,都供奉观音大士,可以说是"观音之乡"了。每逢观音菩萨诞辰(农历二月十九)、出家(六月十九)、得道(九月十九)三大香会期,全山人山人海,寺院香烟缭绕,一派海天佛国景象。

普陀山绿树古刹之间,茶地毗连,瑞草飘香。由于山上土地归寺庙所有,茶叶最初由僧侣栽培制作,并为寺僧礼佛和敬客之物,故将其称为"佛茶"。诚如王旭峰所谓:"仙既可以散花,佛亦可以名茶,一盏清茗在手,难忘普陀洛迦。"

普陀山产茶历史悠久,相传晋朝方士葛洪居普陀山时,曾独坐洞井,用"仙人井"水煮普陀茶,饮茶止困,通宵达旦,合药著书。至今,普陀山仙人井遗迹尚存。由此可见,普陀茶从诞生之日起,就与宗教有密切因缘。

唐时,佛教在中国兴盛起来,普陀山也成为佛教圣地。由于山上古刹众多,僧人参禅打坐时,须以饮茶止困,因此大多嗜茶。起初,他们在礼经礼佛之余,常常采摘山林周围的野山茶,炒制成卷曲形干茶,因其滋味鲜醇爽口,香气不同凡响,喝入口中,给人一种飘飘欲仙的感觉,故将其称为"仙茶"。僧侣除了以此作为相互间赠送的礼品,还在以茶会友、交流佛事时,用来招待客人。前来朝香的信众,渐渐也以喝"仙茶"为荣。凡前来朝山者,无不希望能获得些许,带回家供于佛像前,以致供不应求。于是僧人们便开始选择佳地,栽培茶树。当时茶园主要分布在普陀山最高峰佛顶山一带。由于顶峰湿度大而气温偏低,茶树常年生长在漫漫云海之中,故又将其称为"普陀山云雾茶"、"佛顶云雾茶"。当时所制佛茶的外形,似圆非圆,似眉非眉,形似小蝌蚪,色泽翠绿,自有特色,因此也常被人称为"凤尾茶"。

宋代,普陀山茶日渐旺盛。据《普陀县志》载,从宋神宗元丰三年(1080)开始,朝廷为表达对观世音菩萨的恭敬和虔诚,不仅时常派人前往朝觐,还不断地划拨周边田亩供僧。据相关史料记载，从宋嘉定七年(1214)到元泰定四年(1327)，朝廷先后五次赐予普陀寺院官田3093亩，山林1000亩。宋淳祐八年(1248)，理宗赵昀还下诏免除全山租役。僧田除供僧众斋粮之外，部分也用来植茶。所产佛茶大部分用来供佛，少数用来待客。北宋诗人梅尧臣《遣碧峰霄峰茗诗》曰："阅尽名山古刹界，惟于此地香茶灵。"通过诗中这一个"灵"字，可见梅尧臣对普陀山的崇敬以及对佛茶的亲近之情。

南宋高宗绍兴十八年(1148)三月十五，曾在舟山任过昌国尉，因为抗金名将岳飞昭雪冤狱而名震朝野的史浩，偕鄱阳程休甫游普陀时，在潮音洞炷香供茶礼佛后，在僧人的指点下，攀上岩顶洞穴瞻顾，据说有幸见到了观音大士现身。他在佛寺题写的《留题宝陀禅寺碑碣》中云："绍兴戊辰三月望……由沈家门泛舟，遇风挂席，俄顷至此。翌早，恭诣潮音洞，顶礼观音大士，至则寂无所睹。炷香烹茶，但碗面浮花而已……有比丘指曰：岩顶有窦，可以下瞰。攀缘而上，瞻顾之际，瑞相忽现。金色照耀，眉目了然。二人所见不异，唯浩更睹双齿洁白如玉。"无独有偶，在南宋宁宗、理宗二朝为相二十六年的史浩之子史卫王，也同其父一样走运，他在宁宗时期游普陀时，也亲睹"观音大士于茶树上，示一目"的灵异。这种观音现身于普陀山茶树之上传说，又为普陀山佛茶增添了一道神秘色彩，使佛茶的佛缘再一次得到了印证。民国王亨彦在《普陀洛迦新志》中载："史卫王弥远，前游普陀，见大士于茶树上，示一目。盖二十年宰相之谶也。"事后，史弥远不仅就此事赋诗一首："南海观世音，庄严手挥尘；悠忽妙色相，救苦度众生。"而且还时常为普陀捐资，修缮殿宇廊房。南宋庆元年间(1195－1200)，他又向宁宗奏请，将宝陀寺列为江南"教院五山十刹"之一，使普陀山更加声名远扬。

元朝皇帝笃信佛教，普陀山作为观音的道场，具有至高无上的地位。朝廷不仅经常降香饭僧，还割舟山本岛及宁波的田山供僧。元大德五年(1301)，集贤学士张蓬山奉旨进香，赐普陀田、地、山四千多亩。与之同行者，还有著名的书法家赵孟頫。皇庆二年(1313)，皇太后遣使朝山进香，命江浙行中书省拨钞八百六十八锭，买田三顷赐宝陀寺。这些官助,成为普陀山佛教得以发展的重要经济来源。僧田不仅可供僧众斋粮,还可供植茶,使得佛茶有条件继续得以发展。

明朝时,普陀山佛茶经山僧和茶农精心培植,以其独特的风味享有盛名。明洪武二十四年(1391)九月十六日,朱元璋下诏废止团茶,改贡叶茶。饼茶为散形叶茶所代替,碾末而饮的唐煮宋点茶法,变成了以沸水冲泡叶茶的瀹饮法,茶的品饮方式发生了划时代的变化,明人称这种饮法,"简便异常,天趣悉备,可谓尽茶之真味矣"。明神宗万历年间,宁绍参将侯继高在《游补陀洛迦山记》中曾写道:"又三四里,曰千步沙。有僧大智,自五台山来,卓锡于此,结茅以居,曰海潮庵……庵之后山顶有泉,大智命其徒贯竹引之,瀹茗味殊甘洌。"这段文字,反映了当时在普陀山寺庙中佛茶的瀹饮之法。

明代到普陀山朝圣的政要高僧、文人墨客,大多在品饮普陀山佛茶时,流连忘返,并对其有所赞咏。明代文人李日华在《紫桃轩杂缀》中记述:"普陀老僧贻余小白岩茶一裹,叶有白茸,瀹之无色,徐饮觉凉透心腑。僧云,本岩岁只五六斤,专供(观音)大士,僧得啜者寡矣。"说明普陀佛茶当时仅用于供佛,就连僧众也大多不能享用,足见其珍贵。时有僧人释来向,前来普陀云游,他在《宿白华庵访赠朗彻禅师》诗中写到:"未觐慈颜礼洛伽,白华林里道人家。峭崖凿透千年石,古树锄开万丈霞。舌卷潮音谈妙义,麈挥云影笑空花。相逢洗我风尘色,夜静烧铛雪煮茶。"白华庵朗彻禅师用积攒的雪水为释来向烹茶,极易使人联想到《红楼梦》中妙玉以经年贮藏的梅花上扫得的雪水烹茶的故事。明神宗万历十七年(1589),宁绍参将侯继高主持编纂《补陀洛迦山志》时,曾将文学家、戏剧家屠隆请到普陀山参与其事。屠隆住山纂志时,把庵堂中烹茶待客的茶室,名之为"静室茶烟",并赋诗曰:"萧萧古寺白烟生,童子烹茶煮石铛。门外不知飘急雪,海天低与冻云平。"是说他在寺院中清净地品味清香的热茶时,竟然连门外的天寒地冻都忘记了。明万历末,中书陆宝莅临普陀,为后人留下了《游补陀记》:"补陀,为震旦名山之一……今春二月,风日晴美,思得乘流纵棹,作三十年未了缘……忽有小塔卓地,双扉隐隐,自篱落间入。客曰:'此金刚窟也。'窟负一大石岩,形如覆盂。窟前修廊百步,冠以岑楼……有僧雏荐香茗,一啜至尽。"此外,还有李桐之"山山争说采香芽,拨雾穿云去路赊。制就漫将炉火试,氤氲佳气遍僧家";邵辅忠之"菩提那不是莲花,雷荚云林长露芽。山气谁嘘晴不散,半笼祇树半笼茶"等诗句,无不脍炙人口,令人过目难忘。

入清,普陀山佛茶仍延续着礼佛敬客的功能。例如平生嗜茶,有"茶仙"之称的"扬州八怪"之一的汪士慎,就曾写过《小白华山茗》曰:"我正维舟陟翠微,东风扑面香霏霏。攀缘寻到焙茶处,古洞云窝开竹扉。老僧揖我坐凭几,自近凤炉煎石随。满碗轻花别有春,津津舌本凉芬起……"这首诗反映了普陀山僧人邀客饮茶的场景。此时佛茶产量也逐渐提高,并发展成为了商品。据《普陀山志》(1995)载,清康熙三十八年(1699)至雍正九年(1731),山上普济、法雨、慧济三大寺院重新修建时,斯役数千,僧侣数千,产茶数量最多,并作为商品茶供应,远销东南亚各国。又在大乘庵等处,专门设立茶庄,经销国内各种名茶,庵堂茶庄还专门设计具有普陀山特色的彩色茶缸,听装出售。

此外,清代地方志中关于普陀山佛茶防治百病、排毒养颜、久服轻身而延年益寿的文字记载也有很多。例如康熙《定海县志·物产》载:"茶,产桃花山者佳。普陀山者,可愈肺痈、血痢,然亦不甚多得。"乾隆三十年(1765),赵学敏《本草纲目拾遗·木部》引《定海县志》云:"定海之茶多山谷野产……五月时重抽者,曰二乌者,入药,不可多得。治血痢肺痈。"道光十二年(1832),秦耀曾《重修南海普陀山志》卷之一《形胜》云:"茶山,在白华顶后,自北亘西,其地最广。中多溪涧,山上多产茶茗;僧于雨前采摘供用,可治肺痈、血痢。"因相传佛茶有治肺痈血痢之特殊功能,所以凡朝山进香者,都念念以求,可见当时佛茶的名贵及其影响之大。

普陀山佛茶正式作为贡茶敬献朝廷,始于光绪年间。由于普陀山山地产权大多归寺院所有,因此清时朝廷规定普陀山各寺院庵堂负有管理茶山和采制贡茶的职贵，山上从事茶叶生产的僧侣明确分工，各司其事，并规定一年只在谷雨前后，乘晴明天气进行采摘一季头茶，采下的鲜叶用手工炒成"似眉非眉，似圆非圆，似螺非螺"之蝌蚪状，选择其中的上品贮于银盒中，由住持入贡朝廷享用。其余中品则用小盒铁听盛装，高价售给香客。由于贡茶"岁费数百金"，法雨寺住持化闻，呈报知厅事陈公，将贡茶"裁之"，合山感德。《普陀洛迦山志》(1999)载："白华顶后至茶山之茶与莲同为贡品。清光绪间，由后寺住持化闻悟禀请官厅得邀裁革。"普陀山佛茶作为贡茶历史虽短，但盛名却持久不衰。

千百年来，虽然普陀山仿佛是上天赐给人间的一方净土。然而，普陀山并不可能远离尘世，历史的每一次动荡都会带给它强烈的冲击。明洪武年间，东南沿海地区倭寇活动十分猖獗，普陀山一度为倭寇盘踞，寺庙被占，僧人全部被驱赶出山。清朝初年，荷兰殖民者占领台湾，还经常骚扰东南沿海地区，普陀山也经常遭到劫掠。明清两代政府都曾经施行过严格的海禁政策，遣散僧侣，焚毁寺庙。直到17世纪末，清政府收复台湾，海禁取消，普陀山才再一次恢复元气。佛茶随普陀山佛教的兴衰而起落。普陀山佛教一度遭到毁灭性的打击，佛茶也随之偶有中断。

民国时期，由于普陀山轮渡通航，香客及游览者大增，对佛茶的需求也随之增加，从而促进了佛茶的发展。1915年普陀山佛茶荣获巴拿马博览会银奖，更是进一步扩大了国际影响。

新中国成立后，普陀山茶园扩展较大，并建立了茶场。但"文革"浩劫，使得普陀山又一次遭受劫难，普陀山佛茶亦就此中断。1979年，普陀县邀请江苏省碧螺春名茶师来传授技术，通过改进工艺，形成独特的"似螺非螺、似眉非眉"的"佛茶"外形，并正式定名为"普陀山佛茶"，多次在名茶评比中获奖。普陀山佛茶，不愧是中华茶文化与佛教文化完美结合的杰作。有人为此拟联曰："似螺非螺，似眉非眉，翠绿氤氲，清高幽香，茶客一饮三叹；茶临梵天，口诵佛号，耳闻法音，通达禅意，如是不同凡响。"

◎太平猴魁

太平猴魁

2007年春天,中国国家主席胡锦涛出访俄罗斯,参加"中国年"和"中国国家展"开幕式等重要国事活动。其间,胡锦涛亲手向俄罗斯总统普京赠送了四份中国的高档礼茶,其中一份就是太平猴魁。

太平猴魁,是一种兰花型细嫩烘青绿茶,具有"两叶抱芽、扁平挺直、魁伟重实、色泽苍绿、兰香高爽、滋味甘醇"等品质特征,产于安徽省黄山市太平湖畔的猴坑一带,为安徽特有茶品——尖茶中的极品,久享盛名。所谓"尖茶",就是不经揉捻的烘青绿茶。

安徽黄山太平县历史悠久,人杰地灵。追溯"太平"二字的由来,源远流长。早在新石器时代,这里就有人类繁衍生息。唐天宝四年(745)设立太平县,属宣州郡。《太平寰宇记》云:"时天下晏然,立为太平县。"以区区小县,寄托国家承平日久的愿望,可见小县不小,非同凡响。其后,建制沿袭千余年。现在人们走进黄山风景区,即可在立马峰 (即青鸾峰)的峰腰绝壁上,看见1939年由唐式遵所书的黄山最大的摩崖石刻——"立马空东海,登高望太平。"这十个大字其实是一语双关。"立马",明指立马峰,暗喻武力抵抗日本侵略;"东海",明指黄山五海之一的东海,暗指日本帝国主义;"太平",明指黄山北边的太平县(今黄山区),暗喻天下太平。"空"和"望"字,则分别表明了抗战的决心和对和平的渴望。1983年12月,撤太平县设县级黄山市;1987年12月,改为地级黄山市的黄山区。

太平产茶历史,可追溯到唐朝。陆羽《茶经·八之出》载:"浙西:以湖州上,常州次,宣州、杭州、睦州、歙州下,润州、苏州又下。"当时的太平,就是属于宣州的一个县。尤为可贵的是,文中还提到太平出产的"上睦茶"和"临睦茶"这两种茶:"宣州生宣城县雅山,与蕲州同。太平县生上睦、临睦,与黄州同。"宋一明在《茶经译注》中说:"太平县,唐属宣州,今安徽省黄山市黄山区附近。上睦、临睦,唐太平县地名,具体不详。"

明朝以前,猴坑一带所产的尖茶,外形魁伟,品质最好,号称尖茶的魁首,故名"魁尖",亦有叫"奎尖"的,渐负盛名。清末,南京"太平春"、"江南春"、"叶长春"等茶庄,纷纷到太平产区设茶号收购加工尖茶,运销南京等地。其中"江南春"茶庄,从尖茶中拣出幼嫩芽叶作为优质尖茶应市,一举成功。"叶长春"茶庄派人到产地订货,发现猴坑所产魁尖特优,就委托茶农王元志选取少量从坐南朝北的山上采下的鲜叶,精细加工,并用锡罐盛装,运往南京高价销售。因其品质超出魁尖,在色泽、白毫、香气、滋味等方面都更胜一筹,为防止"鱼目混珠",特冠

◎猴魁茶汤

以猴坑地名,称为"猴魁"。由于猴魁名称饶有风趣,品质引人入胜,引起饮用者的极大兴趣,茶商纷纷订货,工艺不断改进,品质日臻完美。尤其是1915年在巴拿马举行的万国博览会荣膺一等金质奖章和奖状后,太平猴魁更是蜚声中外茶叶市场。

太平猴魁所产之地猴坑,地处黄山山脉。这里群山环抱,云雾缭绕,猴子出没,兰花遍野。采制猴魁之时,正是兰花开花吐芳、幽香四溢之季,对猴魁的品质形成产生非常有利的影响。太平猴魁的色、香、味、形、韵,在我国名茶中独具一格。太平猴魁扁展挺拔,魁伟壮实,外形硕大(长约4厘米),挺直有锋,二叶抱一芽似含苞的兰花。色泽苍绿匀润,遍身白毫,含而不露。所谓"苍绿",亦称"墨绿",即绿色较深且有光泽,是太平猴魁的特有色。部分主脉呈暗红色,侧脉隐红,俗称"红丝线"。红丝线的形成,则是由于猴魁在杀青时采用手工锅式,杀青匀度不可能很快很高;又因其柿大茶原料叶片肥厚,主脉、侧脉中的多酚类物质极易氧化成茶黄素、茶红素,甚至茶褐素,因此形成干茶外观部分主脉呈现暗红,侧脉呈现隐红线状。入杯冲泡后,芽叶缓慢舒展,并竖立成朵,宛如兰花;汤色嫩绿鲜亮,兰花香气高爽持久,滋味鲜爽醇厚,回味甘甜,独具"猴韵",连续冲泡三四次,兰香犹存,滋味不减,使人饮后难以忘怀。

武夷岩茶

武夷岩茶,为一种"绿叶红镶边"的半发酵茶,是福建乌龙茶中的极品,也是被中国国家博物馆收藏的唯一茶种。武夷山,盘桓于福建、江西接壤的崇安县境内,为福建第一名山,相传昔有神人武夷君居此,故名。武夷山有三十六峰,九十九奇岩,峰岩交错,怪石嶙峋,翠岗起伏,溪流纵横。九曲溪,蜿蜒十五华里,贯穿山中,有三弯九曲的胜景。武夷山茶农利用岩凹、石隙、石缝,栽种茶树,致使武夷山岩岩有茶,非岩不茶,岩茶也由此而得名。其品质风格为:外形条索肥壮,紧实匀整,叶端扭曲,叶背起蛙皮状砂粒,俗称"蛤蟆背",色泽青褐油润呈"宝光";内质香气馥郁隽永,胜似兰花而深沉持久,具特殊的"岩韵",滋味浓厚回甘,润滑爽口,汤色橙红,叶底"绿叶红镶边"，呈三分红七分绿。有人用"清芬扑鼻，舌有余甘……始觉龙井虽清而味薄矣，阳羡虽佳而韵逊矣"，来描述武夷岩茶的品质风格。

武夷山产茶，历史悠久，品质超群，历代文人墨客都对武夷茶情有独钟。唐代徐夤认为，武夷岩茶"臻山川精英秀气所钟，品具岩骨花香之胜"，并赋诗云："武夷春暖月初圆，采摘新芽献地仙。飞鹊印成香腊片，啼猿溪走木兰船，金槽和碾沉香木，冰碗轻涵翠缕烟。分赠恩深知最异，晚铛宜煮北山泉。"宋代范仲淹亦赋诗曰："年年春自东南来，建溪先暖水微开。溪边奇茗冠天下，武夷仙人自古栽。" 清代曾任礼部员外郎后兼署两江总督的福建长乐人梁章钜，在《归田琐记·品茶》中对武夷岩茶历史记述甚详，他说："余侨寓浦城，艰于得酒，而易于得茶。盖浦城本与武夷接壤，即浦产亦未尝不佳，而武夷焙法，实甲天下。浦茶之佳者，往往转运至武夷加焙，而其味较胜，其价亦顿增。其实古人品茶，初不重武夷，亦不精焙法也。《画墁录》云'有唐茶品以阳羡为上供，建溪、北苑不著也。贞元中，常衮为建州刺史，始蒸焙而研之，谓之研膏茶。丁晋公为福建转运使，始制为凤团'。今考北苑虽隶建州，然其名为凤凰山，其旁为壑，源沙溪，非武夷也。东坡作《凤咮砚铭》有云：'帝规武夷作茶囿，山为孤凤翔且嗅。'又作《荔支叹》云：'君不见武夷溪边粟粒芽，前丁后蔡相笼加。'直以北苑之名凤凰山者为武夷。《渔隐丛话》辨之甚详，谓北苑自有一溪，南流至富沙城下，方与西来武夷溪水合流，东去剑溪。然又称武夷未尝有茶，则亦非是。按《武夷杂记》云：'武夷茶实自蔡君谟，始谓其过北苑龙团，周右父极抑之。盖缘山中不晓焙制法，一味计多狗利之过。'是宋时武夷已非无茶，特焙法不佳，而世不甚贵尔。元时始于武夷置场官二员，茶园百有二所，设焙局于四曲溪，今御茶园、喊山台其遗迹并存，沿至近日，则武夷之茶，不胫而走四方。且粤东岁运，番舶通之外夷，而北苑之名遂泯矣。武夷九曲之末为星村，鬻茶者骈集交易于此。多有贩他处所产，学其焙法，以赝充者，即武夷山下人亦不能辨也。余尝再游武夷，信宿天游观中，每与静参羽士夜谈茶事。静参谓茶名有四等，茶品亦有四等。今城中州府官廨及豪富人家竞尚武夷茶，最著者曰花香，其由花香等而上者曰小种而已。山中则以小种为常品,其等而上者曰名种,此山以下所不可多得,即泉州、厦门人所讲工夫茶,号称名种者,实仅得小种也。又等而上之曰奇种,如雪梅、木瓜之类,即山中亦不可多得。大约茶树与梅花相近者,即引得梅花之味,与木瓜相近者,即引得木瓜之味,他可类推。此亦必须山中之水,方能发其精英,阅时稍久,而其味亦即消退,三十六峰中,不过数峰有之。各寺观所藏,每种不能满一斤,用极小之锡瓶贮之,装在名种大瓶中间,遇贵客名流到山,始出少许,郑重瀹之。其用小瓶装赠者,亦题奇种,实皆名种,杂以木瓜、梅花等物以助其香,非真奇种也。至茶品之四等,一曰香,花香、小种之类皆有之。今之品茶者,以此为无上妙谛矣,不知等而上之,则曰清,香而不清,犹凡品也。再等而上之,则曰甘,清而不甘,则苦茗也。再等而上之,则曰活,甘而不活,亦不过好茶而已。活之一字,须从舌本辨之,微乎微矣,然亦必瀹以山中之水,方能悟此消息。此等语,余屡为人述之,则皆闻所未闻者,且恐陆鸿渐《茶经》未尝梦及此矣。忆吾乡林越亭先生《武夷杂诗》中有句云:'他时诧朋辈,真饮玉浆回。'非身到山中,鲜不以为欺人语也。"

武夷岩茶根据产地不同,可分为正岩茶、半岩茶和洲茶。正岩茶,亦称大岩茶,是指武夷山中三条坑各大岩所产的茶叶,品质最佳,岩韵特显。半岩茶,亦称小岩茶,是指正岩茶边缘地带所产的茶叶,品质稍逊于正岩茶。洲茶,泛指平地、沿溪两岸所产的茶叶,品质又低一筹。不过,现在人们一般将产于武夷山区的乌龙茶,统称为武夷岩茶。

虽然武夷岩茶品名多达数百种,但诚如《崇安县新志》所说:"不外时、地、形、色、气、味六种。如先春、雨前,乃以时名;半天夭、不见天,乃以地名;粟粒、柳条,乃以形名;白鸡冠、大红袍,乃以色名;白瑞香、素心兰,乃以气名;肉桂、木瓜,乃以味名。"令人遗憾的是,这些令人眼花缭乱的众多茶种,如今叫得响的,也只剩大红袍、水仙、肉桂、桃仁、奇兰等少数几种。

武夷岩茶自上世纪70年代以来,多以茶树品种的名称来命名。例如用水仙品种

◎大红袍

制成的,称为"武夷水仙";以菜茶或其他品种采制的,统称"武夷奇种"。在正岩中选择部分优良茶树单独采制成的岩茶,称为"名枞"。各为武夷岩茶中的极品,产量极低,极为珍贵。其中"大红袍"、"铁罗汉"、"白鸡冠"、"水金龟"武夷四大名枞,年产量都不过一市斤。

　　大红袍,是武夷岩茶中的珍品,产自武夷山天心永乐禅寺。自古以来,这里高僧辈出,名贤荟萃,禅风和悦,茶韵幽远,堪称"禅茶一味"的典范。自唐代扣冰和尚在此结草为庵修行参禅之时,就开始种植岩茶,不仅使"茶佛一家"和"禅茶一味"得到最生动的诠释,而且与儒家的正气、道家的清气、佛家的和气与茶家的雅气,共同谱写了以"正、清、和、雅"为核心理念的武夷山禅茶文化。

　　早在唐宋时期,天心永乐禅寺就有了一套以茶礼佛的仪轨。茶与佛相互密切渗透,使茶成为参禅悟佛之机和显道表法之具。据《武夷山志》记载,公元900年前后,诗僧贯休曾三次在天心永乐禅寺挂单止宿,并在那里拜会扣冰禅师。两人十分投缘,时常以茶当酒,谈禅论道。贯休在禅茶的岩韵中诗兴勃发,以"窗外猩猩语,炉中姹姹娇"的诗句,来形容煮茶的场景,还以"但得相觅在,莫苦入深云"的诗句,抒发了两人的茶禅之缘。南宋绍兴二十年(1150),朱熹在天心永乐禅寺问禅于来访的大慧禅师。大慧禅师在焚香品茗中悠然吐纳,为朱熹指点迷津,从而为他创立集儒、释、道之大成的朱子学体系奠定了基础。

明朝的二百多年间,"禅茶一味"在天心永乐禅寺得到了全新的阐释和传神的演绎。明洪武以降,朝廷为减轻茶农负担,改龙团饼茶为散茶。天心岩(山北)一带的茶叶,开始替代御茶园(溪南)的茶,进入贡茶行列。促使天心禅寺摸索研制出了一整套制茶工艺。明初,举子雷镒进京赶考,因中暑而昏厥于天心禅寺路旁,为寺僧以茶所救。雷镒高中榜首后,便以一件大红袍披于茶树之上,以示报恩。从此,"大红袍"之名,不胫而走。永乐初年,明成祖朱棣命礼部尚书胡濙查寻建文帝的下落。胡濙以寻访张三丰为名,踏遍名山大川。永乐十七年(1419),胡濙得知张三丰归隐武夷后,便率小队兵马直奔武夷山,遍访各寺院宫观,无果而终。因其耽迷于天心寺的禅茶,目睹了禅僧制茶全过程,聆听了举子报恩"大红袍"的传说,被浓浓的茶香所陶醉,而在天心寺恋栈月余,后把天心禅茶带回进贡皇上。朱棣品尝之后,龙颜大悦,正式敕封天心寺为"天心永乐禅寺";诏封天心禅茶,为"大红袍"正名,并降旨天心寺:"精耕勤灌,嫩摘细制,世代相传,岁贡入京。"两块圣旨碑和两尊石龙,至今保留在禅寺内,见证了天心永乐禅寺茶因寺名、寺以茶荣的辉煌历史。"大红袍"由此位居万茶之尊,并成了武夷岩茶的代名词。明代文人徐柳在《天心禅茶疏》中这样描绘天心永乐禅寺的禅茶盛事:"……借水澄心,即茶演法。涤随眠于九结,破昏滞于十缠。于是待蛰雷于九龙窠中,声消北苑;采灵芽于天心岩上,气靡蒙山。依马鸣、龙树制造之方,得地藏、清凉烹煎之旨。焙之以三昧火,碾之以无碍轮,煮之以方便铛,贮之以甘露碗……"作者采用浪漫手法,不露"禅"、"茶"一字,渲染了天心永乐禅寺禅茶交融的动人场景,把"禅茶一味"的美妙,演绎得淋漓尽致。

清释元贤《瑞岩实录·诗偈》中,载有胡源洁的《夜宿天心》诗,描述了作者夜宿天心寺,彻夜品饮"大红袍"的情形:"云浮山际掩禅院,月涌天心透客居。幽径不寒林影下,红袍味里夜可无?"可见在当时,禅茶文化已经成为修身养性的和谐之道了。

1990年11月3日,时任全国政协副主席、中国佛教协会会长的赵朴初,莅临天心永乐禅寺,为天心禅茶浑厚的文化底蕴所陶醉,在为禅寺题写匾额之余,不禁诗情大发,挥毫泼墨地写下《御茶园饮茶》:"云窝访茶洞,洞在仙人去。今来御茶园,树亡存茶艺。炭炉瓦罐烹清泉,茶壶中坐杯环旋。茶注杯杯周复始,三遍注满供群贤。饮茶之道亦宜会,闻香玩色后尝味。一杯两杯七八杯,百杯痛饮莫辞醉。我知醉酒不知茶,茶醉亦如酒醉耶?只道茶能醒心目,那能朱碧乱空花?饱看奇峰饱看水,饱领友情无穷已。祝我茶寿饱饮茶,半醒半醉回家里。"

2009年12月5日举行的"三教泰斗,武夷论茶",成为第三届武夷山禅茶文化节的最大亮点。在风景如画的九曲溪畔,中华孔子学会会长汤一介,中国佛教协会会长一诚,中国道教协会会长任法融,共同品茗论茶,挥毫泼墨,讲述"茶和天下"的真意,他们机辩纵横,妙论迭出,为"三教名山"再添佳话。一诚会长为"茶和天下"解题曰:"以茶净心,心净则国土净;以禅安心,心安则众生安。"从而深契古德"禅茶一味"之旨趣,达致人心和善、家庭和睦、社会和谐、世界和平之目标。

大红袍的外表,看起来黑黑粗粗,太过朴实,甚至被当地人称作"乞丐茶"。事实上,它并不是以外表的精致取胜,而是与君子不事张扬、内敛沉稳、醇厚典雅的品性有着相通之处,胜在内质的丰厚。从采摘、做青、揉捻、焙火,直至最后被冲泡,身经万般锤炼,最终释放出"岩骨花香",这是一种修行的意境。顶级大红袍,最初有明显的焦糖味,稍带苦涩,但苦中有甜,回甘醇厚,同时茶香逐渐散发出来,齿颊留香,唇舌生津,润泽回喉。因此,大红袍的甘和苦是联系在一起的,香久益清、味久益纯。苦尽甘来,人生得失尽在杯中,苦涩甘甜渐次展现,达到"甘苦原来是一家"的境界。

武夷岩茶与台湾的冻顶乌龙,同根同源,一脉相承。台湾茶人谢东闵在畅谈台湾茶史时说,冻顶乌龙茶是从武夷山跨海移植台湾的。一部台湾茶叶史,就是台湾与大陆血肉相连的见证。南投县鹿谷乡的冻顶山,常年云雾缭绕,土质为红土,十分适宜茶树生长,其天然环境与武夷山可相媲美。随着台湾大量盛产乌龙茶,茶俗也逐渐渗透岛内。近年来,武夷山以禅茶为媒介,推进两岸茶文化交流合作。台湾鹿谷乡长曾多次带领本土茶农前来武夷山考察,认可武夷岩茶是两岸禅茶文化交流的桥梁。

安溪铁观音

安溪铁观音,介于绿茶和红茶之间,属于半发酵茶类,是闽南乌龙茶中的极品,产于福建省安溪县,由铁观音品种茶树的芽叶加工而成。

纯种铁观音植株为灌木型,树势披展,枝条斜生,叶片水平状着生。叶形椭圆,叶缘齿疏而钝,叶面呈波浪状隆起,具明显肋骨形,略向背面反卷,叶肉肥厚,叶色浓绿光润,叶基部稍钝,叶尖端稍凹,向左稍歪,略下垂,嫩芽紫红色,因此有"红芽歪尾桃"之称,这是纯种特征之一。由于铁观音茶树,天性娇弱,产量不大,便有了"好喝不好栽"的说法,并因此而更加名贵。

安溪铁观音采制精细,鲜叶经凉青、晒青、晾青、做青(摇青→静置)、炒青、揉捻、初焙、复揉、复焙、复包揉、文火慢烘、拣剔等多道工序加工而成。其品质特征是:茶条卷曲,肥壮圆结,重实匀整、整体形状似青蒂绿腹蜻蜓头,或似螺旋体、青蛙腿、蝌蚪状,叶色砂绿翠润(俗称"香蕉色"),内质香气清高馥郁,具天然兰花香,汤色清澈金黄艳似琥珀,滋味醇厚甘鲜,入口微苦,回甘悠久,"音韵"(即铁观音香味中所能体会到的特殊的香气与滋味)明显,且香高而持久,有人甚至将其称为"七泡余香溪月露,满心喜乐岭云涛",叶底肥厚软亮,红边显。由于安溪铁观音香味超群,因此深受闽、粤、台湾、香港、澳门等地区以及日本、泰国、印度尼西亚、新加坡等国家茶人的喜爱,消

◎安溪铁观音

费量不断攀升。铁观音在近代日本,几乎成了乌龙茶的代名词。

关于铁观音茶树的由来,有两种说法:一说清朝乾隆年间,安溪县西坪松林头茶农魏饮信佛,每天清晨必奉一杯清茶于观音像前,十分虔诚。某一天夜里,他梦见在石中长有一株茶树,枝壮叶茂,喷发出一股诱人的兰花香气。第二天上山砍柴,偶尔路过一座观音庙,他赶紧叩头跪拜,拜着拜着,突然觉得眼前一片亮晶晶的。定神一看,观音庙前居然长着一棵奇特的茶树,晨曦照耀下,叶子闪闪发光,显得十分厚实圆润,恰如自己昨夜梦中所见。魏饮认为这是观音菩萨显灵,赐予他这棵茶树,遂将其挖回,悉心培育。此后,魏饮用这株茶树的叶片制成乌龙茶,色泽厚绿,重实如铁,不仅香味特异,而且比其他茶叶更为浓烈。魏饮相信该茶树确为观音所赐,便将其命名为"铁观音"。后人因铁观音外形优美,遂有"美如观音重似铁"之说。另一说法是安溪西坪南岩山一个名叫王士谅的人制成的茶叶,进贡乾隆皇帝,皇帝喜爱其香味,赐名"南岩铁观音"。

18世纪时,安溪铁观音大多充作武夷岩茶,销往海外。例如《泉州府志》记载,清代乾隆年间,陈旻锡曾写了一首《安溪茶歌》,其中就说"溪茶遂仿岩茶样,先炒后焙不争差"。一般说,仿制品的声誉总不如原品,所以安溪乌龙茶要打开销路,必须别开蹊径。于是便制造或借用了魏饮事佛、观音显灵的故事。

虽然安溪铁观音自发现至今,已有300年的历史,然安溪铁观音的真正扬名,却始于上世纪初,继武夷岩茶之后,一枝独秀。当然,铁观音的后来居上,得力于其精细栽培和悉心炒制。铁观音在制作中,比武夷岩茶减轻了萎凋程度,延长了做青时间。两揉两烘后,采用低温慢烤,使叶内水分缓慢消失,咖啡碱随水分溢出,在茶叶表面形成一层白霜,称作"砂绿起霜",成为铁观音高品级的标志。于是,铁观音"出于蓝而胜于蓝",超过了武夷岩茶。又因安溪靠近厦门,出口方便,茶价又比较便宜,使得铁观音终于成功地走向了世界。1925年,留学日本的柴萼在《梵天庐丛录》中写道:"予居日本时,有闽友持一小篓为赠。篓中装有鹅卵大之锡瓶十具。启瓶撮叶,浓香扑鼻,瀹汤以饮,真蔡君谟所谓味过于北苑龙团也。此铁观音茶,每年所产不多,故外省茶铺中不易购得之。"1982年,国家经委授予安溪茶厂出品的"安溪凤山牌特级铁观音"以金质奖章的最高荣誉。

蒙顶茶

蒙顶茶,因产于雅州(今四川雅安)蒙山之顶而得名。蒙山,属四川邛崃山脉,横跨名山、雅安两县,山势巍峨,峰峦挺秀。初春时节,这里时常阴雨绵绵,所以民间有"雅安多雨,中心蒙山"之说。而且,大都夜雨昼晴,不影响光照需要。因此,蒙山上有云雾覆盖,下有沃壤滋养,是茶树生长的好地方。自西汉末年起,蒙山即开始种茶。唐代大诗人白居易曾用"扬子江中水,蒙山顶上茶"来称颂蒙顶茶。由此可知,蒙顶茶应该是老牌名茶。

蒙山有五顶,又称五峰,即上清峰、菱角峰、毗罗峰、灵泉峰、甘露峰,状如莲花盛开。相传,蒙顶是人工种茶最早的地方,茶祖吴理真,是最早进行茶树人工栽培的实践者,也是世界上第一位种茶人。蒙顶天盖寺内的"天下大蒙山"碑中,保存了关于吴理真种茶的记载:"……故山灵所钟,皇茗有贡,地脉之效,龙泉可祝。迄今石端昭垂,在在足考,曰祖师吴姓,法理真,乃西汉严道,即今雅之人也。脱发五顶,开建蒙山,自岭表来,随携灵茗之种,植于五峰之中。高不盈尺,不生不灭,迥乎异常,惟二三小株耳。故《图经》有云:蒙山有茶,受阳之精,其茶芳香。皆师之手泽,百事不迁也。由是而遍产中华之国,利益蛮夷之区。商贾为之懋迁,闾阎为之衣食,上裕国赋,下裨民生,皆师之功德,万代如即见也。且一旦道登彼岸,持锡掘井而隐化石身。后世凡遇旱年,辄井泉石像,并迎而共祷,灵雨为之顺应。故有明邑进士喻大中,奏闻宋淳熙,敕赐甘露大师,凤唪甘露菩萨。又师之灵爽不昧,流芳千载也,非名山乎。迨万历己未,天启壬戌,行僧通明,复立碑记……"清代状元骆成骧《登蒙顶饮茶诗》赞曰:"谁将海底珊瑚树,种向蒙顶老烟雾。五峰撮指擎向天,七株正在掌心处……"陈椽在《茶业通史》中认为:"蒙山植茶为我国最早栽茶的文字纪要。该山原任僧正祖崇于雍正六年(1728年)立碑记其植茶史略,石碑至今尚在,是我国植茶最早的证据。"

◎蒙顶茶

蒙顶茶,是蒙山所产茶的总称,品名有甘露、石花、黄芽、米芽、万春银叶、玉叶长春等。其中,石花与黄芽属黄茶类,其余为绿茶。唐代李肇在《国史补》中记曰:"风俗贵茶,其名品益众。剑南有蒙顶石花,或小方,或

散芽，号为第一。"五代毛文锡在《茶谱》中也引《事类赋注》曰："今蒙顶茶有雾锁芽、
锁芽，皆云火前，言造于禁火之前也……蒙山有压膏露芽，不压膏露芽，并冬芽，言隆
冬甲坼也……蒙顶有研膏茶，作片进之，亦作紫笋。"说明当时蒙顶茶品种繁多，既有
团茶，也有散茶。毛文锡在《茶谱》中，还记载了一个关于蒙顶茶的故事："蜀之雅州有
蒙山，山有五顶，顶有茶园，其中顶曰上清峰。昔有僧病冷且久，尝遇一老父，谓曰：
'蒙之中顶茶，尝以春分之先后，多构人力，俟雷之发声，并手采摘，三日而止。若获一
两，以本处水煎服，即能祛宿疾；二两，当眼前无疾；三两，因以换骨；四两，即为地仙
矣。'是僧因之中顶筑室以候，及期获一两余，服未竟而病瘥。时到城市，人见其容貌，
常若年三十余，眉发绿色，其后入青城访道，不知所终。"因此，蒙顶茶有仙茗之称。

"蒙茸香叶如轻罗，自唐进贡入天府。"据《新唐书》所记，至少在天宝年间，蒙顶
茶就已经被列为贡品，一直沿袭到清代，这在中国茶史上，也是非常罕见的，使得这
种本来产在偏远之山的普通芽叶，身价倍增，受到世人的追捧，名噪四方。当然，茶农
也为此付出巨大的艰辛。例如当时有诗叹道："催贡文移下官府，那管山寒芽未吐。焙
成粒粒似莲心，谁知侬比莲心苦。"另有一首《竹枝词》也描绘了当年贡茶的情景："春
雷昨夜报纤芽，雀舌银针尽内衙。柳外龙旗喧鼓吹，香风一路贡新茶。"

唐李吉甫《元和郡县图志》载："蒙山在县南十里，今每岁贡茶，为蜀之最。"裴汶
在《茶述》中记元和年间："今宇内为上贡者实众，而顾渚、蕲阳、蒙山为上。其次则寿
阳、义兴、碧涧、湄湖、衡山，最下有鄱阳、浮梁。"《元和郡县图志》说蒙顶茶"为蜀之
最"，是说数量最大；而《茶述》说"顾渚、蕲阳、蒙山为上"，显然评价的是茶的品质。由
于茶质高，连同传说的渲染，蒙顶茶为历代文人视为茶中珍品。唐代诗人将蒙顶茶赋
于诗中歌咏赞颂，不乏其人。白居易《琴茶》曰："琴里知闻惟渌水，茶中故旧是蒙山。"
刘禹锡《西山兰若试茶歌》曰："何况蒙山顾渚春，白泥赤印走风尘。"韦处厚《茶岭》
曰："顾渚吴商绝，蒙顶蜀信稀。千丛因此始，含露紫英肥。"

宋代熊蕃《宣和北苑贡茶录》，列举了当时全国的几十种贡茶，其中就包括"万

春银叶"和"玉叶长春"这两个蒙顶茶品牌。这两个传统品牌形成之后,一直流传至今。被誉为宋代百科全书的《锦绣万花谷续集》中也记载:"万春银叶造自宣和二年(1120),正贡四十片;玉叶长春造自宣和四年(1122),正贡一百片。"由于宋代以前的茶叶主要是做成"团茶"和"饼茶",因此这里所谓的"一片",也就是"一饼"。

宋淳熙十三年(1186),茶祖吴理真被孝宗皇帝敕赐为"灵应妙济甘露普慧菩萨"。从此,蒙顶五峰中间茶祖手下的七株茶,就被称为"仙茶"。"仙茶"用石栏杆围起来,名曰"皇茶园",列为神圣之禁地,言有白虎巡山,凡人不得靠近。既然茶地如此神圣,当然蒙顶贡茶的采摘制作,也该有严格的规矩和程序。《名山县志》记:"岁以四月之吉祷采,命僧会司,领摘茶僧十二人入园。官亲督而摘之。尽摘其嫩芽,笼归山中智矩寺,乃裁减精细及虫蚀,每芽仅拣一叶,先火而焙之。焙用新釜燃猛火,以纸裹叶熨釜中,候半焉,出而揉之。诸僧围坐一案,复一一开,所揉均摊于纸上,绷于釜口烘令干,又精拣其圆润完洁者为正片贡茶。茶经焙,稍粗则叶背焦黄,稍嫩则黯黑,此皆剔为余茶,不登贡品,再后焙剪弃者,入釜炒焉,置木架为茶床,竹荐为茶箔,起茶箔中揉,令成颗,复疏而焙之,曰颗子茶,以充副贡,并献大吏。不足,即漫山产者充之。"制好的正贡、副贡,分别装入特制的银瓶,包装完整,再选良辰吉日,由县官主持仪式,发送京师。《名山县志》记:"每贡仙茶正片,贮两银瓶。瓶制方,高四寸二分,宽四寸。陪茶两银瓶,菱角湾茶两银瓶,皆盛以木箱,黄绢丹印封之。临发,县官卜吉,朝服叩阙,选吏解布政使司投贡房,经过州县,谨护送之,其慎重如此。"这似乎已不是采茶制茗,简直就是在膜拜圣物。宋代歌咏蒙顶茶的诗也很多。如文彦博《蒙顶茶》云:"旧谱最称蒙顶味,露牙云液胜醍醐。"苏辙《次韵子瞻道中见寄》曰:"南来应带蜀岗泉,西信近得蒙顶杯。"文仝《谢人寄蒙顶新茶》云:"蜀土茶称盛,蒙山味独珍。"

元代茶事凋零,蒙顶茶也衰落至极,贡茶不再。至明代,贡茶重兴,且多依唐宋旧制,只是进贡的品种有了较大的变化。原来的龙团凤饼,逐渐改为散茶。《明史·食货志》载:"四方供茶……时犹仍宋制,所进者俱碾而揉之,为大小龙团。洪武二十四年九月，上以其劳民力，罢龙团，唯采芽茶以进。"从那以后，原来进贡的蒙顶石花、万春银叶、玉叶长春等品种，都改变了制作工艺，转为散茶。同时黄芽、雀舌、芽白、露芽等新的品种也相继产生。明代万历年间，张谦德《茶经》，在其"上篇论茶"的"茶户"中，列举了几十种天下名茶："茶之产于天下多矣。若姑胥之虎丘天池，常之阳羡，湖州之顾渚紫笋，峡州之碧涧明月，南剑之蒙顶石花，建州之北苑先春龙焙，洪州之西山白露鹤岭，穆州之鸠坑，东川之兽目，绵州之松岭，福州之柏岩，雅州之露芽……其名皆著。品第之，则虎丘最上，阳羡真岕，蒙顶石花次之。又其次，则姑胥天池、顾渚紫笋、碧涧明月之类是也。"从中可以看出，雅州的蒙顶石花、露芽，在当时都"其名皆著"，都属于品质优异、名列前茅的名茶。不过，其产量却并不高。许次纾在《茶疏·辩讹》中说："古人论茶，必首蒙顶。蒙顶山，蜀雅州山也。往常产，今不复有。即有之，彼中夷人专之，不复出山。蜀中尚不得，何能至中原、江南也？今人囊盛如石耳，来自山东者，乃蒙阴山石苔，全无茶气，但微甜耳，妄谓蒙山茶。茶必木生，石衣得为茶乎？"说明当时有人利用蒙顶茶的盛名，甚至用山东蒙阴山之石苔藓来冒充蒙顶茶，以获取暴利。

清代，每年进贡的蒙山贡茶分出了严格的等级。蒙顶皇茶园之茶更加神圣，相传"民间不可瀹饮，一蠹吏窃饮之，被雷击死"。由于园内之茶是"仙茶"，所以每年只采三百六十叶，以供天子郊天及祀太庙之用，名曰"正贡"。皇茶园周围所采之茶，进贡到朝廷，以供皇亲国戚及王公贵族饮用，谓之"副贡"或"陪贡"。清代光绪年间名山知县赵懿修《名山县志》，对贡茶的采制过程有详细的记载："名山之茶美于蒙，蒙顶又美之。世传甘露禅师手植也。二千年不枯不长，其茶叶脉细长，味甘而香，色黄而碧，酌杯中香云蒙覆其上，凝结不散，以其异，谓之仙茶。每岁采贡茶三百六十叶，天子郊天及祀太庙之用。园以外产者，曰陪茶。相去十数武，菱角湾茶，其叶皆较厚大，而其本亦较高。"

从唐代到清代一千多年，除元代特殊的历史环境外，蒙顶茶一直作为蜀中最重要的贡茶进贡朝廷。在有贡茶的一千多年中，全国各地的贡茶可以说数不胜数，但像蒙顶茶这样自始至终保持贡茶地位,而且将"皇茶园"的"仙叶"作为专供皇室祭天祀祖之专用的贡茶,却难数其二。贡茶的背后,包含了蒙山地区良好的生态环境、悠久的种茶历史、独特的制作工艺等等,显示出蒙顶茶优异的品质及广泛的影响。

目前,蒙顶茶的主要产品有蒙顶甘露、蒙顶石花、蒙顶黄芽等,以蒙顶甘露为上品。蒙顶甘露,采摘标准是一芽一叶初展。制法,分鲜叶摊放、高温杀青、三炒三揉三烘和整形等工序。其特点是外形紧卷多毫,色泽嫩绿匀润,芽叶纯整,汤色黄绿,清澈明亮,香气芳郁,回味香甜。蒙顶黄芽,为黄茶中芽茶的一种,是蒙山茶中的佼佼者,采摘于春分时节,采摘标准为肥壮的芽和一芽一叶初展的芽头,要求芽头肥壮匀齐。采摘时严格做到"五不采",即紫芽、病虫为害芽、露水芽、瘦芽、空心芽不采。采回的嫩芽及时摊放,经杀青、初包、复炒、复包、三炒、堆放(起闷黄作用,趁热堆厚5-7厘米,放置24-36小时)、四炒、烘焙等工序加工而成。其品质特征为:外形扁直、芽匀整齐,色泽黄亮,鲜嫩显毫;内质香气甜香浓郁,并带有花香,汤浓而碧,味浓而甘醇,叶底全芽、嫩黄匀齐。近人有诗赞曰:"万紫千红花色新,春报极品味独珍。银毫金光冠全球,叶凝琼香胜仙茗。"

普洱茶

普洱茶,属于黑茶类,因产地旧属云南普洱府(今普洱市)而得名,又称"普茶"、"普茗",指以普洱茶区的云南大叶种晒青毛茶为原料,经过后发酵加工成的散茶和紧压茶。普洱茶外形色泽褐红,内质汤色红浓明亮,香气独特陈香,滋味醇厚回甘,叶底褐红。普洱茶有生茶和熟茶之分。生茶,乃自然发酵;熟茶,经人工催熟。普洱茶区别其他茶类的最大特点是"越陈越香"。也就是说,别的茶贵在新,而普洱茶贵在"陈",因此常常被人视为"可入口的古董",并会随着时间的推移,逐渐升值。

普洱茶滥觞于唐宋。唐代樊绰《蛮书》中载:"茶出银生城界诸山,散收,无采造法,蒙舍蛮以椒、姜、桂和烹而饮之。"南宋李石《续博物志》云:"西藩之用普茶,已自

◎金瓜贡茶，普洱茶
在清代也有了贡品

唐朝。"普洱茶之名，首见于此。按李石的说法，康藏一带的藏民饮用普洱茶，远在唐代就已经开始了。元李京《云南志略·诸夷风俗》说："'金齿百夷（傣族）'交易五日一集，以毡、布、茶、盐互相贸易。"由此可见，当时茶叶已经成为最重要的商品之一。明清之际，普洱茶声名鹊起。谢肇淛在《滇略》中云："士庶所用，皆普茶也，蒸而成团。"清代中期以后，普洱茶名重天下，运销全国及海外。清代檀萃在《滇海虞衡志》中说："普茶名重于天下，此滇之所以为产而资利赖者也，出普洱[府]所属六茶山：一曰攸乐，二曰登革、三曰倚邦、四曰莽枝、五曰蛮端、六曰慢撒。周八百里，入山作茶者数十万人，茶客收买，运于各处，每盈路，可谓大钱粮矣。"

　　普洱茶根据产地、制法的不同形成各种品种。清代阮福在《普洱茶记》中，记述甚详："又云茶产六山，气味随土性而异，生于赤土或土中杂石者最佳，消食、散寒、解毒。于二月间采蕊极细而白，谓之毛尖，以作贡。贡后方许民间贩卖。采而蒸之，揉为团饼。其叶之少放而犹嫩者，名芽茶。采于三、四月者，名小满茶。采于六、七月者，名谷花茶。大而圆者，名紧团茶。小而圆者，名女儿茶。女儿茶为妇女所采，于雨前得之，即四两重团茶也。其入商贩之手，而外细内粗者，名改造茶。将揉时，预择其内之劲黄而不卷者，名金玉天。其固结而不解者，名疙瘩茶，味极厚难得。种茶之家，艾锄备至，旁生草木，则味劣难售，或与他物同器，则染其气而不堪饮矣。"

清代云南西双版纳傣、哈尼、基诺、布朗、拉祜等族，每年要向中央皇朝进献普洱贡茶。清阮福《普洱茶记》曰："普洱茶名遍天下，味最酽，京师尤重之……其茶在思茅，本地收取鲜茶时，须以三四斤鲜茶，方能折成一斤干茶。每年备贡者：五斤重团茶，三斤重团茶，一斤重团茶，四两重团茶，一两五重团茶。又瓶盛芽茶、蕊茶，匣盛茶膏，共八色……土人当采茶时，先具酒醴礼祭于此。"由此可见，当时普洱茶每年须以极为考究之上好茶叶优先进贡京师，"八色贡茶"，缺一不可。其中大小不等的团茶，形如人头，又被称为"人头茶"。中国农业科学院茶叶研究所，至今还保存着清代皇宫中遗留下来的大小"人头茶"标本数团，仍然完整无损，质地不变。普洱茶还定有应贡数目，阮福在查阅《贡茶案册》后得知："每年进贡之茶，列于布政司库铜息项下，动支银一千两，由思茅厅领去转发条办。并置办收茶锡瓶、缎匣木箱等费，其茶在思茅收取……"一千两白银的收茶费用，相当于全年茶税的三分之一，可见当时普洱贡茶的耗费是相当可观的。

普洱茶的制作须经杀青、揉捻、干燥、后熟几道工序，成为普洱散形茶之后，再经蒸压，使之成为形态各异、名称不同的普洱紫压茶，包括沱茶、方茶、饼茶、紧茶等。

普洱散茶，为精制条形黑茶的一种，产于滇南的思茅及西双版纳等地。这里位于澜沧江两岸的山区丘陵地带，气候温和湿热，土质肥沃深厚，非常有利于茶树的生长。因此曾有人赞颂道："雾锁千树茶，云开万壑葱，香飘十里外，味酽一杯中。"普洱散茶，采用云南大叶种制成的滇青为原料，经毛茶泼水堆积发酵(潮水沤堆)、晾干、筛制、拣剔、拼配加工而成。其品质特征为：外形条索肥硕、重实、色泽褐红，呈猪肝色或

◎普洱饼茶

◎普洱沱茶

◎普洱方茶

带灰白色;内质汤色红浓明亮,香气有独特的陈香,滋味醇厚回甜,叶底厚实呈褐红色。产品按质量分为五个档次。普洱散茶除部分作为商品茶销售外,大部分作为紧压茶的原料蒸压成各种各样的紧压茶。

普洱沱茶,为再加工茶类中黑茶紧压茶的一种,是普洱茶中的上品,由普洱散茶为原料,经蒸压而制成,形呈碗状。其名称的由来,传说颇多。有人说因曾行销四川沱江一带而得名。也有人说此茶古称团茶,团、沱一音之转而相通。还有人说它是以穆陀树叶制成,故名。普洱沱茶外形紧结,色泽褐红,有特殊的陈香,滋味醇厚回甘,汤色红浓明亮。通常分为净重100克和250克两种。

普洱方茶,即砖茶,为再加工茶类中绿茶紧压茶的一种。始创于1940年前后,以滇青三至五级和级外滇青为原料,加工中不经潮水沤堆,直接蒸压而成。普洱方茶呈方砖形,产品表面压有非常清晰的"普洱方茶"四个字,压模棱角分明,图案清晰美观,每块净重250克。色泽绿稍带褐,表面多毫;内质香味浓厚甘和,汤色黄明。

普洱饼茶,又称圆茶,是由精制沱茶与方茶的副产品压制而成的,呈圆饼形。分为大小饼茶两种。大饼茶,又名七子饼茶,以七饼合装一筒而得名。

普洱紧茶,则以黑条茶揉制成心脏形,色泽乌润。

普洱茶都采自乔木型大叶种,这种茶树高叶大,多酚类、咖啡碱、水浸出物含量高,因此不仅可以解渴提神,还可疗疾,有消食理气,释滞驱寒之效。据说长期饮用还可降低血脂和胆固醇含量。清代吴大勋《滇南闻见录·团茶》云:"其茶能消食理气、去积滞、散风寒,最为有益之物,煎熬饮之,味极浓厚,较他茶为独胜。"王昶《滇行日录》亦载:"普洱茶味深刻,土人蒸以为团,可疗疾,非清供所宜。"除此之外,普洱茶还具有一定的收藏价值。海内外拥有不少喜欢收藏其陈茶者,使其具有一定的文物价值。另外,由于普洱茶便于运输、保存,因此远销西藏、四川,以及出口到东南亚一带。

◎紫砂六方杯

精茗蕴香 藉水而发

水为生命之源,世间一切生物离开水便不能存活。也就是说,水对一切生物而言,其重要性无论如何形容都不算过分。因此自从人类诞生以来,生存在世界各地的人们,无不对水趋利避害,善加利用。

无水不可与论茶

茶人常说"水为茶之母",可见水在中国茶人心目中地位的崇高。茶蕴天地日月之精英,吸山岚云雾雨雪之清气,一身清正,与俗、尘、噪、腻、膻、腥,均不搭界。虽然历经采摘、揉搓、滚煞、烘炒、气蒸等多道工艺,依旧是一个鲜活的生命,只要一遇到水,便会演绎出生命的博大,释放生命的精华,使人们体会生命的原味。不过,茶对水质、水温的要求极高,唯有地母之乳、名山之泉、天落雨雪,方能与之相配;假如火之过燥,沏之过急,闷盖过久,都得不到茶的真味,充其量只能闻到烟火的熟汤气而已。

明代许次纾《茶疏》曰："精茗蕴香,借水而发,无水不可与论茶也。"张源《茶录》亦曰:"茶者,水之神;水者,茶之体。非真水莫显其神,非精茶曷窥其体。"田艺蘅在《煮泉小品》中也认为,虽然茶的品质存在优劣等次之分,但"若不得其水,且煮之不得其宜,虽好也不好"。清人张大复在《梅花草堂笔谈》中谈及自己从品茶切身实践中得来的经验时,甚至把水品置于茶品之上。他认为:"茶性必发于水,八分之茶,遇十分之水,茶亦十分矣;八分之水,试十分之茶,茶只八分耳。"古代贤哲这些关于论茶用水的说法,确系的论,并非虚谈夸张。精茶、真水,永远都是古今茶人们努力追寻的目标。

宜茶之水 层出不穷

中国古代茶人对宜茶之水的追寻,不仅要求其合于物质之理、自然之理,还包含着茶人对大自然的热爱和高雅深沉的审美情趣。不过,宜茶之水,通常不应该由某人主观臆定,还须经过众多茶人反复实践品评才是。

《唐才子传》中说,陆羽曾与崔国辅"相与较定茶水之品"。崔国辅于天宝十一载(752)被贬至竟陵任太守时,陆羽尚未至弱冠之年,说明陆羽早在撰著《茶经》之前,就对宜茶之水进行过认真细致的考察研究,并撰写了《水品》一书。陆羽著有《水品》一书的说法,见同治《湖州府志》卷五十六《艺文略》,有注:"佚。《云麓漫钞》:陆羽别天下水味,各立名品,有石刻行世。"《湖州府志》卷十九《舆地略山(上)》也有这样一段文字:"金盖山,在府城南十五里,何山南峰,势盘旋宛同华盖,故名。谚云:'金盖戴帽,要雨就到。'农家以此为验。唐陆羽《水品》:'金盖故多云气。'"由此可证,在湖州一带的确流传过陆羽《水品》一书,可惜现仅存佚文一句。

陆羽在《茶经》中,对宜茶之水有详细论及与评价。他说:"其水,用山水上,江水次,井水下。其山水,拣乳泉、石池慢流者上;其瀑涌湍漱,勿食之,久食令人生颈疾。又多别流于山谷者,澄浸不泄,自火天至霜郊以前,或潜龙畜毒其间,饮者可决之,以流其恶,使新泉涓涓然,酌之。其江水,取去人远者。井,取汲多者。"由此可见,陆羽对

◎西瓜壶

宜茶之水的要求，首先是要远离市井，少污染者；要重活水，恶死水。因此他认为山中乳泉、江中清流为佳。而沟谷之中，由于水流不畅，炎夏中，必有各种毒虫或细菌繁殖，当然不宜饮用。如果实在别无选择，也应该先将其决口，使水流动，方可饮用。陆羽之所以将江西庐山的谷帘水认定为"天下第一泉"，就是由于该泉在庐山大汉阳峰南，一泓碧水，从涧谷喷涌而出，再倾入潭，附近林木茂密，绝少污染，故水质特佳，具有清冷香洌、柔甘净洁等若干优点，为茶人所珍视。

其后，茶人对水的鉴别，更是煞费苦心，不甘落后，撰写了许多鉴别水品的专著。唐人张又新曾著《水经》，后来为了与郦道元所注的《水经》有所区别而改称为《煎茶水记》，其中记载唐刑部侍郎刘伯刍，"为学精博，颇有风鉴，称较水之与茶宜者，凡七等：扬子江南零水第一，无锡惠山寺石水第二，苏州虎丘寺石水第三，丹阳县观音寺水第四，扬州大明寺水第五，吴松江水第六，淮水最下，第七。"张又新说："斯七水，余尝俱瓶于舟中，亲揖而比之，诚如其说也。"由此可见，张又新并不满足刘伯刍一己的评说，而是通过自己游历所到，并亲——品尝后，方才认同刘伯刍对水的评鉴之说。并且还对刘伯刍于浙东、浙西两道搜访未尽者，作了补充。他说："客有熟于两浙者，言搜访未尽，余尝志之。及刺永嘉，过桐庐江，至严子濑，溪色至清，水味甚冷。家人辈用陈黑坏茶泼之，皆至芳香。又以煎佳茶，不可名其鲜馥也，又愈于扬子南零殊远。及至永嘉，取仙岩瀑布用之，亦不下南零，以是知客之说诚哉信矣。夫显理鉴物，今之人信不迨于古人，盖亦有古人所未知而今人能知之者。"张又新还在《煎茶水记》中记述了陆羽精于鉴水的一则故事："元和九年春，予初成名，与同年生期于荐福寺。余与李德垂先至，憩西厢玄鉴室，会适有楚僧至，置囊有数编书。余偶抽一通览焉，文细密，皆杂记。卷末又一题云《煮茶记》，云代宗朝李季卿刺湖州，至维扬，逢陆处士鸿渐。李素熟陆名，有倾盖之欢，因之赴郡。抵扬子驿，将食，李曰：'陆君善于茶，盖天下闻名矣。况扬子南零水又殊绝。今日二妙千载一遇，何旷之乎！'命军士谨信者，挈瓶操舟，深诣南零，陆利器以俟之。俄水至，陆以杓扬其水曰：'江则江矣，非南零者，似临岸之水。'使曰："某棹舟深入，见者累百，敢虚绐乎？"陆不言，既而倾诸盆，至半，陆遽止之，又以杓扬之曰：'自此南零者矣。'使蹶然大骇，驰下曰：'某自南零赍至岸，舟荡覆半，惧其鲜，挹岸水增之。处士之鉴，神鉴也，其敢隐焉！'李与宾从数十人皆大骇愕。"意思是说，元和九年(814)春，张又新与同年科举考中友人相约在长安荐福寺游玩，遇到一位从楚地来的和尚，带了一个书囊，里面装着几卷书。他随意从中抽出一卷翻阅时，发现是卷末又一题云《煮茶记》的一本杂记，其中讲道：代宗朝时，李季卿任湖州刺史，行至维扬(今扬州)，遇到仰慕已久的陆羽。抵扬子驿将食之际，李季卿认为陆羽善茶天下闻名，扬子江南零水殊绝宜茶，这是千载难逢的好机会，于是派士卒驾船去南零取水，当士卒自南零汲水至岸边时，发现由于小舟晃荡，泉水泼洒将近一半，担心为此遭受批评，乃取近岸之水补充。回来陆羽一尝，说："不对，这不是南零水，而似临岸之水。"取水士卒，为之狡辩。待陆羽又倒出一半后，方说："这才是南零水。"士卒大惊，乃具实以告。李季卿与宾从数十人，皆为陆羽鉴水本领所骇愕。李季卿还借此机会向陆羽请教道："既如是，所经历处之水，优劣精可判矣。"于是陆羽告诉他："楚水第一，晋水最下。"李季卿还根据陆羽口授，详列天下名水次第如下："庐山康王谷水帘水第一，无锡县惠山寺石泉水第二，蕲州兰溪石下水第三，峡州扇子山下有石突然，泄水独清冷，状如龟形，俗云虾蟆口水第四；苏州虎丘寺石泉水第五，庐山招贤寺下方桥潭水第六,扬子江南零水第七,洪州西山西东瀑布水第八,唐州柏岩县淮水源第九淮水亦佳,庐州龙池山岭水第十,丹阳县观音寺水第十一,扬州大明寺水第十二,汉江金州上游中零水第十三,归州玉虚洞下香溪水第十四,商州武关西洛水第十五(未尝泥),吴松江水第十六,天台山西南峰千丈瀑布水第十七,彬州圆泉水第十八,桐庐严陵滩水第十九,雪水第二十(用雪不可太冷)。"张又新还在其中写道:"此二十水,余尝试之,非系茶之精粗,过此不之知也。夫茶烹于所产处,无不佳也,盖水土之宜。离其处,水功其半,然善烹洁器,全其功也。"

当然,对于张又新所记以上这二十名水次第,究竟是否为陆羽评定,众说不一。宋代欧阳修在《大明水记》中对此提出质疑。他说:"世传陆羽《茶经》,其论水云:'山水上,江水次,井水下。'又云:'山水,乳泉、石池漫流者上,瀑涌湍漱勿食,食久,令人有颈疾。江水,取去人远者。井,取汲多者。'其说止于此,而未尝品第天下之水味也。至张又新为《煎茶水记》,始云刘伯刍谓水之宜茶者有七等,又载羽为李季卿论水次第有二十种。今考二说,与羽《茶经》皆不合。……如虾蟆口水、西山瀑布、天台千丈瀑布,皆羽戒人勿食,食而生疾。其余江水居山水上,井水居江水上,皆与羽《经》相反,疑羽不当二说以自异。使诚羽说,何足信也?得非又新妄附益之耶?其述羽辨南零岸水,特怪其妄也。水味有美恶而已,欲举天下之水,一二而次第之者,妄说也。故其为说,前后不同如此。"由此可见,欧阳修认为这是张又新自己的观点,不过假托陆羽之名而已。其理由是,这二十名水中,有多处与陆羽《茶经》的观点相背离。陆羽在《茶经》中明确排列了山水上,江水次,井水下的次序,此处却上下颠倒;陆羽一向认为由于湍流瀑布之水容易令人生病,不宜饮用,而这二十名水中,居然包括虾蟆口水、西山瀑布、天台千丈瀑布三种瀑布水。事实上,水的优劣主要应该在其成分,而并不仅仅在于其位置。所以人们也不必拘泥《茶经》之说,一概而论才是。因此欧阳修所谓"水味有美恶而已,欲举天下之水一二而次第之者,妄说也"的说法,还是有一定道理的。

宋代叶清臣《述煮茶泉品》中认为，即使再好的茶叶，如果"泉不香，水不甘"，也会"爨之、扬之，若淤若滓"。他说："予少得温氏所著《茶说》，尝识其水泉之目，有二十焉。会西走巴峡，经虾蟆窟；北憩芜城，汲蜀岗井；东游故都，绝扬子江，留丹阳酌观音泉，过无锡酌惠山水，粉枪末旗，苏兰薪桂，且鼎且缶，以饮以歠，莫不瀹气涤虑，蠲病析酲，祛鄙吝之生心，招神明而还观。信乎物类之得宜，臭味之所感，幽人之佳尚，前贤之精鉴，不可及已。噫！紫华绿英，均一草也，清澜素波，均一水也，皆忘情于庶汇，或求伸于知己，不然者，丛薄之莽、沟渎之流，亦奚以异哉！游鹿故宫，依莲盛府，一命受职，再期服劳，而虎丘之虋沸，淞江之清泚，复在封畛。居然挹注是尝，所得于鸿渐之目，二十而七也。"由此可见叶清臣通过自身品尝体验，对张又新《煎茶水记》中所记陆羽品第天下之水列为二十等，以及刘伯刍列天下之水七等的说法，佩服至极，认为"前贤之精鉴，不可及已"。

明代田艺蘅在《煮泉小品》中，分门别类阐述了源泉、石流、清寒、甘香、宜茶、灵水、异泉、江水、井水等各类水的具体状况，可谓详尽。但却未排谁为第一至第二之类的等次，不失为明智之举。他评论异泉曰："异，奇也。水出地中，与常不同，皆异泉也，亦仙饮也。醴泉：醴，一宿酒也；泉，味甜如酒也。圣王在上，德普天地，刑赏得宜，则醴泉出，食之令人寿考。玉泉：玉石之精液也。《山海经》：'密山出丹水，中多玉膏；其源沸汤，黄帝是食。'《十洲记》：瀛洲玉石，高千丈，出泉如酒。味甘，名玉醴泉，食之长生。又，方丈洲有玉石泉；昆仑山有玉水。尹子曰：'凡水方折者有玉'。乳泉：石钟乳，山骨之膏髓也。其泉色白而体重，极甘而香，若甘露也。朱沙泉：下产朱沙，其色红，其性温，食之延年却疾。云母泉：下产云母，明而泽，可炼为膏，泉滑而甘。茯苓泉：山有古松者，多产茯苓。《神仙传》：'松脂沦入地中，千岁为茯苓也'。其泉或赤或白，而甘香倍常。又术泉，亦如之。非若杞菊之产于泉上者也。金石之精，草木之英，不可殚述，与琼并美，非凡泉比也，故为异品。"

他评论江水道："江，公也，众水共入其中也。水共则味杂，故鸿渐曰江水中，其曰：'取去人远者。'盖去人远，则澄清而无荡漾之漓耳。泉自谷而溪、而江、而海，力以渐而弱，气以渐而薄，味以渐而咸，故曰'水曰润下'。润下作咸旨哉。又《十洲记》：'扶桑碧海，水既不咸苦，正作碧色，甘香味美，此固神仙之所食也。'潮汐近地，必无佳泉，盖斥卤诱之也。天下潮汐，惟武林最盛，故无佳泉。西湖山中则有之。扬子，固江也，其南泠则夹石淳渊，特入首品。余尝试之，诚与山泉无异。若吴淞江，则水之最下者也，亦复入品，甚不可解。"

他评论井水说："井，清也，泉之清洁者也；通也，物所通用者也；法也、节也，法制居人，令节饮食无穷竭也。其清出于阴，其通入于湝，其法节由于不得已。脉暗而味滞。故鸿渐曰：'井水下'。其曰'井取汲多者'，盖汲多，气通而流活耳。终非佳品，勿食可也。市廛民居之井，烟爨稠密，污秽渗漏，特潢潦耳，在郊原者庶几。深井多有毒气。葛洪方五月五日，以鸡毛试投井中，毛直下，无毒；若回四边，不可食。淘法，以竹筛下水，方可下浚。若山居无泉，凿井得水者，亦可食。井味咸色绿者，其源通海。旧云'东风时凿井，则通海脉'，理或然也。井有异常者，若火井、粉井、云井、风井、盐井、胶井，不可枚举。而水井则又纯阴之寒也，皆宜知之。"

另外，明人徐献忠之《水品》、清人汤蠹仙之《泉谱》以及其他茶学专著中，也无一不兼有对水品的论述。

意大利天主教耶稣会传教士利玛窦的助手熊三拔（Sabbatini de Urisis，音译读作三拔蒂尼，或萨巴蒂尼），明万历三十四年(1606)来到中国，期间不仅曾协助徐光启、李之藻翻译各种相关文献，制造蓄水、取水诸器，而且还编译了水利工程学著作《泰西水法》。在他所辑的《试水法》中认为："试水美恶，辨水高下，其法有五，凡江河井泉雨雪之水，试法并同。第一煮试：取清水置净器煮熟，倾入白磁器中，候澄清。下有沙土者，此水质恶也。水之良者，无滓。又水之良者，以煮物则易熟。第二日试：清水置白磁器中，向日下，令日光正射水，视日光中若有尘埃氤氲如游气者，此水质恶也。水之良者，其澄澈底。第三味试：水元行也，元行无味，无味者真水。凡味皆从外合之，故试水以淡为主,味甘者次之,味恶为下。第四秤试:冬种水欲辨美恶,以一器更酌而秤之,轻者为上。第五丝绵试:又法用纸或绢帛之类,其色莹白者,以水蘸候干,无迹者为上也。"

由此可知,茶人对水的评价可谓见仁见智,各有不同,不可一概而论。不过,前人总结的研究成果,至今仍具有相当的参考实用价值,值得茶人重视。

五大名泉 四海名扬

古代茶人,首重泉水。不少文人还在品茶时即兴赋诗来歌咏泉水。唐皎然《对陆迅饮天目山茶因寄元居士晟》曰:"文火香偏胜,寒泉味转嘉。投铛涌作沫,着碗聚生花。"崔珏《美人尝茶行》:"银瓶贮泉水一掬,松雨声来乳花熟。"皮日休《茶舍》:"阳崖枕白屋,几口嬉嬉活。棚上汲红泉,熔前蒸紫蕨。"宋戴昺《赏茶》:"自汲香泉带落花,漫烧石鼎试新茶。绿荫天气闲庭院,卧听黄蜂报晚衙。"由此可见古代茶人对泉水的重视程度,非同一般。

据相关文献记载,被誉为"天下第一泉"者,有六七处之多。但由于历代评鉴者的经历、修养、视野、观点有所不同,因此,对于究竟何处泉水更胜一筹,也是众口不一,各说各话。但目前大多数人通常还是将镇江金山中泠泉、无锡惠泉、苏州虎丘观音泉、杭州虎跑泉、济南趵突泉,并称为中国"五大名泉",现分别介绍如下:

镇江金山中泠泉 古代茶人常将"扬子江中水,蒙顶山上茶"作为一句口头禅,此处所谓"扬子江中水",指的就是被唐代刘伯刍鉴定为天下第一泉的扬子江南零水,又称为"扬子江心水"、"中零泉"、"中泠泉"。该泉位于镇江金山以西扬子江心的石弹山下,由于水位较低,当扬子江水涨时,便被淹没,只待江水潮落,泉方能出,也就是说,中泠泉是一处水下涌泉。因此,欲得纯正之中泠泉水相当不易,需要依靠特殊的汲水工具和娴熟技术,方能汲得。清代张潮在《中泠泉记》中以自身经历,对此描述甚详:"中泠,伯刍所谓第一泉也。昔人游金山,吸中泠,胸腋皆有仙气,其知味者乎。

◎溪泉品茶图

庚辰春正月，予将有澄江之行。初四日，自真州抵润州，舟中望金山，波心一峰，突兀云表，飞阁流丹，夕阳映紫，踌躇不肯舣岸，但不知中泠一勺，清澈何所耳?次日，觅小舟，破浪登山。周石廊一匝，听涛声嘈呟，激石哮吼。迤逦从石磴至第二层，穿茶肆中，数折，得见世所谓中泠者，瓦亭覆井，石龙蟠井栏，鳞甲飞动。寺僧争汲井入肆。是日也，吴人谓钱神诞，争诣寺中为寿，摩肩连衽，不下数万人。茶坊满，不纳客，凡三往，得伺便饮数瓯。细啜之，味与江水无异，予心窃疑之。默然起，履巉陟险，穷尽金山之胜。力疲小憩，仰观石上苍苔剥蚀中，依稀数行，磨刷认之，乃知古人所品，别在郭璞墓间。其法于子、午二辰,用铜瓶长绠入石窟中寻若干尺,始得真泉。若浅深先后少不如法,即非中泠正味。不禁爽然汗下浃背,然亦无从得铜瓶长绠,如古人法而汲之、而饮之也……日暮归舟,悒怏若有所失,自恨不逮古人,佛印谈禅,东坡解带,尔时酒瓮茶铛,皆挟中泠香气,奈何不获亲见之也。越数日,舟自澄江还。同舟憨道人者,有物藏破衲中,琅琅有声,索视之,则水葫芦也。朱中黄外,径五寸许,高不盈尺;傍三耳,铜钮连环,亘丈余,三分入环,耳中一缕,勾盖上铜圈,上下随绠机转动;铜丸一枚,系葫芦傍,其一绾盖上。怪问之,秘不告人。良久,谓余曰:'能从我乎?愿分中泠一斛。'予跃然起,拱手敬谢。遂别诸子,从道人上夜行船。两日,抵润州,则谯鼓鸣矣。是夕,上元节。雨后迟月出不见,然天光初霁,不甚晦冥。鼓三下,小舟直向郭墓。石峻水怒,舟不得泊,携手彳亍,蹑江心石;五六步,石窍洞洞然,道人曰:'此中泠泉窟也。'取葫芦沉石窟中,铜丸傍镇,葫芦横侧;下约丈许,道人发绠上机,则铜丸中镇,葫芦仰盛;又发第二机,则盖下复之,笋阖若胶漆之不可解。乃徐徐收铜绠,启视之,水盎然满。亟旋舟就岸,烹以瓦铛,须臾沸起,就道人瘿瓢微吸之,但觉清香一片从齿颊间沁人心胃,二三盏后,则熏风满两腋,顿觉尘襟涤尽,乃喟然曰:'水哉,水哉!古人诚不我欺也。'"张潮文中所说的水葫芦,是一种特别的取水器。水葫芦靠铜丸的重量使之下沉,沉至合适的深度,牵动绳索打开壶盖,注入泉水,再牵动铜丸,使其居于壶顶中央,压住壶盖,便可收绳取上水葫芦了。由此可见,取中泠泉水,委实不易。难怪陆放翁曾赋诗曰:"铜瓶愁汲中泠水,不见茶山九十翁。"加之附近江水浩荡,山寺悠远,景色清丽怡人,因此更为历代茶人和诗人所重。文天祥曾赋诗曰"扬子江心第一泉,南金来北铸文渊","男儿斩却楼兰首,闲品《茶经》拜羽仙"。

无锡惠泉 无锡惠泉,因山而名。惠山得名,出自西域惠照和尚曾在此结庐传道。据唐代古文家独孤及《惠山新泉记》介绍:无锡令敬澄,字源深,考古案图,有客陆羽,多识名山大川之名,与此峰白云相为宾主,始双垦袤丈之沼,疏为悬流,使瀑布下锺,甘流湍激。因而惠泉分上、中、下池,以上池为最佳。从此,惠泉名噪天下,非但陆羽、刘伯刍不约而同将其评为第二泉,而且历代文人、茶人也都交口赞誉,争相品饮。加上惠泉旁树立由元代著名书法家赵孟頫书写的"天下第二泉"五个大字,更为此泉增辉添彩。

佚名的《玉泉子》曾说道,唐朝宰相李德裕精于茶理,尤爱以惠泉水煎茶,曾命人用坛封装,从无锡到长安设"铺递"(类似驿站的运输机构),奔波数千里,为他驰马传送惠山泉水。晚唐诗人皮日休对此十分气愤,作诗相讥曰:"丞相常思煮茗时,群侯催发只嫌迟;吴国去国三千里,莫笑杨妃爱荔枝。"当然,《玉泉子》中所传的这条"小道消息"是否准确,仍值得怀疑。因为,惠泉水虽然甘美,但从千里之外几经颠簸送到京师,真正水味,恐怕早已败失。

尽管如此,惠泉水癖之人,仍继往开来,屡见不鲜。周辉《清波杂志》卷四载,北宋时,不少达官显贵、文人学士,也仿效李德裕当年豪举,不远千里,舟车载送,将惠泉水运到京都开封。但由于他们没有驿马速递的权势,便摸索出了一种"用细沙淋过,则如新汲时"的所谓"拆洗惠泉"之法,即将运到汴京的惠泉水,用细沙过滤一遍,去其杂质异味,使之成为当时文人雅士之间相互馈赠的高档礼品。

当苏东坡被贬至海南岛时,岛上三山庵有泉水,味同惠泉。苏东坡尝过之后,将其命名为"惠通"。意思是说惠泉"水行池中,出没数千里外,虽河海不能绝也。"可见他对惠泉水爱之尤甚。谁知苏东坡这句戏言,却吊起明朝张大复的胃口,他也不甘心落后,经与朋友惠山饮茶得出结论曰:"凡物行远者,必不杂,岂惟水哉。"试图为苏东坡所说的"惠通"作一注脚。华淑在《二泉记》中称惠泉有三异、三癖,基本上概括了惠泉的特点:"泉有三异,两池共亭,圆池甘美,绝异方池,一异也;一镜澄澈,旱潦自如,二异也;涧泉清寒,多至伐性,此则甘芳温润,大益灵府,三异也。更有三癖:沸须瓦缶炭火,次铜锡器,若入锅炽薪,便不堪啜,一癖也;酒乡茗碗,为功斯大,以炊饭作糜,反逊井泉,二癖也;木器止用暂汲,经时则味败,入盆盎久而不变,三癖也。"经过历代文人、茶人的渲染炒作,自然使得无锡惠泉名噪天下,广为人知了。深受人们喜爱的二胡曲《二泉映月》就是盲人音乐家阿炳以惠山泉为素材所创作的。

苏州虎丘观音泉 素有"吴中第一名胜"和"江左丘壑之表"美名的虎丘,在苏州吴县阊门外,丘高一百三十尺,周边二百多丈,原名海涌山,缘自其峰顶好似从海中涌出来一般。之所以又称为虎丘,则是因为虎丘的山势,雄奇如蹲虎状。虎丘虽然是座小山,却有着许多迷离恍惚的古老传闻。相传,春秋时吴王阖闾即葬于此,金银为坑,水银为灌,极尽奢华。下葬时曾将"鱼肠"等三千把宝剑用以殉葬。《吴越春秋》曰:"阖闾葬虎丘,十万人活葬,经三日,金精化为白虎,蹲其上,故名虎丘。"据说秦始皇东巡至虎丘时,曾试图掘墓求取宝剑未果,却把巨石裂陷成池,即为剑池。

虎丘观音泉,位于虎丘观音殿后,泉井所在的小院,清静幽雅,圆门上刻有"第三泉"三个大字。据《苏州府志》记载,陆羽曾在虎丘寓居,发现虎丘泉水清冽洁莹,甘美可口,便在虎丘山上挖一口泉井,因此得名。相传宋代,这里就建有茶室。郡守沈揆,常在此煮茶晏坐。元朝名士顾瑛在《陆羽井》中也曾夸曰:"雪霁春泉碧,苔浸石甃青,如何陆鸿渐,不入品茶经。"其实,这也只不过是后人的附会传说而已。如前所述,虽然刘伯刍将虎丘寺石泉水评为第三,陆羽将其评为第五,但值得注意的是,这两个人都未提到"观音泉",也就是说,唐时虎丘可能并不存在观音泉。那么,为何后来改称这个名字呢?对此,王从仁在《中国茶文化》中有一种解释,可供读者参考。他认为:"想来与刘伯刍另一个评语'丹阳县观音寺水,第四'有关联。观音寺泉原来在丹阳,排行老四(尽管陆羽降为第十一,但毕竟还是入品第了),大概后人对虎丘泉评价不甚高,但碍于刘、陆的面子,还当保留第三名,于是,不妨移花接木,以壮声色,将观音寺泉水的名嫁接到虎丘泉头上,老三加老四,两个顶一个,第三把交椅便坐得牢牢的。丹阳县那个老牌的真正的观音寺泉,只能湮没无闻了。"

杭州虎跑泉 虎跑泉,在杭州西子湖畔虎跑寺中,泉旁书有"天下第四泉"五个大字。相比之下,虎跑泉的影响,要远远超过上面所说的虎丘泉。相传唐代元和年间(806-820),有位名叫性空的和尚来到杭州,见此处青山翠郁,环境幽静,很想在此建庙立寺,修行悟道。众所周知,人若想在某处居住,首先得有水源。可是性空查来找去,硬是没在此地找到水源,颇觉懊丧。傍晚时分,疲惫至极的性空,倚石而息,恍惚之中,梦见一神人前来相告:"南岳有童子泉,当遣二虎迁来。请法师不要走开。"第二天,果然跑来两只老虎,跑地作穴,泉涌而出,虎跑泉由此得名。

至晚唐五代十国之际,虎跑泉开始小有名气。南唐诗人成彦雄,以虎跑水煎蜀茶,自得其乐。他在《煎茶》中写道:"岳寺春深睡起时,虎跑泉畔思迟迟;蜀茶倩个云僧碾,自拾枯松三四枝。"

其实,根据现代地质学考察,虎跑泉北面的一些山岭,表土下面都是透水性好的石英砂岩。因此雨水渗入植被茂密的高山地层,浸蕴于石英砂岩的缝隙中,含有机质少,总硬度低,水质清洌而略带甜度。古代茶人虽然缺乏地质学知识,但凭他们的感觉与品水经验,照样深知虎跑泉水质优良,卓然超群。

虎跑泉水的知名,与龙井茶息息相关。明代后期,龙井茶名声蒸蒸日上,尤其在天子品评之后,势不可挡。而与龙井茶相提并论的虎跑水,自然也就随之威震宇内,名盖一方了。高濂《泡虎泉试新茶》即云:"西湖之泉,以虎跑为最。两山之茶,以龙井为佳。谷雨前采茶旋焙,时激虎跑泉烹享,香清味洌,凉沁诗脾。每春当高卧山中,沈酣新茗一月。"张岱在《西湖梦寻》中也说:"虎跑泉……城中好事者取以烹茶,日去千担。寺中有调水符,取以为验。"如今,人们通常将"龙井茶、虎跑水",并称为杭州双绝。

济南趵突泉 趵突泉,原名槛泉,也叫瀑流。有三股水,从泉池水面涌出,高数尺,犹如沸水澎湃,又如三堆雪涛。"槛泉"之名,出自《诗经·大雅》中的"觱沸槛泉"。觱沸,言泉水涌出之貌;槛,通滥;因此所谓槛泉,就是喷泉、涌泉。趵突泉,又名娥姜水,北魏郦道元《水经注》云:"水出历城县故城西南,泉源上奋,水涌若轮……俗谓之娥姜水,以泉源有舜妃娥英庙波也。""泉源平地,觱涌三尺,突起雪涛数尺,声如殷雷,冬夏如一。南望玉函诸山,青如点黛;北接金线诸泉,明如鉴光,固寰中之绝胜,古今之壮观。"唐宋八大家之一的曾巩在《齐州二堂记》中，称该泉为趵突泉。趵，即跳跃之意；趵突，形容泉水的突涌。从此定名，沿用至今。趵突泉，水质清冽甘活，尤宜于茶。曾巩在品尝之后，还曾情不自禁地奋笔写下了"润泽春茶味更真"的诗句。

历代文人歌咏颂赞的主要是趵突泉的平地突起。明代晏璧诗曰："渴马崖前水满川，江水泉迸蕊珠圆。济南七十泉流乳，趵突洵称第一泉。"清人沈复《浮生六记》云："趵突泉为济南七十二泉之冠。泉分三眼，从地底忽涌突起，势如腾沸，凡泉皆从上而下，此独从下而上，亦一奇也。"尤其经过清末刘鹗《老残游记》对趵突泉的艺术渲染与加工，更是吸引了无数文人名士，前来品味观赏。再加上在趵突泉旁，立有清同治年间王钟霖书写"第一泉"的石碑，极易使前来观光的游客误以为此为天下第一泉，使其更加扬名四方。

毫无疑问，尽管天下如此之大，也不可能处处皆有佳泉。事实上，烹茶之水也并非一定要取自名泉，理当因地制宜才是。宋徽宗赵佶在《大观茶论》中就说："水以清轻甘洁为美。轻甘乃水之自然，独为难得。古人第水虽曰中泠、惠山为上，然人相去之远近，似不常得，但当取山泉之清洁者。其次，则井水之常汲者为可用。若江河之水，则鱼鳖之腥，泥泞之污，虽轻甘无取。"赵佶关于宜茶之水，"以清轻甘洁为美"的说法，确为的论。因此，茶人不仅对泉水十分重视，而且对山水、江水、井

◎寿字壶

水也尤为在意。宋杨万里《舟泊吴江》诗曰:"江湖便是老生涯,佳处何妨且泊家。自汲淞江桥下水,垂虹亭上试新茶。"余靖在《和伯恭自造新茶》中亦曰:"蜀茶寄到但惊新,渭水蒸来始觉珍。满瓯似乳堪持玩,况是春深酒渴人。"欧阳修《送龙井与许遁人》:"我有龙团古苍壁,九龙泉深一百尺。凭君汲井试烹之,不是人间香味色。"元洪希文《煮土茶歌》也说:"莆中苦茶出土产,乡味自汲井水煎。器新火活清味永,且从平地休登仙。"

综合各种典籍来看,尽管历代鉴水专家对宜茶之水的判第存在若干差异,但归纳起来,仍有许多共同之处,那就是都特别强调源洁品活、清寒香甘、质轻为佳。

源洁品活

所谓"源洁",就是要求无色透明,无肉眼可见之悬浮物,无沉淀物,这既是人们的一种基本常识,也是宜茶之水最基本的要求。对那些没有条件汲得清水的茶人来说,则千方百计设法将水澄清后,再用来沏茶。

明田艺蘅在《煮泉小品》中对"源泉"本义解释也非常详细,十分到位。他说:"积阴之气为水。水本曰源,源曰泉。水,本作〣,像众水并流,中有微阳之气也,省作水。源,本作原,亦作厵;从泉,出厂下。厂,山岩之可居者,省作原,今作源。泉,本作㶛,像水流出成川形也。知三字之义,而泉之品思过半矣。山下出泉曰蒙。蒙,稚也。物稚则天全,水稚则味全。故鸿渐曰:"山水上。"其曰乳泉石池漫流者,蒙之谓也;其曰瀑涌湍激者,则非蒙矣,故戒人勿食。……山厚者泉厚,山奇者泉奇,山清者泉清,山幽者泉幽,皆佳品也。不厚则薄,不奇则蠢,不清则浊,不幽则喧,必无佳泉。"同时他还认为,泉非石出者,必不佳。他引经据典地说:"石,山骨也;流,水行也。山宣气以产万物,气宣则脉长,故曰'山水上'。《博物志》:'石者,金之根甲。石流精以生水。'又曰:'山泉者,引地气也。'泉非石出者,必不佳。故《楚词》云:'饮石泉兮荫松柏。'皇甫曾《送陆羽》诗:'幽期山寺远,野饭石泉清。'梅尧臣《碧霄峰茗》诗:'烹处石泉嘉。'又云：'小石泠泉留早味'，诚可谓赏鉴者矣。"

古人认为，宜茶之水不仅要以水"源洁"作为前提，还要求水要"品活"。所谓"品活"，就是要用流动之水。宋人唐庚《斗茶记》说："吾闻茶不问团銙，要之贵新；水不问江井，要之贵活。"苏东坡在《汲江水煎茶》诗中也云："活水还须活火烹，自临钓石汲深清。大瓢贮月归春瓮，小杓分江入夜铛。雪乳已翻煎处脚，松风忽作泻时声。枯肠未易茶三碗，卧听山城长短更。"说的就是月色朦胧中，用大瓢将江水取来，当夜使用活火烹饮，方能煎得好茶。对此，南宋的胡仔在《苕溪渔隐丛话》中赞叹道："此诗奇甚。茶非活水，则不能发其鲜馥，东坡深知此理矣。"

明田艺蘅在《煮泉小品》中告诫人们，泉不流者，或瀑布之水，食之皆有害。他说："泉，往往有伏流沙土中者，挹之不竭，即可食。不然，则渗潴之潦耳，虽清勿食。流远则味淡，须深潭渟畜，以复其味，乃可食。泉不流者，食之有害。《博物志》：山居之民，多瘿肿疾，由于饮泉之不流者。泉涌出曰濆，在在所称'珍珠泉'者，皆气盛而脉涌耳，切不可食，取以酿酒或有力。泉有或涌而忽涸者，气之鬼神也，刘禹锡诗'沸井今无涌'是也。否则徒泉喝水，果有幻术邪？泉悬出曰沃，暴溜曰瀑，皆不可食。而庐山水帘，洪州天台瀑布，皆入水品，与陆《经》背矣。故张曲江《庐山瀑布》诗：'吾闻山下蒙，今乃林峦表。物性有诡激，坤元曷纷矫。默然置此去，变化谁能了。'则识者固不食也。然瀑布实山居之珠箔锦幕也，以供耳目，谁曰不宜。"

清寒甘香

古代茶人择水，讲究清寒香甘。并认为，泉不难于清，而难于寒。甘则茶味稍夺，冽则茶味独全。而且半温半冷者，皆非食品，食之则有害。泉唯香甘，故能养人。然甘易而香难，未有香而不甘者。

田艺蘅《煮泉小品》曰："清，朗也，静也，澄水之貌。寒，冽也，冻也，覆水之貌。泉，不难于清而难于寒。其濑峻流驶而清，岩奥阴积而寒者，亦非佳品。石少土多、沙

◎婵娟壶

腻泥凝者,必不清寒。蒙之象曰果行,井之象曰寒泉。不果,则气滞而光;不澄,不寒,则性燥而味必啬。冰,坚水也。穷谷阴气所聚,不泄则结而为伏阴也。在地英明者惟水,而冰则精而且冷,是固清寒之极也。谢康乐诗:'凿冰煮朝飧。'《拾遗记》:'蓬莱山冰水,饮者千岁。'下有石硫黄者,发为温泉,在在有之。又有共出一壑半温半冷者,亦在在有之,皆非食品。特新安黄山朱沙汤泉可食。《图经》云:'黄山旧名黟山,东峰下有朱沙汤泉可点茗,春色微红,此则自然之丹液也。'《拾遗记》:'蓬莱山沸水,饮者千岁。'此又仙饮。有黄金处,水必清;有明珠处,水必媚;有孑鲋处,水必腥腐;有蛟龙处,水必洞黑。美恶不可不辨也。"

古人认为,寒冷的水,尤其是冰水、雪水,滋味最佳。这种看法自然有其依据:水在结晶过程中,杂质下沉,因此作为结晶体的冰,相对而言就会比较纯净。至于雪水,更可宝贵。现代科学证明,自然界中的水,只有雪水、雨水才是纯软水,宜于泡茶。古代茶人总结长期品茶的实践经验,将露天承接、不使落地的雨水、雪水、朝露之水,称为"天泉"或"无根水",给予相当高的评价。

明田艺蘅《煮泉小品》中就有专门讲述《灵水》一节,他说:"灵,神也。天一生水,而精明不淆,故上天自降之泽,实灵水也。古称'上池之水者非与'。要之皆仙饮也。露者,阳气胜而所散也。色浓为甘露,凝如脂,美如饴,一名膏露,一名天酒。《十洲记》'黄帝宝露',《洞冥记》'五色露',皆灵露也。庄子曰:'姑射山神人',不食五谷,吸风饮露。《山海经》'仙丘绛露,仙人常饮之。'《博物志》:'沃渚之野,民饮甘露。'《拾遗记》:'含明之国,承露而饮。'《神异经》:'西北海外人,长二千里,日饮天酒五斗。'《楚词》:'朝饮木兰之坠露。'是露可饮也。雪者,天地之积寒也。《泛胜书》:'雪为五谷之精。'《拾遗记》'穆王东至大之撒之谷,西王母来进嵊州甜雪,是灵雪也。'陶谷取雪水烹团茶,而丁谓《煎茶》诗:'痛惜藏书箧,坚留待雪天。'李虚己《建茶呈学士》诗:'试将梁苑雪,煎动建溪春。'是雪尤宜茶饮也。处士列诸末品,何邪?意者以其味之燥乎?若言太冷,则不然矣。雨者,阴阳之和,天地之施,水从云下,辅时生养者也。和风顺雨,明云甘雨,《拾遗记》:'香云遍润,则成香雨',皆灵雨也,固可食。若夫龙所行者,暴而霆者,旱而冻者,腥而墨者及檐溜者,皆不可食。《文子》曰:'水之道,上天为雨露,下地为江河,均一水也。故特表灵品。'"

由于这种于漫天飘白絮,清风细雨中取水的意境,非常符合文人的兴致和情调,因此更加受到文人的赞叹和歌咏。元谢宗可《雪煎茶》说:"夜扫寒英煮绿尘,松风入鼎更清新。月团影落银河水,云脚香融玉树春。"甚至还有人专于默林之中,取梅瓣积雪,化水后以罐储之,深埋地下,来年用以烹茶。曹雪芹在《红楼梦》第四十一回中就曾写道,妙玉烹茶给林黛玉、贾宝玉和薛宝钗,因为林黛玉分不出烹茶的水是雨水还是雪水,遭到了妙玉的嘲笑。妙玉说:"这水是五年前从梅花上收集的雪,放入瓮中埋在地下,是专门用来烹茶用的。"

不过,这种所谓的天泉水也有诸多讲究,并不是可以随便取之来用的。明屠隆在《茶笺·择水》中曰:"天泉,秋水为上,梅水次之。秋水白而冽,梅水白而甘,甘则茶味稍夺,冽则茶味独全,故秋水较胜之。春冬二水,春胜于冬。皆以和风甘雨,得天地之正施者为妙。惟夏月暴雨不宜。或因风雷所致,实天地之流怒也。龙行之水,暴而淫者,旱而冻者,腥而墨者,皆不可食。雪为五谷之精,取以煎茶,幽人清贶。"

所谓"甘香",指的是水一入口,在人的舌、两颊与咽喉之间所产生一种的味觉。当然这种"甘香",只有靠人的味蕾才能辨别,是一种只可意会不可言传的品饮经验,利用现代化仪器往往是很难测定的。

道家以无味之味为至味，即"真水无味"。也就是说，他们认为最上等的水其实并不甘，而是淡而无味的。熊三拔在《试水法》的"味试"条中也有："水元行也，元行无味，无味者真水。凡味皆从外合之，故试水以淡为主，味甘者次之，味恶为下"的说法，不过，水最终还是用来喝的，当然要求要有滋味。茶人认为，凡水泉甘者，能助茶味。所以古人评水，还是以味甘为上，尤崇甘冽。例如宋代诗人杨万里在《谢木韫之舍人分送讲筵赐茶》中有句云："下山汲井得甘冷"，可谓一语中的。

明田艺蘅《煮泉小品》中对择水甘香，也提出自己的看法，他说："甘，美也；香，芳也。《尚书》'稼穑作甘黍'。甘为香黍，惟甘香，故能养人。泉惟甘香，故亦能养人。然甘易而香难，未有香而不甘者也。味美者曰甘泉，气芳者曰香泉，所在间有之。泉上有恶水，则叶滋根润，皆能损其甘香，甚者能酿毒液，尤宜去之。甜水，以甘称也。《拾遗记》：'员峤山北，甜水绕之，味甜如蜜。'《十洲记》：'元洲玄涧，水如蜜浆，饮之与天地相毕。'又曰：'生洲之水，味如饴酪。'"许次纾《茶疏·择水》亦说："今时品水，必首惠泉，甘鲜膏腴，致足贵也。往三渡黄河，始忧其浊，舟人以法澄过，饮而甘之，尤宜煮茶，不下惠泉。黄河之水，来自天上，浊者，土色也。澄之既净，香味自发。余尝言有名山则有佳茶，兹又言有名山必有佳泉，相提而论，恐非臆说。余所经行吾两浙两都、齐鲁楚粤、豫章滇黔，皆尝稍涉其山川，味其水泉，发源长远，而潭沚澄澈者，水必甘美。即江河溪涧之水，遇澄潭大泽，味咸甘冽。唯波涛湍急，瀑布飞泉，或舟楫多处，则苦浊不堪。盖云伤劳，岂其恒性。凡春夏水涨则减，秋冬水落则美。"

质轻为佳

质轻，也是古人评水的一条重要标准。如果说"源洁"，是以人们的肉眼来辨别水中是否存在杂质，那么，"质轻"则需要使用器具来辨别水中是否存在肉眼看不见的杂质。现代科学运用化学分析的方法，将每升含有八毫克以上钙镁离子的水，称为"硬水"，将含八毫克以下钙镁离子的水，称为"软水"。硬水重于软水。实验证明，用软水泡茶,色香味俱佳;用硬水泡茶,则茶汤变色,香味也大为逊色。另外,水中若溶有其他矿物质,也不仅会增加水的重量,而且这些矿物质对煎泡茶叶同样不利。古代茶人虽然不懂得这些科学道理,但他们凭自己的直觉和长期的饮茶实践经验,认为水轻者为佳,这与现代科学不谋而合。明张源在《茶录·品泉》中说:"山顶泉清而轻,山下泉清而重,石中泉清而甘,砂中泉清而冽,土中泉淡而白。流于黄石为佳,泻出青石无用。流动者愈于安静,负阴者胜于向阳。真源无味,真水无香。"

鉴别水轻重的办法自然要用衡器测量,最著名的例子,就是乾隆以银斗衡量天下名泉。乾隆皇帝曾游历南北名山大川,每次出行,便令人持特制银质小斗,严格称量每斗水的重量,以辨别其轻重。其实,这并不是乾隆的独创发明,而是参照上面介绍过的明代熊三拔《试水法》中"水欲辩美恶,以一器更酌而秤之,轻者为上"的方法所为。乾隆称后所得的结果,北京西郊玉泉山和塞外伊逊河(今承德地区境内)水质最轻,皆斗重一两。而济南之珍珠泉,斗重一两二厘;扬子江金山泉,斗重一两三厘;惠山、虎跑,则各为一两四厘;平山,一两六厘;清凉山、白沙、虎丘及京西碧云寺,各为一两一分。虽然雪水比玉泉山水更轻,但雪水不易恒得,所以乾隆将京西玉泉山视为"天下第一泉"。这不仅因为玉泉山水质好,深得乾隆皇帝偏爱,还因为京师当时多苦水,明清宫廷用水每每取自玉泉。当然更因为当时玉泉山景色幽静,位于南麓的玉泉泉水自高处"龙口"喷出,琼浆倒倾,如老龙喷汲,碧水清澄如玉,故得玉泉之名。由此可见,被茶人视为好水者,除水品确实高美外,与茶人的审美情趣,也息息相关。

茶人通过实践也证明,最佳宜茶之水乃自然之水,而那些经过人为加工的绝对无味,最清、最轻的诸如蒸馏水之流,反而不宜用来煎泡茶叶。

因地制宜 贮养并重

前面说过,天下虽如此之大,却不可能处处都有宜茶之水,更不可能凡水都取自名泉,因此,古代茶人主张因地制宜,要学会正确护水、取水、滤水、洗水、贮水和养水。

明人田艺蘅在《煮泉小品》中谈及如何保护泉源时说："凡临佳泉，不可容易漱濯，犯者每为山灵所憎。泉坎须越月淘之，革故鼎新，妙运当然也。山木固欲其秀而荫，若丛恶，则伤泉。今虽未能使瑶草琼花披拂其上，而修竹幽兰自不可少也。作屋覆泉，不惟杀尽风景，亦且阳气不入，能致阴损，戒之戒之。若其小者，作竹罩以笼之，防其不洁之侵，胜屋多矣。"

在说到应该如何取水时，田艺蘅认为："泉稍远而欲其自入于山厨，可接竹引之、承之，以奇石贮之以净缸，其声尤铮淙可爱。骆宾王诗'刳木取泉遥'亦接竹之意。去泉再远者，不能自汲，须遣诚实山童取之，以免石头城下之伪。苏子瞻爱玉女河水，付僧调水符取之，亦惜其不得枕流焉耳。故曾茶山《谢送惠山泉》诗：'旧时水递费经营。'"

在谈及泉水过滤的重要性时，田艺蘅说："泉中有虾蟹、子虫，极能腥味，亟宜淘净之。僧家以罗滤水而饮，虽恐伤生，亦取其洁也。包幼嗣《净律院》诗'滤水浇新长'；马戴《禅院》诗'滤泉侵月起'；僧简长诗'花壶滤水添'是也。于鹄《过张老园林》诗'滤水夜浇花'，则不惟僧家戒律为然，而修道者，亦所当尔也。"

古人贮水不仅设法从源头上保护其水质，而且还千方百计地养水，以提高其水质，使贮水过程成为改良水的过程。其中比较简单易行的，就是采用沉淀法改良水质。张源在《茶录》中介绍了一种常用贮水法："贮水瓮须置阴庭中，覆以纱帛，使承星露之气，则英灵不散，神气常存。假令压以木石，封以纸箬，曝于日下，则外耗其神，内闭其气，水神敝矣。饮茶惟贵乎茶鲜水灵，茶失其鲜，水失其灵，则与沟渠水何异。"清人顾仲《养小录》中说："于半夜后舟楫未行时，泛舟至中流，多带罐瓮，取水归。多备大缸贮下，以青竹棍左旋搅百余，急旋成窝，急住手，箬篷盖盖好，勿触动。先时留一空缸，三日后，用木杓于缸中心轻轻舀水入空缸内，原缸内水取至七八分即止，其周围白滓及底下泥滓，连水洗去尽。将别缸水如前法舀过，又用竹棍搅，盖好。三日后，又舀过去泥滓,如此三遍。预备洁净灶锅,入水煮滚透,舀取入罐。每罐先入白糖霜三钱于内,入水盖好。一二日后取供煎茶,与泉水莫辨,愈宿愈好。"从现代观点看,这种方法虽然不如以加入化学物质使之直接洁净省时省工,但对古代茶人来说,却是从实践中得来的自然之法,也许更符合天然水质的保养。除此之外,古代茶人通常还采用以下几种贮养方法:

一曰"石洗法",即让水经过石子过滤再饮用。田艺蘅在《煮泉小品》中曰:"移水而以石洗之,亦可以去其摇荡之浊滓,若其味,则愈扬愈减矣。移水取石子置瓶中,虽养其味,亦可澄水,令之不淆。黄鲁直《惠山泉》诗'锡谷寒泉撱石俱'是也。择水中洁净白石,带泉煮之,尤妙尤妙。汲泉道远,必失原味。唐子西云:'茶不问团锊,要之贵新;水不问江井,要之贵活。'"也有人采用一种灶中心烧得坚硬的灶土,即所谓的"伏龙肝"来净水。罗廪《茶解》说:"大瓷瓮满贮,投伏龙肝一块,乘热投之。"还有的采用鹅卵石与木炭净水,高濂《遵生八笺》说:"大瓮收藏黄梅雨水、雪水,下放鹅子石十数石,经年不坏。用栗炭三四寸许,烧红投淬水中,不生跳虫。"

二曰"水洗法",这是乾隆皇帝的创造发明。据《清稗类钞》说,乾隆经过"实验",认定玉泉水为第一后,出巡时便专以玉泉水随行。可是时间一长,舟车颠簸,水之色味难免有变。待他采用他处泉水将其一洗之后,则"色如故焉"。具体方法是:"以大器储水刻分寸,入他水

搅之。搅定，则污浊皆沉于下，而上面之水清澈矣。盖他水质重则下沉，玉泉体轻故上浮，挹而盛之，不差锱铢。"

三曰"水养法"。有人认为，水不必非自名川名泉不可，只要保养得法，略事加工，普通水也会变得近名泉水。朱国桢在《涌幢小品》中说，到了明代，那些喝不到惠泉水的文人，便挖空心思"自制惠泉水"。他们先将一般的泉水煮开，然后将其倒入置于阳光晒不到的庭院荫处的大缸中，到了月色皎洁的夜晚，打开缸盖，使其承接夜露的滋润。经过如此三个夜晚，再用瓢轻轻地将水舀到瓷坛中，据说用此水煮茶，"与惠泉无异"。

其实，大自然本来就是多姿多彩的，人生本来就应该顺应自然，合于自然之道。高雅的茶人，更应该合乎自然之理，饮茶于旷野、松风、清泉、江流之间，以合乎自然韵律者为美，从大自然中领悟天地和谐之美。当然，如果条件有限，人们对此也不应该过于执著，即如今日，人们将自来水储存于洁净的陶瓷中，静置一昼夜，待氯气自然挥发，用来煮沸泡茶，只要冲泡得法，照样可以享受饮茶的高雅意境和乐趣。

如法汤汁　茶之司命

毫无疑问，除了要有宜茶之水之外，掌握水的火候，对于茶汤的质量也至关重要。陆羽《茶经·五之煮》在谈及水的火候时曰："其沸如鱼目，微有声，为一沸。缘边如涌泉连珠，为二沸。腾波鼓浪，为三沸。已上水老，不可食也。"

唐苏廙在《十六汤品》中，对此分析得更加详尽，他认为："汤者，茶之司命。若名茶而滥汤，则与凡末同调矣。"并以煎以老嫩言者凡三品，注以缓急言者凡三品，以器标者共五品，以薪论者共五品，而成十六汤品。

其中，苏廙将煎以老嫩之汤汁，分为三品。第一品"得一汤"。是说煎茶之水火候不嫩不老，恰好合适。他认为："火绩已储，水性乃尽，如斗中米，如称上鱼，高低适平，无过不及为度，盖一而不偏杂者也。天得一以清，地得一以宁，汤得一可建汤勋。"此处所谓"一"，是关键、适当的意思。《老子》就认为："万物得一以生。"第二品"婴汤"。是说煎茶之水不能太嫩。他认为："薪火方交，水釜才炽，急取旋倾，若婴儿之未孩，欲责以壮夫主事，难矣哉!"第三品"百寿汤"，又名"白发汤"。是说煎茶之水不能过老。他认为："人过百息，水逾十沸，或以话阻，或以事废，始取用之，汤已失性矣。"如同皤鬓苍颜之大老，无力执弓摇矢以取中，无可雄登阔步以迈远。

苏廙将注以缓急言者，也分为三品。也就是说，沃茶时注汤缓急要适中，不可草率为之。第四品"中汤"。他认为，鼓琴者，声合中则意妙;磨墨者，力合中则矢浓。"声有缓急则琴亡，力有缓急则墨丧，注汤有缓急则茶败。欲汤之中，臂任其责。"他将那些先将茶末调成茶膏，然后以茶瓶注水调茶时因茶器不利和操作技巧不当的汤汁，称为第五品"断脉汤"。他认为："茶已就膏，宜以造化成其形。若手颤臂弹，惟恐其深，瓶嘴之端，若存若亡，汤不顺通，故茶不匀粹。是犹人之百脉气血断续，欲寿奚获?苟恶毙宜逃。"第六品"大壮汤"。他认为，犹如"力士之把针，耕夫之握管，所以不能成功者，伤于粗也。且一瓯之茗，多不二钱，茗盏量合宜，下汤不过六分。万一快泻而深积之。茶安在哉!"

苏廙将以器标者，也就是使用不同容器所盛之汤，分为五品。第七品"富贵汤"。他认为："以金银为汤器，惟富贵者具焉。所以策功建汤业，贫贱者有不能遂也。汤器之不可舍金银，犹琴之不可舍桐，墨之不可舍胶。"第八品"秀碧汤"。他认为："石，凝结天地秀气而赋形者也，琢以为器，秀犹在焉。其汤不良，未之有也。"第九品"压一汤"。所谓"压一"，即压倒一切或超过一切，也就是第一的意思。他认为："贵厌金银，贱恶铜铁，则瓷瓶有足取焉。幽士逸夫，品色尤宜。岂不为瓶中之压一乎?然勿与夸珍衒豪臭公子道。"第十品"缠口汤"。他认为："猥人俗辈，炼水之器，岂暇深择铜铁铅锡，取热而已。夫是汤也，腥苦且涩，饮之逾时，恶气缠口而不得去。"第十一品"减价汤"。他认为："无油之瓦，渗水而有土气。虽御胯宸缄，且将败德销声。谚曰：'茶瓶用瓦，如乘折脚骏登高。'好事者幸志之。"此处所谓"御胯宸缄"，指帝王的御用之茶。

苏廙将以薪论者，也就是使用不同燃料所煮之汤，分为五品。第十二品"法律汤"。他认为："凡木可以煮汤，不独炭也。惟沃茶之汤，非炭不可。在茶家亦有法律：水忌停，薪忌熏。犯律逾法，汤乖，则茶殆矣。"此处所谓"乖"，是背离，抵触，不一致的意思。第十三品"一面汤"。他认为："或柴中之麸火，或焚余之虚炭，本体虽尽而性且浮，性浮则有终嫩之嫌。炭则不然，实汤之友。"第十四品"宵人汤"。他认为："茶本灵草，触之则败。粪火虽热，恶性未尽。作汤泛茶，减耗香味。"第十五品"贼汤"，一名"贱汤"。他认为："竹篠树梢，风日干之，燃鼎附瓶，颇甚快意。然体性虚薄，无中和之气，为汤之残贼也。"第十六品"魔汤"。他认为："调茶在汤之淑慝，而汤最恶烟。燃柴一枝，浓烟蔽室，又安有汤耶？苟用此汤，又安有

◎紫砂荷叶莲蓬杯

◎如意壶

茶耶？所以为大魔。"

　　明代田艺蘅在《煮泉小品》中亦曰："有水有茶，不可无火。非无火也，有所宜也。李约云：'茶须缓火炙，活火煎。'活火，谓炭火之有焰者。苏轼诗：'活火仍须活水烹'是也。余则以为山中不常得炭，且死火耳，不若枯松枝为妙。若寒月，多拾松实，畜为煮茶之具，更雅。人但知汤候，而不知火候。火然则水干，是试火先于试水也。《吕氏春秋》：伊尹说汤。'五味九沸'；九变火为之纪。汤嫩，则茶味不出；过沸，则水老而茶乏，惟有花而无衣，乃得点瀹之候耳。"

　　总之，水在中国茶艺中是一大要素，它不仅要合于物质之理、自然之理，还包含着中国茶人对大自然的热爱和高雅、深沉的审美情趣。饮茶不懂水，是谈不到茶艺、茶道的。好水、好茶、好茶具、好环境，必定可以使人在茶香缭绕、口舌生津、清甘幽长的同时，以一颗清净心来面对生活中的贫寒与平淡；以一颗平常心，来面对生活中的拥有和失去；以一颗宁静心，来面对生活中的挫折和磨难；以一颗智慧心，来面对生活中的复杂和多变；以一颗禅心，来面对现实世间的一切。

茶艺茶具 合则双美

茶器茶具　乃茶之父

茶由药用、食用而变为日常饮品,逐步超越了自身的物质属性,进而跨入人类的精神领域,成为一种文化、一种修养、一种人格、一种境界的象征。中华茶艺的形成,并非一蹴而就。一般认为它孕育于汉魏,滥觞于隋唐,发展于宋元而成熟、光大于明清,经历了漫长的历史演化过程。与此相应,茶具的发展也与时代风气相辅相成,逐渐趋于艺术化和人文化,经历了由大趋小,自简趋繁,复又返璞归真、从简行事的展现过程。

古代茶人常以为,"水为茶之母,器为茶之父"。为了能在品饮茶时获得更多的兴致和雅趣,茶人自然对茶器茶具也非常讲究。精美雅致的各种材质的茶器茶具,蕴含文人之灵气,吸收香茗之精华,经由一代代传承于品茶之人的双手,融入爱茶之人的血脉。不仅使其艺术价值大大提升,而且从单纯的实用器具,升华成为一种精神文化,使得人们在深刻感受茶之韵味的同时,眼、耳、鼻、舌、身、意六根,得到温馨的统一,增加了品茶时的感官享受,成为中国源远流长的茶文化不可或缺的重要组成部分。

陆羽认为,"茶具"与"茶器",应该是两个不同的概念,指称不同的事物。他在《茶经》中,把与茶事相关的器具,分为"具"和"器"两部分。他在《茶经·二之具》中,将用来采茶、制茶的工具,称为"具";在《茶经·四之器》中,将用来煮茶、饮茶、贮茶、贮盐的器具以及煮饮茶前炙茶、碾茶等对茶进行再加工的辅助性器具,称为"器"。相对于用于采茶、制茶的"茶具"而言,陆羽在《茶经》中,对煮茶、饮茶的"茶器"倾注了更多的笔墨与心力。这从他对"风炉、镀、碾、瓢、碗"等茶器的论述中,可以看得尤为明显。

尽管陆羽强调应将"茶具"与"茶器"加以区别,但人们在一般文献和生活中,仍将"茶具"与"茶器"混为一谈,通而用之,并且多指后者。西汉王褒,在购买奴仆的契约——《僮约》中,就有"晨起早扫,食了洗涤……烹茶尽具",即烹煮茶饮,并洗涤器具。唐代封演《封氏闻见记》亦云:"楚人陆鸿渐为《茶论》,说茶之功效并煎茶、炙茶之法,造茶具二十四事,以'都统笼'贮之,远近倾慕,好事者家一副。有常伯熊者,又因鸿渐之论广润色之,于是茶道大行,王公朝士无不饮者。御史大夫李季卿宣慰江南,至临淮县馆,或言伯熊善茶者,李公请为之。伯熊着黄被衫、乌纱帽,手执茶器,口通茶名,区分指点,左右刮目。茶熟,李公为歠两杯而止。既到江外,又言鸿渐能茶者,李公复请之。鸿渐身衣野服,随茶具而入,既坐,教摊如伯熊故事。"可见封演在这里,也是器具通用。白居易《睡后茶兴忆杨同州》云:"婆娑绿阴树,斑驳青苔地。此处置绳床,傍边洗茶器。白瓷瓯甚洁,红炉炭方炽。沫下曲尘香,花浮鱼眼沸。盛来有佳色,咽罢余芳气。不见杨慕巢,谁人知此味。"贯休《山居诗二十四首》其二十云:"自休自了自安排,常愿居山事偶谐。僧采树衣临绝壑,狝争山果落空阶。闲担茶器缘青嶂,静纳禅袍坐绿崖。虚作新诗反招隐,出来多与此心乖。"皮日休《褚家林亭》亦云:"广亭遥对旧娃宫,竹岛萝溪委曲通。茂苑楼台低槛外,太湖鱼鸟彻池中。萧疏桂影移茶具,狼藉苹花上钓筒。争得共君来此住,便披鹤氅对清风。"然无论如何称谓,饮茶之风的兴盛,还是刺激了唐代对于茶器茶具的需求,而专用茶器和茶具的产生,无疑又进一步提升了饮茶文化的层次。

虽然北宋蔡襄在《茶录》中,仍将饮茶过程中所用器具称为"茶器"。但宋以后还是多称"茶具"。南宋审安老人《茶具图赞》,就将饮茶过程中所需器具统统称为"茶具"。宋代林逋《复赓前韵且以陋居诧而诱之》诗亦云:"画共药材悬屋壁,琴兼茶具入柴扉。"元代王冕《吹箫出峡图诗》云:"酒壶茶具船上头,江山满眼随处游。"元末明初陶宗仪《南浦词》亦云:"孤啸拓篷窗幽情,远都在酒瓢茶具。"

随着时间的流逝,人们的观念或者概念,总是处在不停地变换之中。眼下,人们早就不再遵循陆羽之本意将其详细分为茶器、茶具,本文也就只能入乡随俗,约定俗成,将其统统以"茶具"称之。由于绝大多数读者并非茶农,兴趣焦点也很少会停留在采茶、制茶所用工具方面,因此这里将以煮茶、饮茶的器具,作为重点论述对象。

雅号赞语 寄怀闲情

古代茶人于烹饮茶之余,通常还为制作精致的茶具,取上优雅且颇含意蕴的名字。成书于1269年的南宋审安老人《茶具图赞》,汇集了宋代常用十二件茶具的图形,将其称之为"十二先生",不仅根据茶具质地和声音关系,冠以古代官爵职称,赋予名、字、号,还批有若干"赞"语,使十二茶具各司其职,共成茶事。

审安老人将煮水烹茶的鼎炉——风炉,称为"韦鸿胪"。由于"炉"和"胪"同音,故名。鸿胪,乃古代执掌朝祭礼仪赞导的官名。审安老人在《茶具图赞》中赞"韦鸿胪"曰:"祝融司夏,万物焦烁,火炎昆冈,玉石俱焚,尔无与焉。乃若不使山谷之英堕于涂炭,子与有力矣。上卿之号,颇著微称。"

将用来击搋茶饼的木椎,称为"木待制"。待制,乃唐宋以后正式官职以外加给文臣衔封的衔号。通常轮番值日,以备顾问。审安老人在《茶具图赞》中赞"木待制"曰:

"上应列宿，万民以济，禀性刚直，摧折强梗，使随方逐圆之徒，不能保其身，善则善矣，然非佐以法曹，资之枢密，亦莫能成厥功。"

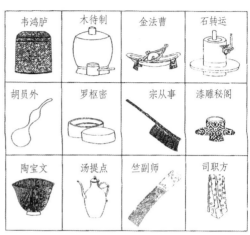
◎茶具图赞

将茶碾称为"金法曹"。由于茶碾系用金属制成，中有一道槽，由是谐音故名。法曹，乃古代执掌司法的官名。审安老人在《茶具图赞》中赞"金法曹"曰："柔亦不茹，刚亦不吐，圆机运用，一皆有法。使强梗者不得殊轨乱辙，岂不韪与。"

由于茶磨系以石制成，磨时运转不息，因此审安老人将茶磨称为"石转运"。转运，即转运使，乃古代主管水陆运输事务的官名。审安老人在《茶具图赞》中赞"石转运"曰："抱坚质，怀直心，啖嚅英华，周行不怠。幹摘山之利，操漕权之重，循环自常，不舍正而适他，虽没齿无怨言"。

取葫芦谐音"胡"，将葫芦水勺称为"胡员外"。员外，即员外郎，乃古代尚书省各司之次官的官名，简称"外郎"或"员外"。此处谐义葫芦外形圆浑。审安老人在《茶具图赞》中赞"胡员外"曰："周旋中规而不逾其间，动静有常而性苦其卓，郁结之患悉能破之，虽中无所有而外能研究，其精微不足以望圆机之士。"

由于茶罗应当缜密，以便用来筛分茶末，故取谐义"枢密"，将其称为"罗枢密"。枢密，即枢密使，是与中书省同平章事共同负责军国要政的古代官名。审安老人在《茶具图赞》中赞"罗枢密"曰："机事不密则害成，今高者抑之，下者扬之，使精粗不致于混淆，人其难诸，奈何矜细行而事喧哗，惜之。"

由于茶帚、茶刷通常用棕丝制成，因此取谐音"宗"而将其称为"宗从事"。从事，乃古代官名，系三公及州郡长官的僚属，多为自辟。审安老人在《茶具图赞》中赞"宗从事"曰："孔门高弟，当洒扫应对，事之末者，亦所不弃，又况能萃其既散，拾其已遗，运寸毫而使边尘不飞，功亦善哉。"

由于有人使用雕花漆器的茶托，所以取谐义"漆雕"，将茶托称为"漆雕秘阁"。漆雕，乃复姓；秘阁，乃古代官署名，隶属秘书省，是皇家藏书之处，由秘书郎掌管。审安老人在《茶具图赞》中赞"漆雕秘阁"曰："危而不持，颠而不扶，则吾斯之未能信。以其弭执热之患，无坳堂之覆，故宜辅以宝文而亲近君子。"

由于茶盏通常以陶瓷制成者为最佳，所以取其谐义"陶"而将陶茶盏称为"陶宝文"。宝文，古代官署名，即宝文阁，为宋代皇家收藏档案的地方。执掌者，被称"宝文阁学士"、"直学士"等。审安老人在《茶具图赞》中赞"陶宝文"曰："出河滨而无苦窳，经纬之象，刚柔之理，炳其绷中，虚已待物，不饰外貌，位高秘阁，宜无愧焉。"

由于茶瓶是用来注水点茶的，所以取其谐义"提点"，将茶瓶称为"汤提点"。提点，乃掌司法和刑狱的古代官名，如"提点刑狱公事"等。审安老人在《茶具图赞》中赞"汤提点"曰："养浩然之气，发沸腾之声，以执中之能，辅成汤之德，斟酌宾主间，功迈仲叔圉。然未免外烁之忧，复有内热之患，奈何？"

由于用来击拂点茶，以使茶末快速融于汤中的茶筅，系采用竹筋制成，因此取其谐义"竺"，将其称为"竺副帅"。副帅，乃古代军中总帅的副手。审安老人在《茶具图赞》中赞"竺副帅"曰："首阳饿夫，毅谏于兵沸之时。方金鼎扬汤，能探其沸者，几希。子之清节，独以身试，非临难不顾者畴见尔。"

由于茶巾通常为四方形，因此将用来擦拭茶器茶具的茶巾，称为"司职方"。审安老人在《茶具图赞》中赞"司职方"曰："互乡童子，圣人犹且与其进，况端方质素，经纬有理，终身涅而不缁者，此孔子之所以与洁也。"

明代茶人沿袭宋人雅兴逸致，在上述"十二先生"的基础上，又增加了若干内容。

明由钱椿年原辑、顾元庆删校的《茶谱》后,附有王友石《竹炉并分封六事》,认为茶与竹能相得益彰,竹沥水尤宜茶,故以竹茶炉为雅,并将茶竹炉称为"苦节君"。盛颙《苦节君铭》曰:"肖形天地,匪冶匪陶。心存活火,声带湘涛。一滴甘露,涤我诗肠。清风两腋,洞然八荒。"将盛装竹茶炉的都篮,称为"苦节君行省"。这是由于茶具六事分封,悉贮于此,侍从苦节君于泉石山斋亭馆间。执事者,故以"行省"名之。

所谓六事分封,即建城、云屯、乌府、水曹、器局、品司是也。将竹编贮茶器——箬笼,称为"建城"。盛虞《分封六事》曰:"茶宜密裹,故以箬笼盛之,宜于高阁,不宜湿气,恐失真味。古人因以用火,依时焙之。常如人体温温,则御湿润。今称建城。按《茶录》云:建安民间以茶为尚,故据地以城封之。"

明人以泉为云,故将用来贮装泉水的瓷瓶或瓦罐,称为"云屯"。盛虞《分封六事》曰:"泉汲于云根,取其洁也。欲全香液之腴,故以石子同贮瓶缶中,用供烹煮。水泉不甘者,能损茶味,前世之论,必以惠山泉宜之。今名云屯,盖云即泉也,得贮其所,虽与列职诸君同事,而独屯于斯,岂不清高绝俗而自贵哉。"

将用来盛炭的竹篮,称为"乌府"。盛虞《分封六事》曰:"炭之为物,貌玄性刚,过火则威灵气焰,赫然可畏。触之者腐,犯之者焦,殆犹宪司行部,而奸宄无状者,望风自靡。苦节君得此,甚利于用也,况其别号乌银,故特表章。其所藏之具曰乌府,不亦宜哉。"

将用以洗涤茶具之用竹片箍成的盛水具,称为"水曹"。盛虞《分封六事》曰:"茶之真味,蕴诸枪旗之中,必浣之以水而后发也。既复加之以火,投之以泉,则阳嘘阴翕,自然交姤而馨香之气溢于鼎矣。故凡苦节君器物用事之余,未免有残沥微垢,皆赖水沃盥,名其器曰水曹,如人之濯于盘水,则垢除体洁,而有日新之功,岂不有关于世教也耶?"

将用来收藏茶具的竹制方箱,称为"器局"。盛虞《分封六事》曰:"右茶具十六事,收贮于器局,供役苦节君者,故立名管之,盖欲统归于一,以其素有贞心雅操而自能

守之也。"

　　将用来收藏茶叶的多层多格竹簏,称为"品司"。盛虞《分封六事》曰:"古者,茶有品香而入贡者,微以龙脑和膏,欲助其香,反失其真。煮而膻鼎腥瓯,点杂枣、橘、葱、姜,夺其真味者尤甚。今茶产于阳羡山中,珍重一时,煎法又得赵州之传,虽欲啜时,入以笋、榄、瓜仁、芹蒿之属,则清而且佳。因命湘君,设司检束,而前之所忌乱真味者,不敢窥其门矣。"

　　除此之外,还将古石鼎,称为"商象"。将竹筅,称为"归洁"。将杓,称为"分盈",即《茶经》所谓水则,每二升,计茶一两。将铜火斗,称为"递火"。将铜火箸,称为"降红"。将准茶秤,称为"执权",每茶一两,计水二升。将湘竹扇,称为"团风"。将洗茶篮,称为"漉尘"。将竹架,称为"静沸",即《茶经》所谓用以支镀的交床。将瓷茶壶,称为"注春"。将建盏,称为"啜香"。将竹茶匙,称为"撩云"。将用于放盏的竹茶橐,称为"纳敬"。将茶洗,称为"沉垢"。甚至连抹布,也被冠以"受污"等等。由此不难看出,茶具的雅名字号或指代,或相关,或拟人,或喻物,使得这些单纯实用的普通器物,被赋予灵动悠远的非凡气质,散发出浓重的茶文化气息,增进了茶人品饮香茗的雅和闲情。茶具如此多样,令人眼花缭乱,然对绝大多数茶客而言,接触最多的恐怕要数饮茶器具,因此下面将重点叙述之。

一器多用　茶食不分

众所周知,自从茶被发现和利用以来,无论是煮而食之,还是煎而饮之,都是以流质或液体状态出现的,因此都需要有一定容量的、不渗透的器具来盛装,这便产生了对茶具的需求。而且,随着饮茶方式的变化,茶具也相应地变化。也就是说,茶艺、茶具是随着饮茶活动的出现而产生,并随着饮茶活动的流变而演化的。茶艺、茶具的发展,与茶自身的发展以及饮茶方法的演进,是同步合拍的,并依据不同时代人们的审美趣味,显示出古朴、富丽、淡雅等不同时代的艺术表达轨迹。

我国的茶具,种类繁多,造型多样,具有极高的实用价值和审美价值,为历代茶人所重视。根据不同的制作材料,可分为陶瓷茶具、金属茶具、漆器茶具、竹木茶具以及玻璃茶具等若干类,其中最主要的、最为人津津乐道是陶瓷茶具。尤其是唐宋之后,随着陶瓷技术的发展加上陶瓷茶具优越的性能,陶瓷茶具最终成为主流。细究中国茶文化和陶瓷艺术发展的历史,陶瓷茶具的确是与流行茶艺"合则双美"的最佳组合,当然也是中华民族历史与文化的必然选择。

由于唐代以前的饮茶器具与食器相混而用,不甚分明,因此虽然一些文献有所提及,却大都轻描淡写,语焉不详。从现有文字可考的史料来看,一般认为我国最早谈到饮茶器具的是西汉王褒的《僮约》。王褒在《僮约》中规定,他买来的僮仆——便了每日服侍主人的任务中就包括"烹茶尽具",也就是说要烹煮茶饮和涤洗器具。至于他所使用的饮茶器具为何种材质、是否专用,也就不得而知了。

三国时,荆楚一带已经能够烧制出质量较好的瓷器,例如碗、钵、盆、罐、壶等饮食器具,这其中应该有部分瓷器会用于饮茶。三国魏张揖《广雅》曰:"荆、巴间采叶作饼,叶老者,饼成,以米膏出之。欲煮茗饮,先炙令赤色,捣末置瓷器中,以汤浇覆之,用葱、姜、橘子芼之。其饮醒酒,令人不眠。"文中不仅谈到了茶的制作、饮用方法和效用,而且明确提到使用的茶具为"瓷器"。然而令人遗憾的是,其中并未说明是否为饮茶专用。

西晋杜育《荈赋》中，有"器泽陶简，出自东瓯"的诗句。"东瓯"，即浙江东南温州地区。早在汉代，这里就已经开始生产原始瓷器，到晋时，又进一步烧制出了青瓷，成为制瓷业比较发达的地区。清代景德镇人蓝浦在《景德镇陶录·古窑考》中论述"东瓯陶"时就说："瓯，越也，昔属闽地，今为浙江温州府。自晋已陶，其瓷青色，当时著尚。杜育《荈赋》所谓'器泽陶拣，出自东瓯'者是也。陆羽《茶经》云'瓯越器青上，口唇不卷，底卷而浅，受半升已下。'"清人朱琰对此更赞誉有加，他认为："杜育的《荈赋》'器泽陶简，出自东瓯'，后来'翠峰天青'于此开其先矣"，"是先越州窑而知名者矣"。由此可见，杜育《荈赋》中所叙述的用于茶事的器具中有陶瓷器具应该是可信的。不过，很难确定这些陶瓷器具是否专为茶事而烧制的。

陆羽在《茶经·七之事》中，曾引述《晋四王起事》曰："惠帝蒙尘还洛阳，黄门以瓦盂盛茶上至尊。"盂，是古代盛汤浆或食物的瓦盆。《晋书·惠帝纪》中，就有惠帝单车奔洛阳途中，到获嘉县时使用盂饮食的记载："市麁米饭，盛以瓦盆，帝噉两盂。"由此可见，惠帝颠沛流离之际，黄门盛茶之器为粗陶瓦盂，也并非饮茶专用，而是饮、食混用的。以上事例说明，在唐朝以前，虽有饮茶之风，茶器亦法相初具，但由于古代器具往往一器多用，茶也尚未真正独立为饮，因此茶器与酒具、餐具的区分并不严格，在很长一段时间内应该还是共享共用的。当然，随着饮茶之风在全国范围的兴盛和陶瓷技术的长足发展，尤其是文人逸士、禅僧道士将自己的审美意趣和思想理念融汇到饮茶之中，方才促进了饮茶器具的专用。

煎沃并用　理精于唐

前面讲过，唐代多将茶制成饼茶，分为方、圆两种。其中方饼常被称为"銙"，又称"片"；圆饼则称为"团"。平时穿成串，以笼具贮存。唐代流行的饮茶方法主要分为煎茶法和沃茶法两种。

煎茶法　在陆羽之前，"称茗饮者必浑以烹之，与夫瀹蔬而啜者无异也"。也就是说,以前饮茶如同喝菜汤一样。陆羽创造并大力推行的"煎茶法",是中国饮茶方法的一次划时代的革新,其意义之重大,影响之深远,在中国乃至世界茶文化史上,占有极其重要的地位。

饼茶不宜直接煎沃,必须经过炙、碾、罗等工序加工之后,方可煎沃。首先是"炙",也就是烘烤茶饼。由于饼茶在存放时,会吸收一定的水分,因此只有将其烤干,才能逼出茶香来。烘烤饼茶,十分讲究。不能通风烤,也不能在燃烧的火焰上直接烘烤,以免影响烤炙质量。炙烤时,要用夹子夹住茶饼,尽量靠近火,时时翻转,待其烤出小泡时,离火五寸,再用文火慢烤,直到将水汽完全蒸发掉为止。炙烤茶饼所用之夹,唐时十分讲究。陆羽《茶经·四之器》曰:"夹,以小青竹为之,长一尺二寸。令一寸有节,节以已上剖之,以炙茶也。彼竹之筱,津润于火,假其香洁以益茶味,恐非林谷间莫之致。或用精铁熟铜之类,取其久也。"意思是说,在火上炙烤时,小青竹夹会渗出津液,借助其津液的香气,能够增加茶香。待茶饼冷却后,用两层颜色白、质地厚的以剡藤纸缝制的纸囊将其贮藏,以避免茶的香气散失。剡藤纸,是唐时一种产于浙江剡溪的纸,以藤为原料制成,可以用来包装饼茶。唐李肇《唐国史补》卷下曰:"纸,则有越之剡藤苔笺。"

其次,是将炙烤过的饼茶放入茶臼或茶碾中将其捣碾成末,用茶罗子筛好备用。碾茶的用具包括茶碾以及清理茶末用的拂末。唐代茶碾,一般用木制品。陆羽《茶经·四之器》曰:"碾,以橘木为之,次以梨、桑、桐、柘。内圆而外方。内圆,备于运行也;外方,制其倾危也。内容堕而外无馀木。堕,形如车轮,不辐而轴焉。长九寸,阔一寸七分。堕径三寸八分,中厚一寸,边厚半寸。轴中方而执圆。"除了木质茶碾外,也有用金属以及石材制成的。清理茶末之拂末,通常以鸟羽制之。碾碎的茶末还要经筛子过罗,才能使茶末不至于过粗。对此陆羽《茶经·四之器》亦有详细描述:"罗末,以合盖贮之,以则置合中。用巨竹剖而屈之,以纱绢衣之。其合,以竹节为之,或屈杉以漆之。高三寸,盖一寸,底二寸,口径四寸。"并云:"末之上者,其屑如细米;末之下者,其屑如菱角",可见碾成罗毕的茶末,是极细的颗粒,色泽金黄,均匀细整,十分可人,诚如唐李群玉《龙山人惠石廪方及团茶》诗中所云:"碾成黄金粉,轻嫩如松花。"

饼茶在烤炙、碾、罗之后,就可以煎煮了。首先,将水倒入茶鍑(即两侧代有方耳一种大锅,亦作茶釜)中。鍑中之水,须经三沸:"其沸,如鱼目,微有声,为一沸",此时要根据水量的多少,"调之以盐味"。"缘边如涌泉连珠,为二沸",此时要从鍑中舀出一瓢水来置于熟盂之中,随即用竹筴"环击汤心",使鍑中水沸均匀。然后根据水量和饮茶人数及其浓淡嗜好,用"则"量取一定数量的茶末,从水涡的中心投下。陆羽《茶经·四之器》曰:"则,以海贝、蛎蛤之属,或以铜、铁、竹匕策之类。则者,量也,准也,度也。凡煮水一升,用末方寸匕。若好薄者,减之;嗜浓者,增之,故云则也。"待鍑中之水"势若奔涛溅沫","腾波鼓浪为三沸"时,将二沸时舀出的熟水倒入茶鍑中,使水温降低,沸腾减轻放慢,以育茶之精华,即茶人所谓的"沫饽"。陆羽在《茶经·五之煮》中,对于茶之精华"沫饽"的描写,不吝美言,十分到位。他写道:"沫饽,汤之华也。华之薄者曰沫,厚者曰饽。细轻者曰花,如枣花漂漂然于环池之上;又如回潭曲渚青萍之始生;又如晴天爽朗有浮云鳞然。其沫者,若绿钱浮于水湄,又如菊英堕于樽俎之中。饽者,以滓煮之。及沸,则重华累沫,皤皤然若积雪耳。《荈赋》所谓'焕如积雪,烨若春蔎',有之。"煎好之后,须将茶鍑从风炉上取下,置于用以支鍑的交床之上,便可向茶碗中酌茶了。酌茶,就是用瓢向茶盏分茶。酌茶的基本要领,就是使每个碗的沫饽均匀。沫饽是茶汤的精华,不均匀,茶汤的滋味就不一样了。茶汤与汤花均匀地分到,每盏之中,嫩绿带黄的汤色上浮动着如同积雪的汤花,相映成趣,悦人心目,难怪唐代诗人每每歌咏之。曹邺《故人寄茶》云:"碧澄霞脚碎,香泛乳花轻。六腑睡神去,数朝诗思清。"刘禹锡《西山兰若试茶歌》云:"骤雨松风入鼎来,白云满盏花徘徊。悠扬喷鼻宿醒散,清峭彻骨烦襟开。"由此可见,古代茶人们不仅注重调动视觉、嗅觉、味觉、听觉、触觉等各种感觉官,而且还从声、色、香、味、形等各个方面,来充分享受和欣赏整个煮饮过程,使普通的日常生活行为艺术化,散发出隽永的审美情趣和文化韵味。

可谓雅致精美,自然高妙,给人以极大的精神愉悦和身心享受。

另外,酌茶的数量,也有一定之规。陆羽反对煎茶时随便添水。茶汤煎毕"珍鲜馥烈者,其碗数三,次之者,碗数五。"也就是说,用一"则"茶末煎一升茶汤,如果要求茶味浓烈,可分酌三碗;次一等的,可分酌五碗。由于茶汤热时"重浊凝其下,精英浮其上",若茶汤凉冷"则精英随气而竭",茶香便会随着热气散发,茶汤也就寡然无味了,因此茶汤要趁热饮用。最后,要将用毕之茶器及时洗涤净洁,收贮入特制的都篮中,以备再用。

由此可见,唐代在陆羽推行的"煎茶法"之后,将饮茶由药用、解渴,升华为艺术享受,操作程序虽然繁复,但却井井有条,可使人们在烹煮过程中沉醉于一种恬淡安谧、怡然自得的境界之中,得到物质与精神的双重满足。

沃茶法 唐代除了陆羽推行的"煎茶法"外,还有三国魏张揖所撰《广雅》中曾记载的"欲煮茗饮,先炙令赤色,捣末置瓷器中,以汤浇覆之"的沃茶法。陆羽《在茶经·六之饮》中,将这种茶舂碾之后,"贮于瓶缶之中,以汤沃焉"的方法,称为"痷茶"。与煎茶法不同,痷茶不是将茶投于鍑中煎煮,而是将茶投于瓶缶中冲沃。苏廙《十六汤品》中就提到了以釜"煮茶"和以茶瓶"沃茶"的两种方法,其第四品说到沃茶时注汤缓急要适中,第五品提到先将茶末调成茶膏,然后以茶瓶注水调茶,并将

◎吉祥如意壶

因茶器不利和操作技巧不当而调的茶汤称为"断脉汤"。苏廙文中还有"燃鼎附瓶"之句,可见他已不用茶釜煮茶,而是用茶瓶煮水。煎水不煎茶,正是后来流行的点茶法区别煮茶法最主要的特征之一。

由前可知,唐朝以前,人们对茶的采摘、烘焙、捣碾、煮饮乃至饮茶器具都还谈不上十分讲究和重视。直到了唐朝中期陆羽在《茶经》中,才对用以采茶、制茶的"茶具"和用以煮茶、饮茶的"茶器",进行明确、系统、完备的论述,并对这些茶具、茶器的材质、尺寸和使用方法作了具体的说明。唐代饮茶之风的兴盛,刺激了对于专用茶具茶器的需求,而专用茶具茶器的产生,又进一步提升了饮茶的文化品位和审美情趣,使其成为"茶道",这又大大地推动了茶饮的流行和对于茶具的需求,形成了一个积极互动的良性循环。

法门茶具 极尽奢华

陆羽十分重视饮茶过程中茶具的配备与使用,不仅在《茶经·二之具》中开列出了24种28件茶器,而且特别强调:"但城邑之中,王公之门,二十四器阙一,则茶废矣。"关于这一点,人们可以从1987年4月陕西扶风法门寺地宫出土的一套完整无损的茶具中,得到印证。由于晚唐皇帝祈愿"圣寿万春,圣枝万叶,八荒来服,四海无波",因此经常迎请法门寺佛骨舍利入宫拜祭。其后随归还佛骨舍利所赐供奉之物,由于存放在法门寺的地宫之中,上面又压盖了宝塔,因此虽然历经千年,也使得它毫发无损,完美如新。据专家考证,这套唐宫廷系列茶具,是迄今世界上发现制成年代最早、最完善,古代典籍中未曾记载过的最为珍贵的唐代茶具实物资料。

商成勇、岳南在《佛佑法门:法门寺地宫佛指再世之谜》中写道:"这套完整的茶具,除物账碑所载的'茶槽子、碾子、茶罗子、匙子一副七事共重八十两……琉璃钵子一枚,琉璃茶碗托子一副'外,还有长柄银勺、银则、银龟、菱弧形银方盒、盘圆座银盐台等,这些无疑都是茶器的组成部分。而秘色瓷器中的小碟子、琉璃器中的盘子,都可视为茶道过程中的佐食用具。从茶罗子、茶碾子、轴等本身錾文看,这些器物于咸通九年(868)至十二年(871)制成。同时,鎏金飞鸿纹银则、长柄勺、茶罗子上还有器成后以硬物刻划的'五哥'两字。'五哥',是宫中对僖宗小时的称呼,而物账碑将其茶具列入新恩赐物(僖宗供物)名下,所以可断定此物为僖宗皇帝所供御用真品无疑。从实物中来看,'七事'应指:茶碾子、茶锅轴、罗身、抽斗、茶罗子盖、银则、长柄勺等七件。另外还有唐僖宗供奉物中的三足架摩羯纹银盐台,由智慧轮法师供奉的三件盘旋座小盐台和由僖宗供奉的两枚笼子、一套茶碗、茶托等御用真品。"

　　茶叶的贮藏保管,自古以来就备受茶人重视。为了使茶保持干燥而色味不减,平时须用纸或蒻叶之类包存,放在用竹篾编织而成的茶笼中,挂在高处,通风防潮。饮用之前,需要将茶笼放在炭火上稍作烘焙,以去除茶饼中的水分,使其干燥,便于碾碎。

　　法门寺皇家供奉地宫出土的烘烤饼茶所用的烘焙器有:金银丝结条笼子、鎏金飞鸿球路纹银笼子。这两件茶具制作精巧细腻,玲珑剔透,其金丝编织工艺已达到极高的水准。其中,金银丝结条笼子,以金丝和银丝编结而成。通高150毫米,长145毫米,宽105毫米,重335克。笼体为椭圆形筒状,上有盖,下有足。盖呈四曲,顶部以金丝编织成盘旋而上的七层锥状物,或是象征"七级浮屠"。盖口与笼口以子母扣扣合,上下口及底边均以鎏金银片镶口。笼体两侧结出提梁,提梁与笼盖以长链相连接。四足为狮形兽面,足底分成四叉,盘卷起来,整个笼体编结成网眼形,笼底亦镂空,原有木片垫底,出土时木片已朽。

　　鎏金飞鸿球路纹银笼子,通高178毫米,足高24毫米,重654克。有盖,直口、平底、深腹、四足,有提梁。通体镂空,纹饰鎏金,点缀着飞鸿,栩栩如生。值得注意的是,金银丝结条笼子和鎏金飞鸿球路纹银笼子的编织方法,与1959年北京明定陵出土的万历皇帝所用金丝编织的朝天幞皇冠基本相同。当万历皇帝这只皇冠出土时,专家们曾经错误的断定此种编织方法到宋代才开始出现。然而通过法门寺地宫出土的茶具

◎唐代鎏金银茶笼子,陕西扶风法门寺地官出土

◎唐代琉璃茶盏,陕西扶风法门寺地宫出土

◎唐越窑青瓷茶托盏,陕西扶风法门寺地宫出土

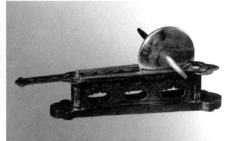

◎唐代银茶碾,陕西扶风法门寺地宫出土

来看,其实早在唐代,我国金银丝编织工艺已经达到相当高的水平。

　　唐人品茶,多是自碾自罗,这是品茶者酝酿品茶情趣的重要过程。茶碾子,通常由碾子和锅轴两部分组成,与现在的中药碾子基本相似。法门寺地官出土的碾罗器,有鎏金鸿雁流云纹银茶碾子和鎏金仙人驾鹤纹壶门座茶罗子。鎏金鸿雁流云纹银茶碾子,系钣金成型,纹饰鎏金,通体方长,纵横而呈"Ⅱ"形。通高71毫米,横长274毫米,槽深34毫米,辖板长201毫米、宽30毫米,重1168克,底外錾铭文"咸通十年文思院造银金花茶碾子一枚,共重廿九两,匠臣邵元审,作官臣李师存,判官高品臣吴弘悫,使臣能顺"。由此可见,这枚碾子显然是文思院专为皇帝打造并用来碾茶的茶具之一。银锅轴,分别由执手和圆饼组成,纹饰鎏金,圆饼边落带齿口,中厚带圆孔,套接一段执手。饼面刻"五哥"字样,并带半圈錾文"锅轴重十二两十七字号"。前边已经介绍,"五哥",是僖宗李儇未即位前的名字,因而可断定此物也是僖宗李儇供奉的。这枚锅轴小巧玲珑,饼径89毫米,轴长216毫米,重527.3克,是典型的宫廷茶具用品。

鎏金仙人驾鹤纹壶门座茶罗子,器形为长方体,由盖、罗、屉、罗架、器座组成,高9.5厘米,长14.9厘米,宽8.4厘米,重1472克。均为钣金成型,纹饰鎏金,顶盖面錾两体首尾相对的飞天,身侧衬以流云。盖刹四侧及立沿饰卧云,罗架两侧饰头束髻、着褒衣的执幡驾鹤仙人,前后两侧錾相对飞翔的仙鹤及云岳纹,四周饰莲瓣纹。罗、屉均作匣形,分内外两层,中央质地为细纱网筛,极为细密……约为60目。出土时是深色,伴有大量褐色粉末。屉面饰流云纹,有梅花形衬垫的拉手,用来承接过罗的茶末。匣体下面是一个四周出沿的壶门台形器座。匣盖里面錾刻五行题记:"咸通十年文思院造银金花茶罗子一副,全共重卅七两,匠臣邵元审,作官臣李师存,判官高品臣吴弘悫,使臣能顺十九字号"。亦为唐僖宗李儇供奉的唐宫廷茶具之一。唐代茶罗以前从未出土过,此为绝无仅有之一例,弥足珍贵。尽管陆羽在《茶经·四之器》中,主张碾罗器要用竹木制成,然法门寺地宫出土的茶具却錾金缀银,极尽奢华。由此可见,帝王不仅将饮茶视为一种享受,同时也借助茶道,反映皇权至高无上,要比一般人讲究得多。殊不知,这却背离了陆羽尊崇和倡导茶道"精行俭德"的文人情怀。

法门寺的地宫出土的贮茶器,有鎏金银龟盒,通高130毫米,长280毫米,宽150毫米,重818克,龟状昂首、曲尾,四足内缩,龟甲为盖。甲上有龟背纹,惟妙惟肖,活灵活现。此盒的妙用在于贮放碾碎的饼茶末,既可揭甲盖取用,也可从龟口中倾出。在中国传统文化中,龟象征着吉祥长寿,把龟的形象作为茶器的装饰图样,表明了皇家祈求"圣寿万春,圣枝万叶"的心愿。另外,贮盐、椒器则有鎏金人物画坛子、鎏金摩羯纹蕾纽三足架银盐台。

　　法门寺的地宫出土的烹煮器,有银茶则和银茶匙。茶则,是投茶时的匕状量具,形如勺;茶匙,主要用途是在煮茶时不断击沸汤面,以使茶末均匀融于汤中。其中,鎏金蔓草纹长柄勺,全长357毫米,重84.5克,匙面呈卵圆形,微凹,柄上錾有蔓草纹图案,并刻有"五哥"字样,当为僖宗李儇生前所用,后与其他茶具一同供奉于法门寺地宫。

　　法门寺的地宫出土的饮茶器,有鎏金伎乐纹银调达子、素面淡黄色琉璃茶盏、茶托。其中,素面淡黄色琉璃茶盏、茶托,通体呈淡黄色,有光亮透明感。茶盏侈口,腹壁斜收,茶托口径大于茶盏,呈盘状,高圈足。造型原始、简朴,质料微显混浊模糊,属唐代地道的中国式茶具制品,由此说明,琉璃制成的茶具,早在唐代就已起用。

　　除此之外,法门寺地宫中还出土了五瓣葵口圈足秘色瓷碗等一系列秘色瓷器。关于越窑"秘色瓷器",历来说法不一。宋人叶寘《坦斋笔衡》曰:"末俗尚靡,不贵铜磁,遂有秘色窑器。世言'钱氏有国日,越州烧进,不得臣庶用,故云秘色'。陆龟蒙诗:'九秋风露越窑开,夺得千峰翠色来。好向中宵盛沆瀣,共嵇中散斗遗杯。'乃知唐时已有,非始于钱氏。"赵彦卫《云麓漫钞》则说:"青瓷器皆云出自李王,号'秘色'。又曰出钱王。"周辉《清波杂志》也说:"越上秘色器,钱氏有国供奉物,不得臣下用,故曰'秘色'。"其他如曾慥《高斋漫录》、顾文荐《负暄杂录》、赵德麟《侯鲭录》等也多有类似的说法。此后,明清人笔记对此又略作解释。明人焦竑《焦氏类林》除注明照抄《笔衡》之外,仅仅将叶寘的"不得臣庶用"改作"臣庶不得用"而已。清人朱琰《陶说》与蓝浦《陶录》也说:"越窑烧造,为供奉之物,臣庶不得用,故云秘色。"冯先铭等主编的《中国陶瓷史》认为:"这称呼的由来,据宋人的解释是因为吴越国钱氏割据政权命令越窑烧造供奉之器,庶民不得使用,故称'秘色瓷'。清人评论'其色似越器,而清凉过之'"。由此可见,秘色瓷一直都是被人们作为上好的越窑精品来看待的。不过,也有一个特例,那就是嘉靖十四年(1535年)顾存仁所修的《余姚县志·物产门》内,引《六研斋笔记》说:"南宋时,余姚有秘瓷,粗朴而耐久,今人率以官窑目之。"这里又出现"秘瓷"一词,而且乃是"粗朴而耐久"之物,并非指的是上好精品。叶喆民《中国陶瓷史》则认为:"总之,历览以上文献似可得出以下几点认识:首先,"秘色瓷"之称,始于中唐,盛烧于五代。其精品曾为钱氏王朝入贡后唐、后晋以及北宋王朝,作为其偏安一隅的政治工具,但非吴越所独有和专用。其次,秘色瓷多用作越窑上等精品的代称,特别是指五代时"臣庶不得用"的供奉之物。但除晚唐陆龟蒙《秘色越器》诗之外,最近陕西扶风县法门寺塔基下发现的咸通十五年(874年)所藏《碑刻物帐》内也记载有"瓷秘色碗"、"瓷秘色盘子又碟子"。二者相距不过七载,可见当时"秘色"与"越窑窑器"是同义词(如陆诗题称"秘色越器",而北宋徐兢亦以"越州古秘色"与"汝州新窑器"相提并论),因而广义来理解并非毫无根据。再次,明清人笔记中个别出现"秘瓷",并形容其"粗朴而耐久",乃至后来众说纷纭的各种解释,恐怕别有所据。假使仔细推敲,则秘字亦有稀奇罕见之意。"

商成勇、岳南在《佛佑法门:法门寺地宫佛指再世之谜》中,说到法门寺地宫的秘色瓷时写道:"在另一具檀香木箱内,满装着世间罕见的唐代最有名的宫廷瓷器——秘色瓷。有碗、盘、碟,共计十五件,正是《监送真身使随真身供养道具及金银宝器衣物账》中所指明的……箱中的秘瓷碗,共五件,都为敞口。其中三件为平折沿,尖唇,腹壁斜收,平底内凹,胎较厚,通体施青绿色釉,釉层均匀,光洁莹润。碗外壁留有仕女图包装纸的痕迹,底外壁有一周烧痕,高6.8厘米,口径22.4厘米,沿宽10厘米,底径9.5厘米。另两件则是一对,口沿五曲,腹壁斜收,曲口以下有凸棱,平底、圈足,胎较前边三件薄一些,通体均施青灰色釉,均匀凝润,外壁也留有仕女图包装纸的印痕,高9.4厘米,口径21.4厘米,腹深7厘米,足高2.1厘米,足径9.9厘米。再往外取,发现六件秘色瓷盘。这六件分三双,有敞口的,有敞口的,有口沿呈五曲花瓣形的,有折沿五曲的,有通体施青黄色釉的,有通体施青灰色釉的,釉色都均匀凝润,细腻可人。还有一点相同,就是六件瓷盘底部外壁都有火烧的痕迹。自箱中最后取出的是两件平脱银

◎唐代秘色瓷,陕西扶风法门寺地宫出土

扣秘瓷碗,亦为不可多得的珍品。除秘色瓷器外,还同时出土了两件白瓷碗和一件白瓷瓶。当代瓷器工艺专家李知宴先生等曾专门撰文,针对法门寺出土的青瓷,尤其是秘色瓷,考证说这是煅烧工艺走向成熟的标志。从每件出土的瓷器看,都有端庄规矩、线条优美的特点。器物的口、腹、底各部位以至瓶腹的突棱全做得一丝不苟。线条的长短盘曲,处理得大方得体,胎体的厚薄也都安排得与使用功能紧密协调,没有一点生烧或过烧现象。这说明当时工匠已可熟练掌握成型工艺。从火烧所留下的小垫饼痕处看,浅灰色胎细腻致密,胎体颗粒均匀纯净,没有当时其它窑烧制瓷胎上多见的杂色和粗大颗粒,也没有窑裂、断裂和起泡现象。说明瓷土原料的开采、捣碎、淘洗都很精细。生产釉色上好的青瓷,需在烧制后期控制窑内的还原气氛,使胎、釉原料中的氧化铁还原为氧化亚铁,赋于瓷器以青绿颜色。假若工匠技术不全面,火候掌握不当,还原气氛控制不好,或者烟尘污染釉面,釉面就将出现杂色,失去当然的美感效果。法门寺出土的青绿釉秘色瓷就是在微妙的还原焰中烧成的,烧造时窑内气氛显然掌握得恰到好处,这不能不说是越窑这项独有的青瓷烧造技术的最高体现。这些越窑秘色瓷的出现,还解决了长期以来存在于考古界和工艺陶瓷界之间不同程序的争议。以往有关秘色瓷的讨论,仅限于文献资料,而文献资料的记载又众说不一,使得研究的证据不足。而现在这大量的秘色瓷出现,并配合物账碑文字所记载,可谓名实相副,使得这一问题终于真相大白于天下。而结合以前的考古发现,可以作出判断,秘色瓷的始烧年代只能在唐朝,或者更确切一些,可说是在晚唐。"法门寺地宫出土的这套秋色瓷器,色泽青莹柔和,造型古朴典雅,被初步认定为茶具中的饮茶器。

众所周知,历代宫廷是封建社会的最高层,是社会意识的源头。既是时尚与文明的典范,又是文化思想传播的中心。法门寺地宫出土的这套系列精美茶具,勾勒出了唐代宫廷茶道的鲜明轮廓和辉煌气象,足以使人们了解茶道在唐朝不仅仅是成熟的一种文化现象,具有深邃的思想内涵,同时还是精美的艺术形式,成为生活的完美实践。除了表明大唐的茶文化发展得更加成熟外,还极大地扩大了茶文化的社会影响。"上有好者,下必甚焉",当皇帝讲究饮茶之道,御用茶具金碧辉煌、华美富丽到了极致之时,社会饮茶的风靡,也就可想而知了。

毫无疑问,法门寺地宫出土的这套精美茶具,只是唐代茶具的典型代表,社会大众不可能家家具有。因此,陆羽在《茶经·九之略》中,也提出在有些情况下可以灵活掌握,区别对待,可随时间、地点、人数以及茶事准备情况,对茶具、茶器进行适当的省略和加以调整。他说:"其造具,若方春禁火之时,于野寺山园,丛手而掇,乃蒸,乃舂,乃拍,以火干之,则棨、扑、焙、贯、棚、穿、育等七事皆废。其煮器,若松间石上可坐,则具列废。用槁薪、鼎鬲之属,则风炉、灰承、炭挝、火筴、交床等废。若瞰泉临涧,则水方、涤方、漉水囊废。若五人已下,茶可末而精者,则罗废。若援藟跻岩,引絙入洞,于山口灸而末之,或纸包合贮,则碾、拂末等废。既瓢碗、筴、札、熟盂、鹾簋悉以一筥盛之,则都篮废。"意思是说,如果正值初春寒食节的时候,在荒野寺庙或山间茶园里,大家动手采摘茶叶后,随即蒸熟、捣烂……再用火烤干,那么制造饼茶的工具:棨、扑、焙、贯、棚、穿、育等七种工具可以省掉了。如果松林间的石头上可以放置茶器,那么煮茶器具之一的"具列",就可以省掉了。如果使用干枯的柴火和"鼎鬲"之类的器具,那么风炉、灰承、炭挝、火筴、交床等,可以省掉了。如果靠近泉水或溪涧,那么水方、涤方、漉水囊也可以省掉了。如果是五个人以下,茶能够研磨得比较精细的话,"罗"就可以省掉了。如果攀援藤蔓而登上山岩,拉着粗绳进入山洞,在山口烤炙茶饼且研磨成未，或者茶末已经贮藏在纸包或盒子中，那么"碾"、"拂末"等可以省掉了。省掉这些用具后，只要把瓢、碗、竹筴、札、熟盂、醯篮等全部放在一个筥内，那么"都篮"可以省掉了。当然，如果是在城市里，或者王公贵族的家中，二十四种茶器中缺少任何一种，饮茶的雅致也就会减少了许多。

行茶大碗　独饮乃瓯

陶瓷茶具，是人们的饮茶活动和陶瓷艺术发展到一定程度相结合的产物，始终与饮茶的生活方式和精神需求紧密相连，并随着饮茶活动和陶瓷艺术的发展而不断地发展变化，以适应和满足不同时代和社会人们的生活使用需求、审美需求和精神需求。陶瓷茶具的创作，既发展了生活化的艺术，也成就了艺术化的生活。人们通过陶瓷茶具，不仅可以品味茶之精华，也可以从中感受传统文化的积淀和哲学思想的内蕴，还可以从中了解各个时代审美情趣的变化及其发展过程。

唐代不仅国力强盛，也是我国陶瓷工艺蓬勃发展的时期，既有如玉似冰的青瓷、类银似雪的白瓷；也有沉静幽玄的黑瓷、鲜亮质朴的黄釉瓷；以及色彩斑斓的花釉瓷、富丽热烈的唐三彩、自成纹理的绞胎瓷等，形成了相互争艳的兴盛景象。但总的来说，越窑的青瓷和邢窑的白瓷，分别代表了当时南、北方制瓷业的最高成就，学者们通常以"南青北白"来概括唐代瓷业的发展状况，同时也获得了文人雅士的赞美。皮日休在《茶瓯诗》中，生动地描写了邢窑、越窑制作工艺的精美，以及使用邢窑、越窑瓷碗饮茶的乐趣："邢人与越人，皆能造兹器。圆似月魂堕，轻如云魄起，枣花势旋眼，苹沫香沾齿。松下时一看，支公亦如此。"他以"圆似月魂堕"形容瓷器制作规整，以"轻如云魄起"比喻其胎体轻薄，认为邢、越二窑瓷茶器，不分伯仲。皎然在《饮茶歌诮崔石使君》诗中，也有"素瓷雪色缥沫香，何似诸仙琼蕊浆"的句子，显然他此时所用的为白瓷茶碗。施肩吾《蜀茗月》亦有"越碗初盛蜀茗新，薄烟轻处搅来匀"的诗句。

碗，是古代的一种饮食器具。既然茶饮是从药用、食用中逐渐独立出来的，那么

◎菊花杯

　　茶具从饮食器具中脱胎而来,应该也是顺理成章的事。唐代无论煎茶还是沃茶,最终都得用碗来喝。因此茶碗对于茶人来说,无疑是品饮茶过程中最重要的器具。

　　陆羽在《茶经·四之器》中说:"碗,越州上,鼎州次,婺州次,岳州次,寿州、洪州次。或者以邢州处越州上,殊为不然。若邢瓷类银,越瓷类玉,邢不如越一也;若邢瓷类雪,则越瓷类冰,邢不如越二也;邢瓷白而茶色丹,越瓷青而茶色绿,邢不如越三也;晋杜育《荈赋》所谓:'器泽陶简,出自东瓯。'瓯,越也。瓯,越州上,口唇不卷,底卷而浅,受半升已下。越州瓷、岳瓷皆青,青则益茶。茶作白红之色。邢州瓷白,茶色红;寿州瓷黄,茶色紫;洪州瓷褐,茶色黑;悉不宜茶。"陆羽对茶碗的这些论述,可以说是对当时中国南北各窑生产的陶瓷茶器的大点评。为使读者对我国唐代瓷窑有所大概了解,现将陆羽在《茶经》中涉及的相关瓷窑的状况,依照青瓷、白瓷的次序,简要介绍如下:

　　越窑　浙江东北一带所有烧制青瓷窑的总称。其中包括余姚、上虞、绍兴、黄岩、宁波、嵊州、奉化、诸暨、慈溪、仙居、临海、温岭、乐清等地,并以余姚上林湖为中心,范围约数百里。这一带烧制瓷器的历史相当久远,早在东汉时期,这里就烧制出了成熟的青瓷。这里原为古代越人居住地,东周时是越国的政治经济中心,秦汉至隋属会稽郡,唐改为越州。由于唐代通常以所在州名命名瓷窑,因此将其定名为"越窑"或"越州窑"。冯先铭等主编的《中国陶瓷史》认为:"这里的陶瓷业自商周以来,都在不断地发展着。特别是东汉到宋的一千多年间,瓷器生产从未间断,规模不断扩大,制瓷技术不断提高,经历了创造、发展、繁盛和衰落几个大的阶段。产品风格虽因时代的不同而有所变化,但承前启后,一脉相承的关系十分清楚。所以绍兴、上虞等地的早期瓷窑与唐宋时期的越州窑,是前后连贯的一个瓷窑体系,可以统称为'越窑'"。

越窑青瓷,之所以成为一代名瓷,不仅因为历史悠久,还因其近乎完美的釉色而跃居众窑之首,成为当时青瓷的佼佼者。从出土和传世的越窑青瓷来看,其胎质致密坚硬,呈淡灰色,釉呈失透状。早期越窑青瓷的釉色,实际上是一种苍青色,或者说是艾青色,青中往往闪黄色,犹如冬日的松柏叶。晚唐五代时期釉色多呈湖水绿色,葱翠滋润,成为越窑中的上乘之作,深受人们的喜爱。陆羽《茶经》中以"越瓷类玉"、"越瓷类冰"来称赞越窑青瓷的釉色之美。陆龟蒙在《秘色越器》诗中,更直接地提到越窑,他说"九秋风露越窑开,夺得千峰翠色来。好向中宵盛沆瀣,共嵇中散斗遗杯"。甚至连远在异国他乡的外国人,也对越窑青瓷赞不绝口。日本明治时期(相当我国晚清同治时期)的石川鸿斋,就曾作诗盛赞越窑瓷器曰:"上林之窑盛天下,宋社已屋陶亦罢。遗珍谁得雉鸡山,久埋土中犹未化。余姚沈君藏一瓶,釉色莹澈凝貌青。相携万里来扶桑,割爱贻我何厚情。……"

瓯窑(温州窑) 虽不见于唐宋时期的文献记载,但却一直为陶瓷界所重视。冯先铭等主编的《中国陶瓷史》就认为:"就其制瓷的成就而言,远远超过婺州、洪州窑,在我国陶瓷史上应该占有一定的地位。"

瓯窑窑址,在温州市郊外西山一带,因此当地习惯称之为"西山窑",叶喆民在《中国陶瓷史》中将其称为"温州窑"。这一带原属永嘉县境,即汉初时所谓"东瓯国"。晋人杜育的《荈赋》曾说,"器择陶简,出自东瓯"。瓯窑瓷胎呈色较白,白中略带灰色,釉色淡青,透明度较高,可能就是西晋潘岳在《笙赋》中所谓"披黄苞以授甘,倾缥瓷以酌醴"的"缥瓷"。叶喆民在《中国陶瓷史》中认为:"东瓯就是缥瓷的产地,可见其历史悠久。以后许多文献如清人朱琰的《陶说》、蓝浦的《景德镇陶录》等,也都认为西山窑就是东瓯窑。蓝浦说:'瓯,越也,晋属闽地,今为浙江温州府,自晋已陶,当时著尚。'但是据历史文献记载,东瓯国早在公元前138年即已消亡,可见所谓东瓯窑,仅仅是沿用东瓯国地名的一种称谓,与东瓯国并无关系。"

据考古资料报告,温州地区目前共发现一百多处古窑址,其烧瓷历史最早可追溯到东汉晚期,六朝时期逐步进入繁荣期,唐五代时生产规模达到鼎盛阶段,宋、元时期趋于衰落。唐代温州窑的分布范围,主要在温州市郊和永嘉、瑞安、苍南、瓯海等地。唐代温州窑与越窑器物在胎釉上略有不同。一般胎体较薄,呈灰白或浅灰色,晚唐时期的釉色呈青色或青黄色。釉层匀净,胎釉结合致密,极少有剥釉现象,但有些器物挂釉不到底。其装饰上常划有团花或莲瓣纹,与上林湖越窑晚期产品具有相似的特征。

从浙江文管会所做的实地调查看,虽然瓯窑与越窑、婺州窑等,同为唐代浙江境内著名青瓷窑,但从生产规模及制瓷成就看,瓯窑青瓷远逊于越窑青瓷,但却远远超过当时的婺州窑。因此有人认为朱琰在《陶说》中所谓瓯窑"后来'翠峰天青'于此开其先矣"、"是先越州窑而知名者也"的评论,言过其实。瓯窑在瓷器的制作和纹饰方面,也不及越窑精细优美。从各地出土的瓷器中也可看出,越窑产品的供应范围比瓯窑广大,当时达官显贵所用的瓷器大部分是越器,在社会上影响也应该是越窑大而瓯窑小。

鼎州窑 陆羽在《茶经·四之器》中,将鼎州窑青瓷碗评定名列第二,仅次于越窑,而胜于寿州窑、洪州窑。陆羽在《茶经》中提到的这些青瓷窑,目前均已找到窑址,唯独鼎州窑窑址所在确切地点,至今尚未查清。叶麟趾在《古今中外陶瓷汇编》一书中说:"鼎州窑在今陕西省泾阳县,胎似越窑而闪黄,并有绿釉内闪黄者,《茶经》以为次于越窑。"叶喆民《中国陶瓷史》认为:"叶麟趾教授的论点是根据《旧唐书》中曾提到的'泾阳、隋县,天授元年(690年)隶鼎州'和《新唐书》'地理志'上记载的'天授二年以云阳、泾阳、醴泉、三原置鼎州。大足元年(701年)州废'提出的。清人蓝浦在《景德镇陶录》中也曾说'唐代鼎州烧造,即今西安府之泾阳县也'。但是到目前为止,在云阳、泾阳、三原、礼泉一带,尚未发现唐代鼎州窑址,而从地理区域上看,铜川黄堡窑靠三原和泾阳县较近,唐人是否把这一带窑统称为鼎州窑,抑或将范围扩大至铜川一带,均有待进一步的研讨。"

婺州窑 浙江金华地区,秦汉时属会稽郡,三国孙吴宝鼎元年(266)分会稽郡置东阳郡,郡治设在金华山之阳,瀫水之东,故名东阳。隋平陈,结束南北分裂,将会稽、东阳改置吴州,开皇九年(589)又分吴州置婺州。炀帝初改婺州为东阳郡,直至唐高祖武德四年(621)改东阳郡为婺州,隶越州。虽然陆羽在《茶经·四之器》中,将婺州窑排在第三位,但其窑址究竟在何处,一直不甚清楚。20世纪初,叶麟趾在《古今中外陶瓷汇编》内也明确指出,婺州窑"在今浙江省金华县,胎釉似越窑而带黄色"。叶喆民在《中国陶瓷史》中说:"以后陈万里先生和浙江省博物馆曾做过实地调查,在金华、武义、兰溪、江山等地,陆续发现了一批唐、宋窑址。近十年来,在武义县一带又清理出十几座从三国到南朝的古墓,出土的器物主要是青瓷。它说明婺州窑的烧瓷历史,可以追溯到三国,唐、五代乃是它的盛烧时期,此后一直延续烧造到宋代,前后达900年之久。婺州窑青瓷的釉色,青中往往泛黄色或黄褐色、炒米色,翠绿的釉色很少。金华、衢县一带属红土壤地区,为了改变其胎色,婺州窑青瓷早在西晋时期就开始使用化妆土,东晋时期这项工艺得到普遍应用。1973年衢县上宇头公社街路村一座'元康八年(298)太岁在戊午年八月十日造'铭文砖室墓内,曾出上一件青瓷钵,胎质上能明显看出施过一层化妆上的痕迹。这一带东晋墓出土的部分碗、壶等器物,胎上也常涂有一层化妆土。婺州窑青瓷由于施有化妆土,其釉层显得格外深厚滋润。"

岳州窑 其前身是湘阴窑。由于唐时湘阴隶属岳州,因此唐人将其称为岳州窑。

岳州窑器物胎质较粗松,一般呈灰白色。釉层较薄,且玻璃质感强,釉面常有细碎开片。同时因胎釉结合不紧密,器物常出现剥釉现象。岳州窑器物的釉色较多呈米黄色或虾青色,有的呈红棕色,最多的是豆绿色。除少数器物为满釉外,绝大多数只施半釉。长沙子弹库五代墓中,曾出土一件浮雕莲瓣瓶,瓶体腹部凸塑一周莲花纹饰,精美秀丽,可以反映五代时期岳州窑的烧制水平。另外,湖南长沙地区、湖北武昌一带的唐、五代墓中,都曾出土过与岳州窑窑址内出土的相同器,说明当时岳州窑的生产规模相当可观。从传世品看,岳州窑器物的质量也达到一定水平,因此陆羽才将岳州窑排在第四位,并使其与越窑相提并论。

寿州窑 1960年,安徽省博物馆在淮南市田家庵地区的上窑镇,发现了寿州窑址。1983年,叶喆民也曾对寿州窑做过调查,在长达4公里的窑区内,以管家咀窑址的时代较早,约为隋唐时期。其器物具有明显的隋代特征。余家沟、马家岗、上窑镇和外窑等窑,均以烧黄色釉瓷器为主。窑址出土的寿州窑器物,与陆羽《茶经·四之器》中"寿州瓷黄,茶色紫,……悉不宜茶"的论述,基本相符。陆羽关于寿州窑所产青瓷呈黄色的说法,对于后来人们研究寿州窑,提供了一条非常重要的线索。当然,陆羽在《茶经》中对寿州窑的评价,仅仅是从品茶的角度出发的,难免带有一定的片面性。由于一件瓷器往往有多种用途,因此评价一件瓷器的优劣,不能仅仅根据其中某一种用途而轻下结论。寿州窑瓷器以黄釉为主,色调深浅不一,有的近似蜡黄,有的很像鳝鱼黄及黄绿色,以黄绿釉色调最佳。叶喆民《中国陶瓷史》认为:"这种黄釉瓷器实际上是青瓷的变种,即烧制不成功所致。因胎釉中铁分子还原不够充分,故生成黄釉,故此列入青瓷系统为宜。"

寿州窑主要器物有碗、杯、盏、注子、钵、枕及各式儿童玩具,以碗、盏居多。器物的胎体比较厚重,底足多为平底,有的底心内凹。碗、盏一类的器物,在底足边缘部位常用刀削去一周。这种削棱足的做法,与邢窑隋唐白瓷具有相似的时代特征。寿州窑瓷器的胎质比较粗糙,胎色白中微带红色寿州窑遗址中曾发现堆积有大量已涂过化妆土而未施釉的半成品，说明寿州窑瓷器有一部分为改变其胎质，先经过素烧，再施一层白色化妆土，最后罩釉入窑烧成。1958年安徽芜湖地区出上一件寿州窑印花瓷枕，制作精美异常。枕呈长方形，胎上施化妆土，顶部和四周施黄釉，枕面印一团花。由于该窑出土瓷器中极少见有纹饰，故此尤为可贵。在遗址中目前尚未发现晚于唐代的遗物，说明寿州窑烧瓷的历史可能终于唐代。

洪州窑　1978年，江西省博物馆在南昌以南的丰城罗湖地区，发现大批窑群，经发掘后确认是唐代洪州窑所在地。由于丰城在唐代属洪州管辖，故以州命名为洪州窑。这批洪州窑窑址有29处，面积约40万平方米，堆积物有的地方厚达6米，经多次考古发掘后证实，其烧瓷历史始于东汉，盛烧于隋、唐，衰落于晚唐、五代，烧瓷历史达八百余年。在考古发掘中，共出土青瓷、窑具一万二千余件，发现龙窑窑床五座，其中一座隋代龙窑保存相当完好，全长21.6米，宽2米，在江西属首次发现。此外，在其附近的新干地区也发现了唐代中、晚期的青瓷窑群。这些新窑址的发现都为洪州窑的研究提供了更多的线索。

洪州窑瓷器胎质较粗，胎呈褐色或深褐色。为改变胎质，在入窑烧制之前，一般先在胎上施一层化妆土。多数瓷器的釉呈黄褐色或酱(绛)色，为陆羽《茶经·四之器》中所说"洪州瓷褐，茶色黑；悉不宜茶"的论述，提供了佐证。叶喆民《中国陶瓷史》认为："从洪州窑的发展历史看，在总体水平上它虽然比不上越窑，但在南朝至隋唐初期，洪州窑瓷器在造型、釉色及装饰等方面，完全可以与越窑青瓷媲美，并且不比当时的婺州窑、寿州窑差。如窑址出土的南朝青瓷博山炉、唐代青瓷多足砚、青釉莲花纹盘等，都可算是当时的精品。陆羽在《茶经·四之器》中，将洪州窑器物排在最末的第六位，实际上是因为陆羽在这段时期所看到的洪州窑瓷器，是它处于衰落时期的黄褐色器物。"

洪州窑在唐代以烧制碗、杯、盘为主，其他器形还有盏托、壶、高足盘、唾壶、砚、鼎炉等，造型很有特色。特别是仿唐代金银器造型的把杯，在唐代其他瓷窑中除邢窑

◎山水枝花杯

白瓷外,比较少见。其杯口为喇叭状,束腰,折腹,腰部把手呈"6"形。另一种直口深腹杯,底足呈"亞"字形,与唐代金银器中的把杯、高足杯器皿完全相同,也与邢窑唐代白瓷有些作品造型相似。洪州窑瓷器装饰技法有印花、堆贴、刻划等,在器物外口沿特别是碗、盏、盅等器物上,常模印有一周旋涡纹,这是此类器物装饰的重要特征,也是其他名窑所不常见的。洪州窑器物施釉一般不到底,底足多露胎。洪州窑瓷器不仅在江西及其邻近省市有的发现,在中原一带也有出土,说明其产量在当时是相当大的。

陆羽在《茶经·四之器》中除了涉及以上青瓷之外,还说到了白瓷。白瓷,自北朝晚期开始出现,历隋至唐,逐步发展成熟。其中邢窑白瓷,还成为"天下无贵贱通用之"风靡一时的名瓷。目前已发现的今河北省境临城邢窑,曲阳窑;河南省境的巩县窑、鹤壁窑、密县窑、登封窑、郏县窑、荥阳窑、安阳窑;山西省境的浑源窑,平定窑;以及陕西的耀州窑、安徽的萧窑等,都烧过白瓷,形成了一般所谓唐窑的"南青北白"的局面。除了在江西景德镇发现五代时烧造白瓷的窑址外,我国长江以南地区迄上世纪七十年代末,尚未发现唐代烧白瓷的窑址。但也不能就此断定南方的诸窑场不曾烧过白瓷。例如唐李绩奉敕新修《本草》，在玉石部下品条中载："白瓷屑，平无毒，广州良，余皆不如。"日人中尾万三从日本仁和寺得到的《唐本草》曰："白瓷屑，平无毒，主妇人带下白崩，止呕吐逆破血，止血水摩涂疮灭瘢。广州良，余皆不如。"由此可见，唐代广州似乎曾烧过白瓷。只不过，至今尚未发现其白瓷窑址罢了。杜甫《又于韦处乞大邑瓷碗》诗曰："大邑烧瓷轻且坚，扣如哀玉锦城传，君家白碗胜霜雪，急送茅斋也可怜。"此处所谓"轻且坚"，说明其胎质薄；而所谓"扣如哀玉"，则说明经高温烧成以后胎体烧结致密；所谓"胜霜雪"，说明釉质洁白细致；所谓"锦城传"，说明这种白瓷在蜀中风靡一时。对大邑白瓷能描写得如此细致，足以说明唐代四川大邑也曾生产过白瓷。不过令人遗憾的是，大邑白瓷窑址至今仍然还是个有待发现的谜。

冯先铭等主编《中国陶瓷史》认为："近三十年来今江苏，浙江、湖南，广东，福建省境发现的唐墓都有白瓷出土，尤以湖南省为多。故宫博物院收藏的一件唐代白釉花口瓶，釉下刻'丁大刚作瓶大好'七字，就与长沙窑唐代瓷器书写'卞家小口天下第一'、'郑家小口天下有名'这种做派相似。今湖南省境内在唐代饶制过白瓷大有可能，只不过至今未发现其窑址。"叶喆民《中国陶瓷史》认为："过去有些中外陶瓷学者往往提起"南青北白"这一句话，究其当初的含义，可能是说'南方以青瓷为主，北方以白瓷为多'，或者说'南方以青瓷取胜，北方以白瓷见长'，甚至还曾见有个别书内以此形容'南方白瓷泛青色，北方白瓷闪黄色'。相沿日久难免形成一种绝对化的观念，有人动辄当作口头禅，仿佛这是我国陶瓷发展史上固有的规律。但是多年的窑址考察和发现，逐渐使人感觉这一说法早已失掉现实意义，甚或有些偏颇。从目前掌握的资料看来，只能说南方的青瓷出现较早，而北方的青瓷却是青出于蓝而胜于蓝，否则宋代五大名窑（官、哥、汝、定、钧）中的汝、钧、官窑（北宋）何以能居其三？或者说北方的白瓷历史较先，而南方的白瓷也是后来居上。否则明清时期的景德镇与德化窑白瓷，又何以能驰名中外？"我认为以上这些说法，足以使当下人们对唐代白瓷的认知，更加明了，更加清晰。

邢窑　毫无疑问,唐代的白瓷以邢窑器最为有名,陆羽在《茶经·四之器》中,就是将越窑与邢窑来比对的。邢窑白瓷也曾作为地方特产,向唐朝廷进贡。元稹曾以"蚌珠"、"琉璃"以及白如"霜"、"雪"等词汇来形容邢瓷。他在《饮致用神曲酒三十韵》中有云:"七月调神曲,三春酿醁醽。雕镌荆玉盏,烘透内丘瓶。试滴盎心露,疑添案上萤。满尊凝止水,祝地落繁星。翻陋琼液浊,唯闻石髓馨。冰壶通角簟,金镜澈云屏。雪映烟光薄,霜涵雾色冷。蚌珠悬皎晶,桂魄倒濴溟。昼洒蝉将饮,宵挥鹤误聆。琉璃惊太白,钟乳讶微青。讵敢辞濡首,并怜可鉴形。"

然关于邢窑的窑址究竟在何处,学术界却颇有争论。有人据相关文献记载,认为邢窑在河北省的内丘县。唐李肇《国史补》曰:"内丘白瓷瓯,端溪紫石砚,天下无贵贱通用之。"元稹《饮致用神曲酒三十韵》中,亦有"烘透内丘瓶"之句,可见当时生产规模之大,影响之远。如果那时邢窑白瓷已经天下通用,应该也不是初创。叶喆民《中国陶瓷史》认为:"白瓷的烧制成功,目前多认为始于隋代。且已找到窑址——'邢窑'。然而过去文献只提到唐代的内丘邢窑白瓷,而且传世和出土器物在国内外也偶有所见,但窑址则长期未能寻见。"上世纪70年代叶喆民曾到河北临城南程村、射兽村一带考察,仅获得宋、金时期的仿定白瓷。1980年,河北临城轻工局工作人员在叶

◎宋代钧窑碗

◎宋代钧窑碗

喆民提供的线索和通力合作下,继续到祁村、双井一带考察,终于发现了唐代白瓷残片及窑址,所出精品堪当"类雪"、"类银"的美誉。叶喆民曾著文发表,并展览于海外。因而多有人认为此处即是邢窑的主要产地,甚至因此而否定唐人李肇所谓"内丘白瓷瓯"的说法。叶喆民当时发表论文提出:"其上限有可能早到隋代","如文献所说内丘磁窑沟,恐仍是邢窑的主要遗址,是否内丘邢窑的古窑址,由于地貌的变迁已被埋没也未可知"等不同见解,并在临城靠近内丘县境的贾村发现一些隋代白瓷残片。1984年河北内丘文化馆果然又在内丘老唐城及磁窑沟一带发现了17处隋唐窑址,既有大量的隋代白瓷、青瓷(有的青瓷碗可以上溯至北朝,但仍未找到其窑址),又有精美多样的唐代白瓷与唐三彩陶器,甚至还有一些透影的白瓷残器。

◎金星尽兴壶

叶喆民《中国陶瓷史》认为:"综观临城、内丘两地窑址所出邢窑隋唐陶瓷器和残片,多为壶、碗、盘、罐、盆、钵、枕之类的日用器皿,以及小型雕塑如骑马俑、白瓷狮、鸟食罐等,而内丘白瓷造型尤富于变化。所见如碗有直口深腹碗、撇口缩腰碗;杯有唇口硕腹把杯、直口深腹大杯、花口敛腹把杯;瓶有蒜头口细颈瓶、撇口长颈圆腹瓶;盘有大小高足或梯形足之分;罐有丰腹、敛腹之别以及花纽丰肩盖罐和盘口唾盂等。其中以高足白瓷盘与花口敛腹把杯、花纽丰肩盖罐更为别致优美。这些器形与历来所见其他隋唐窑址产品大同小异,而且精粗俱备。因其品质优劣、价格高低之不同,足以想象李肇《国史补》所谓'天下无贵贱通用之'的评语是恰如其分的。邢窑瓷器的装饰多朴素无纹,仅有少数划花贴花之物。虽然比同时享名于世的越窑青瓷之多有纹饰而似乎略有逊色,但是就其时代风尚与烧制技术来说,白瓷的烧成条件显然要求比青瓷更高。隋代成熟的白瓷始见于邢窑,而唐代邢窑又以其白胜霜雪的洁净色调和朴素大方的典雅作风见长,体现了人们重视清白无瑕、朴实无华的高尚情操。过去中外文献谈及白瓷使用化妆土者,一般多认为是从邢窑开始,实际上根据著者四次赴窑址对比的结果并不尽然,而是因其时间先后、烧制地点、瓷土质量乃至工艺粗精之不同而互异的。如临城的岗头、澄底一带,所出玉璧形底足(即前面引文所谓'宽圈足')的中、晚唐白瓷器,其胎质粗灰多施加化妆土。因白土之厚薄有无,而使釉面呈闪黄、闪灰的白色,有的恰似所谓类银的银白色。至于祁村、双井所出白瓷精品,则因胎质细白未见有化妆迹象,其白度较诸近代白瓷而无逊色,堪称类雪。故此进一步体会到陆羽《茶经》将邢瓷比拟为雪与银的用词十分真切、令人信服。"

陆羽在《茶经·四之器》提出"邢不如越"的观点,并不是从二者制瓷技术和物理性能的角度出发的。邢窑白瓷和越窑青瓷在胎土的淘洗提炼和胎体的烧结等工艺上,当时都达到了很高的水平,胎骨坚实致密,叩之有金石之声。唐人段安节在《乐府杂录》中曾载:"唐大中初,有调音律官,大兴县丞郭道源善击瓯。用越瓯、邢瓯十二,旋加减水以箸击之,其声妙于方响。"此外,《词林错》中也有类似记载。天宝年间诗人钱起《夜泊鹦鹉洲》诗曰:"月照溪边一罩蓬,夜闻清唱有微风。小楼深巷敲方响,水国人家在处同。"方干《李户曹小妓天得善击越器以成曲章》诗,也有"越器敲来曲调成"之句。以瓷器作乐器,要求其胎体必须细薄而且胎质缜密,方能发出金属般的清脆声响。由此可见,邢、越二窑瓷碗质量,均为上乘。陆羽之所以在《茶经》中抑邢扬越,主要出于对古代茶人人文精神的提升及其釉色对茶色适用性、审美性等角度综合考虑的。也就是说,是由于"越瓷类玉"、"越瓷类冰",这些都与中国古代崇尚"君子比德于玉"、"言念君子,温其如玉"、"冰清玉洁"等君子内在人格,以及其外在表现的精神要求和美学思想渊源相呼应。而陆羽所说的"邢瓷白而茶色丹,越瓷青而茶色绿"、"青则益茶",说明瓷器的釉色对茶人的审美情趣,也不应忽视。青瓷茶具可以使茶色愈发深沉含蓄,使得茶与具更加相得益彰。也就是说,能彰显茶叶自然之美的瓷器,即为上品。而越瓷茶碗的造型"口唇不卷,底卷而浅",与邢窑白瓷茶碗口唇反卷相比,于饮茶更为适用。因此,陆羽作出了"越州上"的评价。

唐代越窑青瓷茶碗的尺寸,通常较大。上海博物馆藏有一只高10.8厘米、口径纵32.2厘米、横23.3厘米、足径11.4厘米的越窑青釉海棠式碗。这种大尺寸的茶碗,在越窑遗址中也被大量发现。这种茶碗体积大,容量多,通常一个人是很难在短时间内将其饮完。但如果耽搁时间太久,则茶易冷,无疑与陆羽所倡导的"乘热连饮"的饮法相悖。这主要是从唐代当时盛行茶会的饮茶方式来考虑的。

唐代茶会的饮茶方式,通常为行茶。所谓"行茶",是唐代饮茶的一种习俗和礼仪,就是茶会中依次传递茶碗、轮流而饮的饮茶方式。其炊茶用具、煮茶方法、茶室布置、礼节礼貌、交谈话题等,都有极为严格的讲究和规定,一招一式、一板一眼,马虎不得。皎然《晦夜李侍御萼宅集招潘述汤衡海上人饮茶赋》云:"茗爱传花饮,诗看卷素裁。风流高此会,晓景屡徘徊"。由唐代名士颜真卿、陆士修、张荐、李萼、崔万以及清昼(皎然的名)参加的六人月夜茶会时所作的《五言月夜啜茶联句》中,陆士修有"素瓷传静夜,芳气满闲轩"的句子,说的就是茶会中轮流传递碗盏而饮的行茶。茶人边传递茶碗行茶,边赋诗联句,既各表情怀,又加深了友谊,以至升华成为"君子之交"和文人修养的象征。在行茶的茶会中,茶碗的数量,要少于茶人的数量。通常为五人三碗;七人五碗。诚如陆羽《茶经·五之煮》所曰:"碗数少至三,多至五,若人多至十,加两炉。"在《茶经·六之饮》中他再次强调:"夫珍鲜馥烈者,其碗数三;次之者,碗数五。若坐客数至五,行三碗;至七,行五碗;若六人已下,不约碗数,但阙一人而已,其隽永补所阙人。"而且,陆羽还认为:"茶性俭,不宜广,广则其味黯澹。且如一满碗,啜半而味寡,况其广乎?"在陆羽看来,茶性俭,如饮茶时盛满碗,则饮之半途茶之色香味俱失。因此,从茶性而言,茶不宜满。而且"月满则亏,水满则溢",茶若满碗,不仅在行茶的过程中难免洒溅出来,也与中华民族特有的——"满招损,谦受益,时乃天道"(《尚书》)、"天道亏盈而益谦"(《易传》)人文精神,格格不入,背道而驰。不过,这种多人同时传饮一碗茶的饮茶方式,以现在人的目光看来,似乎不太卫生。

茶瓯,又称茶盏,也是唐代流行的一种茶具。瓯,原本也是古代的一种饮食器具。《淮南子·说林》中曰:"狗彘不择甂瓯而食",此处所谓之"瓯",显然乃指食器。《南齐书·谢宗超传》载:"超宗既坐,饮酒数瓯。"此处所谓之"瓯",无疑乃为饮酒器。陆羽的《茶经·四之器》云:"瓯,越州上,口唇不卷,底卷而浅,受半升已下",此处所谓之"瓯",指的才是饮茶之具。冯先铭等主编的《中国陶瓷史》认为:"对照当代越窑瓷器,他说的就是盏托中的盏,形似南朝、唐初的盏,容量小,底有圈足。"

唐代初期的茶瓯,或为直口浅腹,或作葵花口式。中晚唐时则多以海棠口、葵瓣口、荷花形、荷叶形、菱形花口等为主,富有中国文化韵味和审美情趣,充分展示了青瓷造型与釉色之美。由此激发了文人们饮茶品具时的审美感受。越窑茶瓯更以其优美的造型和幽雅的釉色,备受茶人喜爱与推崇,曾经风靡一时,诗人们有不少关于越瓯的描写。陆龟蒙在《奉和袭美茶具十咏·茶瓯》中云:"……岂如圭璧姿,又有烟岚色。光参筠席上,韵雅金罍侧"细致描写了越瓷茶瓯圆如圭璧的造型、青如烟岚的釉色、光泽如美玉的质感和韵雅金罍的音色,给人以极大的审美享受和精神愉悦。描写最为生动具体的当属徐夤《贡余秘色茶盏诗》所曰:"捩翠融青瑞色新,陶成先得贡吾君。巧剜明月染春水,轻旋薄冰盛绿云。古镜破苔当席上,嫩荷涵露别江濆。中山竹叶醅初发,多病哪堪中十分。"其他如顾况《茶赋》有"舒铁如金之鼎,越泥似玉之瓯";孟郊《凭周况先辈于朝贤乞茶》有"蒙茗玉花尽,越瓯荷叶空";郑谷《送吏部曹郎免官南归诗》有"茶新换越瓯";韩偓《横塘诗》有"越瓯犀液发茶香"等诗句。

从考古发现可以看出,唐代茶瓯的尺寸比茶碗要小得多。如前所述,唐代用于正规茶会中的茶碗,为多人行茶共享之碗,故尺寸较大。而茶瓯主要为日常生活中时个人饮茶所独用的一种茶器,因此体积小、容量少,既可放将其放在茶托之中,亦可独立使用。徐铉《和门下殷侍郎新茶二十韵》云:"轻瓯浮绿乳,孤灶散余烟。"白居易《食后》诗亦云:"食罢一觉睡,起来两瓯茶。"由此可见,茶瓯当比茶碗小而轻,可反复斟酌取饮。白居易还充分发挥了茶瓯小巧轻便的特点,在独游山林时还要携带茶器、酒器,以备休憩时酌饮几瓯。他在《山路偶兴》中云:"提笼复携榼,遇胜时停泊。泉憩茶数瓯,岚行酒一酌。"不过,如果参加茶会的人数较少,也可将茶瓯用作行茶的公用茶器。唐人郑谷《峡中尝茶》诗中,就有"合座半瓯轻泛绿"之句,可见当时参与尝茶的茶人,应该共享一瓯行茶。正由于茶瓯为个人所用饮茶之器,不必轮流传递,而且相对茶碗而言,茶瓯又较小巧轻盈,易于把握在手,因此唐代茶人时常在饮茶时,持玩茶瓯,品饮茶味,赏茶乳花,吟咏沉思。白居易《萧员外寄新蜀茶》曰:"满瓯似乳堪持玩,况是春深酒渴人。"李群玉《龙山人惠石廩方及团茶》亦曰:"持瓯默吟味,摇膝空咨嗟。"由此可见,茶瓯已经成为当时流行时尚、风靡一时的茶具。为此唐代苏廙在《十六汤品》中,将茶瓯与茶盏并提曰:"一瓯之茗,多不过二钱,若盏量合宜,下汤不过六分。"由此可见,苏廙在这里将"瓯"与"盏"指为同一事物。

茶瓯通常与茶托配合使用。也就是说,茶瓯底足恰好放入茶托中的凹圈中,合为一体。茶托,亦称"茶托子"、"盏托"、"碗托"。《周礼·春官·司尊彝》云:"裸用鸡彝鸟彝,皆有舟。"并注曰:"舟,尊下台,若今时承盘。"故后亦称茶托为"茶舟"或"茶船"。茶托,显然是由碟子转化而来的。唐人李匡乂曾在《资暇集·茶托子》中谓:"始建中蜀相崔宁之女,以茶杯无衬,病其熨指,取楪子承之,既啜而杯倾,乃以蜡环楪子之中央,其杯遂定,即命匠以漆环代蜡,进于蜀相。蜀相奇之,为制名而话于宾亲,人人为便,用于代,是后传者更环其底,愈新其制,以至百状焉。"宋人程大昌在《演繁露》中也认为:"托始于唐,前代无有也。"其实,现代考古发掘的资料表明,盏托的制作和使用,早在东汉时期已经开始使用。1957年广西贵县东郊南斗村八号汉墓出土了一套

◎山水雪景品茗杯与
　闻香杯

玻璃盏托高足杯,即由杯和托两部分组成。托为广口、平底,内底有凹槽一圈,正好套入杯足,稳妥美观。

点斗分茶　事盛于宋

清代茹敦和《越言释》云:"茶理精于唐,茶事盛于宋。"这是对唐宋两代茶事不同取向的精当评价。

宋人用的也是饼茶,但与唐代不同的是,宋代省略了炙茶这道程序。宋代的制茶工艺已大有改进,在制茶过程中,已将茶叶研细,因此制成的饼茶比较容易碾碎,没有必要再炙烤了。宋人碾茶的方法,通常是用干净的纸将饼茶包裹起来捶碎,随即碾细。碾后的茶末,同样须放入茶罗中筛选,以保证茶叶颗粒的细匀。

在煎煮方面,唐宋也存在着差异。宋代盛行的点茶与唐代盛行的煎茶最大不同之处,在于不再如同唐代将茶末投入茶鍑中与水同煮,通过煮茶、育花产生饽沫,以观其形态变化,而是将碾罗之后的茶末放在茶盏中,用茶瓶煮水来冲点,再以煎好的沸水冲进去,这就是所谓的"点茶",也就是说"煎水不煎茶"。但却并不像现代冲茶这样待其自然挥发,而是以竹子制成的"茶筅"充分搅拌,使茶混合均匀,成为乳状汤汁。如果此时汤汁表面呈现极小的白色泡沫,宛如白花布满碗面,即称为"乳聚面"。倘若茶与水开始分离,见到茶末和水离散的痕迹,即称为"云脚散"。为此,宋人还一改唐代煎茶时加盐以改变茶之苦涩增其甜度的作法,不在茶汤中加盐,以避免云脚早散。由于茶液汤汁极浓,在搅拌有力的情况之下,茶汤便会如同胶乳一般"咬盏"。只有在形成乳聚面,没有出现云脚散,同时又咬盏的情况下,这才能算是好的茶汤。这种调茶法,也被称为"调膏"。调膏之前,还有一道必要的程序,那就是熁盏——即用开水将茶盏烫热。即如《大观茶论》所谓"盏惟热,则茶发耐久"。由此可见,宋人的点茶,实际上已开了瀹茶的先声。虽然唐代煎茶法尚有余波流韵,但也只是偶尔为之,点茶法已完全取代了唐代煎茶法的主流地位。点茶,显然已经成为宋代文人士大夫们"沐浴膏泽,熏托德化"的"雅尚"了。

精于茶艺、擅长点茶的宋徽宗赵佶,在《大观茶论》中详细地叙述了点茶的过程,道出了点茶的奥妙和门道。他说:"点茶不一,而调膏继刻。以汤注之,手重筅轻,无粟文蟹眼者,谓之静面点。盖击拂无力,茶不发立,水乳未浃,又复增汤,色泽不尽,英华沦散,茶无立作矣。有随汤击拂,手筅俱重,立文泛泛,谓之一发点。盖用汤已故,指腕不圆,粥面未凝,茶力已尽,雾云虽泛,水脚易生。妙于此者,量茶受汤,调如融胶。环注盏畔,勿使侵茶。势不欲猛,先须搅动茶膏,渐加击拂,手轻筅重,指绕腕旋,上下透彻,如酵蘖之起面,疏星皎月,粲然而生,则茶面根本立矣。"意思是告诫人们,点茶时务必注意避免"静面点"和"一发点"。倘若手持茶筅拂击无力,或者茶筅过于轻巧,无法击透,便形不成茶汤泛花的效应。倘若击拂过猛,不懂得利用腕力,绕着圈使用茶筅,在"粥面"未能形成时茶力已尽。如此一来,虽然击拂时有汤花,但注水击拂一停,汤花即消,便会出现水痕,都会导致失败。

接下来,赵佶又告诉人们具体的操作方法:"第二汤自茶面注之,周回一线,急注急止,茶面不动,击拂既力,色泽渐开,珠玑磊落。三汤多寡如前,击拂渐贵轻匀,周环旋复,表里洞彻,粟文蟹眼,泛结杂起,茶之色十已得其六七。四汤尚啬,筅欲转稍宽而勿速,其真精华彩,既已焕然,轻云渐生。五汤乃可稍纵,筅欲轻匀而透达,如发立未尽,则击以作之。发立已过,则拂以敛之,结浚霭,结凝雪,茶色尽矣。六汤以观立作,乳点勃然,则以筅着居,缓绕拂动而已。七汤以分轻清重浊,相稀稠得中,可欲则止。乳雾汹涌,溢盏而起,周回凝而不动,谓之咬盏,宜均其轻清浮合者饮之。《桐君录》曰:"茗有饽,饮之宜人,虽多不为过也。"由此可见,宋代点茶非同小可,已经形成规范化的操作标准,要求点茶者具有很高的操作技巧和文化修养。

宋代风行一种近乎游戏的饮茶方式——斗茶时尚。所谓"斗茶",又名"茗战"、"点茶"、"点试",它是宋人集体品评茶的品质优劣和点茶比赛的一种形式。斗茶,最早出现于唐末、五代、北宋之际的福建建州民间。唐朝著名画家阎立本绘有《斗茶图》,表现了民间斗茶游戏的场面。元代陶宗仪的《说郛》载录了无名氏所著的《梅妃传》,其中也有唐朝开元年间,玄宗与梅妃宫廷斗茶的记载:"与妃斗茶,顾谓王戏曰:'此梅精也。吹白玉笛,作《惊鸿舞》,一座光辉。斗茶令又胜我矣。'妃应声曰:'草木之戏。误胜陛下,设使调和四海,烹饮鼎鼐,万乘自有宪法,贱妾何能较胜负也。'"唐人冯贽在《记事珠·茗战》中亦载:"建人谓斗茶为茗战。"意思是说,京畿一带称点茶比赛为"斗茶",而建州则称为"茗战"。可见,唐时在京城和福建建州一带,就有人以斗茶为戏了。但此时的斗茶,尚处于初级阶段,还未形成一定规模,比赛规则也不太规范。

斗茶于宋朝臻至成熟,风靡朝野,成为其饮茶之显著特色。斗茶在各道程序上,比唐末更加严格,更为精致。斗茶,特别强调一个"斗"字,这无疑也与宋代的社会状况及文人心态,息息相关。宋朝任用文人执政,文官多,俸禄高,赏赐重,文人取得了前所未有的优越地位,这使得他们于政事之外,有闲情逸致去享受生活;而那些在政治纷争重压和官场风云变幻的打击下不得志者,为了寻求心灵的解脱和精神的自由,不仅于翰墨之中"游戏得自在",而且也试图努力营造和享受一种安逸自在的日常生活,将高雅的趣味与世俗的真实相结合于生活之中,并以诗意的心境去感悟和品味。他们往往在斗茶会中,或与佳客茶话品茗清谈时,宣泄自己的情怀。或指物为题,行茶令以助兴。方岳《秋崖小簝钞·入局》曰:"茶话略无尘土杂,荷香剩有水风兼。"王十朋《万季梁和诗留别再用前韵》中亦有"搜我肺肠着茶令"句,且自注曰:"予归与诸友讲茶令,每会茶,指一物为题,各举故事,不通者罚。"也正是由于这些人的积极参与,使得点茶、斗茶活动,具有更多的雅趣和文化意蕴,从而由"草木之戏",上升为具有文化品格和美学色彩的雅尚之事。苏轼就曾在《水调歌头·桃花茶》中,记咏了自己的感受:"已过几番雨,前夜一声雷。旗枪争战建溪,春色占先魁。采取枝头雀舌,带露和烟捣碎,结就紫云堆。轻动黄金碾,飞起绿尘埃。老龙团,真凤髓,点将来。兔毫盏里,霎时滋味舌头回。唤醒青州从事,战退睡魔百万,梦不到阳台。两腋清风起,我欲上蓬莱。"范仲淹《和章岷从事斗茶歌》曰:"长安酒价减百万,成都药市无光辉。不如仙杀一啜好,泠然便欲乘风飞"。斗茶之盛,竟至于此。宋徽宗赵佶《大观茶论》谈到当时斗茶情形时说:"天下之士,厉志清白,竞为闲暇修索之玩,莫不碎玉锵金,啜英咀华,较箧笥之精,争鉴裁之妙;虽否士于此时,不以蓄茶为羞。可谓盛世之清尚也。"宋人刘松年《茗园赌市图》中,描写了宋时市井斗茶的情形。图中有老人、妇女、儿童,也有贩夫走卒,斗茶者携有全套的器具,一边品尝,一边自豪地夸耀于人。如此斗茶之风,整整风光了300多年,一直持续到元代稍衰,明代才基本绝迹。这种几乎是在社会各阶层中都流行的斗茶风气,无疑对茶艺的发展,起了巨大的推动作用。

斗茶,顾名思义,需要争胜比负,决一高下。与细品轻啜茶味相比,斗茶更重视视觉效果;与点茶相比,斗茶更强调点茶的技巧性、游戏性和娱乐性,从而成为人们闲暇时雅兴消遣的游艺活动。斗茶胜负的判别标准主要有以下几条:

首先,看盏面汤花的色泽。茶汤色泽要求纯白鲜明,淳淳光泽如冷粥面。所谓"冷粥面",即像白米粥冷却后凝结成的形状。也有人将其比喻为"雪见羞"。苏轼《赠包静安先生茶二首》曰:"皓色生瓯面,堪称雪见羞。东坡调诗腹,今夜睡应休。"他还在《西

◎茗园赌市图

江月·茶词》中云："汤发云腴酽白，盏浮花乳轻圆。人间谁敢更争妍。斗取红窗粉面。"
此处借用少女之粉面，来形容茶汤之白。宋代蔡襄《茶录》曰："茶色贵白，而饼茶多以
珍膏油其面，故有青黄紫黑之异。善别茶者，正如相工之视人气色也，隐然察之于内，
以肉理实润者为上。既已末之，黄白者受水昏重，青白者受水鲜明，故建安人斗试，以
青白胜黄白。"宋徽宗赵佶《大观茶论》亦曰"点茶之色，以纯白为上真，青白为次，灰
白次之，黄白又次之。"

其次，要看汤花大小的均匀程度，也就是说，盏内汤花大小分布要均匀。"涣散
如粟"或"粟文蟹眼"，又称"粥面粟纹"，为宋代茶人所称道。文人常以"银粟"、"乳粟"
称之。黄庭坚《看花回·茶词》："纤指缓，连环动触。渐泛起，满瓯银粟"。梅尧臣《金山
芷芝二僧携茗见访》中有"北焙花如粟"；《建溪新茗》中有"粟粒烹瓯起"句。秦观也有
"旖旎声乳粟"句等。

第三，要看汤花持续时间的长短。鲜白匀细的汤花紧贴盏沿，久聚不散，即所谓
"周回凝而不动"，叫作"咬盏"，咬盏持续时间长者为胜。诚如梅尧臣《次韵和永叔尝

新茶杂言》中所谓:"烹新斗硬要咬盏"。如果汤花不咬盏或很快涣散,就属于次者了。这主要是由于"茶少汤多"所致。也就是说,茶末和水的比例没有掌握好。诚如蔡襄《茶录》所谓:"茶少汤多,则云脚散;汤少茶多,则粥聚面。建人谓之云脚粥面。钞茶一钱匕,先注汤,调令极匀,又添注之,环回击拂。汤上盏,可四分则止,视其面色鲜白、着盏无水痕为绝佳。建安斗试以水痕先者为负,耐久者为胜;故较胜负之说,曰相去一水、两水。"因此王珪《和公仪饮茶》称斗茶为"云叠乱花争一水"。苏轼《和蒋夔寄茶》云:"沙漠北苑强分别,水脚一线谁争先?"晁补之亦云:"建安一水去两水,相较岂如泾与渭?"由此可知,只有"量茶受汤",方能"调如融胶"。汤花一旦涣散,盏的内沿就会露出水痕,便是失败者。比赛往往采用三局二胜制,即斗三次,以两次先见水痕者为负。由此可知,宋代斗茶以盏面汤花匀细、纯白鲜明,着盏无水痕为绝佳。虽然只相去一水、两水,色有微差,但斗茶胜负已分。虽为游乐之戏,但胜负却有天壤之别,因此苏轼《行香子·茶词》曰:"斗赢一水,功敌千钟。"范仲淹《和章岷从事斗茶歌》亦有"胜若登仙不可攀,输同降将无穷耻"之说,所以茶人们相当重视。

最后,就是品茶汤。要做到色、香、味俱佳,方能大获全胜。茶色方面,上面讲过宋人尚白茶,乳面如皤皤积雪者为上等,青白、灰白、黄白则等而下之。宋人黄儒在《品茶要录》中云:"君谟(指蔡襄)论色,则以青白胜黄

◎梅花壶

白;余论味,则以黄白胜青白。"说明当时斗茶比较重视视觉效果,"味"反倒在其次了。例如王禹偁在《陆羽泉茶》中感叹道:"试茶尝味少知音";陆游在《睡起试茶》也说:"但恨此味无人领。"

除了斗茶之外,宋朝还流行一种难度更大的"分茶"之戏。"分茶"又称"茶百戏",是在点茶的过程中形成的一种技艺。刊刻于宋初的陶谷《清异录》中,记录了当时以点注茶汤来幻化书法、丹青的分茶游戏。其"茶百戏"条云:"茶至唐始盛。近世有下汤运匕,别施妙诀,使汤纹水脉成物象者,禽兽虫鱼花草之属,纤巧如画,但须臾即就散灭。此茶之变也,时人谓之茶百戏。"其"生成盏"条,具体地记录了福全和尚神奇娴熟的分茶技艺:"沙门福全生于金乡,长于茶海,能注汤幻茶,成一句诗,并点四瓯,共一绝句,泛乎汤表。小小物类,唾手办耳。"这种"馔茶而幻出物象于汤面"的"汤戏",被认为是"生成盏里水丹青",达到了"茶匠通神之艺"的境界,因此受到了宋代茶人的普遍喜爱与称颂,亲自运匕分茶或到花茶坊里观赏艺伎分茶,成为他们闲暇时消遣娱乐的一种重要游艺活动。史浩《临江仙》有"秋波娇蹋酒,春笋惯分茶";李清照《转调满庭芳》有"当年曾胜赏,生香熏袖,活活分茶";陆游《临安春雨初霁》有"矮纸斜行闲作草,晴窗细乳戏分茶";杨万里《澹庵座上观显上人分茶》也有"分茶何似煎茶好,煎茶不似分茶巧"等句。可见,与煎茶相比,分茶更强调技巧性和视觉效果的表现。到南宋时,分茶不仅为文人、歌妓所习尚,民间也比较盛行,成为雅俗共赏之戏。南宋周去非《岭外代答》中载:"夫建宁名茶所出,俗亦雅尚,无不善分茶者。"周密《武林旧事》中也有杭州从事百戏杂耍的"赶趁人"以分茶技艺向观众表演的记录:"淳熙间,寿皇以天下养,每奉德寿三殿,游幸湖山……如先贤堂、三贤堂、四圣观等处最盛。或有以轻桡趁逐求售者。歌妓舞鬟,严妆自炫,以待招呼者,谓之'水仙子'。至于吹弹、舞拍、杂剧、杂扮、撮弄、胜花、泥丸、鼓板、投壶、花弹、蹴鞠、分茶、弄水……不可指数,总谓之'赶趁人',盖耳目不暇给焉。"

宋代饮茶方式的变化,也对茶器、茶具提出了新的要求。较之唐代,宋代茶具变化的主要方面是煎水用具改为茶瓶,茶盏尚黑,又增加了"茶筅"。这一切,都是为了与宋代风行的"斗茶"时尚相适应。如果说唐代茶具以古朴为特点,那么,宋代茶具则以绮丽为时尚。

唐代烹煮所用之茶虽需经捣碾罗筛,但茶末要粗细适中,故茶碾多以木为之,罗也只是"用巨竹剖而屈之,以绢纱衣之",这与陆羽所说"茶性俭"的品性也是一致的。宋代点茶、斗茶要求茶末极细,因此,茶碾多以银或熟铁为之。银为上,熟铁次之,也可用铜,而且碾槽要"深而峻",碾轮要"锐而薄",以便使茶末碾至极细。茶罗,则要"轻而平,不厌数","以绝细为佳,罗底用蜀东川鹅溪画绢之密者,投汤中揉洗以幂之",即使这样,还要罗两遍,以使茶末精细入微,从而点茶时可"入汤轻泛,粥面光凝,尽茶色"。

宋代的煮水器改用铫、瓶之类,导致金银铫瓶的兴起。所谓"铫",俗称"吊子",即有柄有嘴的烹器。如今在有些北方农村或偏远的少数民族地区,仍有人继续使用这种陶或铜制的煮水器,亦称吊子。宋人改用有柄有嘴的茶铫、茶瓶的目的,主要是为了"斗茶"。因此,斗茶用的茶瓶,大多鼓腹细颈,单柄长嘴,嘴呈抛物线状,以便在注水时能控制自如。

茶瓶,主要用于在点茶时烧煮或贮盛开水,即所谓的"汤",故又称为"汤瓶"。唐末苏廙在《十六汤品》中,已经多次提到了"瓶"、"瓷瓶"和"茶瓶"。正如许多专用茶器是从饮食器具逐渐转化而来的一样,茶瓶也有一个嬗变演化的过程。唐代茶瓶,即为注子。"注子",习惯上称作"执壶",是中唐时出现的一种酒器。唐人李匡乂《资暇集》"注悉偏提"条云:"元和初,酌酒犹用樽杓。……居无何,稍用注子,其形若罂,而盖、嘴、柄皆具。"由于注子不但有柄,便于把持,而且其广口或喇叭口易于临流取水,或向其中倾倒清水或熟水,其流又可迅速出水"止沸育华",实用方便,因此,唐代有些茶人在煮茶时,已经开始使用注子。在西安东郊十里铺清理的墓志铭为唐元和三年(808)的王明哲墓中,曾出土了茶碗和茶瓶各一件。其中,茶瓶为喇叭口,直颈,丰肩,肩以下微圆,肩一侧装圆柱形短流,另一侧在肩部与口之间安一稍扁圆形曲柄,瓶底圈足,稍外侈,通体施墨绿色釉,浑厚凝重,瓶底墨书"老导家茶社瓶。七月一日买。壹"12字,表明此瓶为茶社专用茶瓶。不过,由于唐代点茶、斗茶尚处于萌芽阶段,对茶瓶的要求并不高,专业应用性也不十分明显,因此,唐代茶瓶与酒注子的造型较难区分。长沙铜官窑出土的此类器物,有的上面题"酒温香浓"、"自入新峰市,唯闻旧酒香"、"好酒无深巷"、"陈家美春酒"等,说明此类器物应为酒注。但从有的其上所题的"题诗安瓶上,将与买人看"诗句来看,由于唐代的酒注绝不称"瓶",但此处却有瓶之名,可能该器是指茶瓶而言的。至于上题"浮花泛蚁"者,根据煮茶与点茶皆重沫饽——乳花来看,则很有可能指的就是茶瓶。

无论是做茶瓶还是酒注,早期的注子多口广,流短嘴粗,腹部硕大,把柄宽扁,体形浑圆,粗大稳重,重心在下部。但到了唐晚期、五代,注子的造型有了显著的改变,小喇叭口,颈部变细,腹作拉长的椭圆形,有的还有内凹的瓜棱直线,加强了修长的感觉,秀丽颀美。流逐渐呈细长的圆管状,注装、倾倒都十分方便。从邢窑、越窑和长沙窑、耀州窑等诸多唐宋瓷窑遗址,以及各地墓葬和文化遗址出土的唐、五代至宋的瓷器和金银器中,都能看出来这种造型的变化。执壶的这种变化,一方面是当时审美趣味的变化所致,更主要的是顺应了点茶的使用需求。诚如苏廙在《十六汤品》所说,如果茶瓶之嘴不能使注汤收放自如,断断续续,若存若亡,汤不通顺,便犹如人之气血不畅,百脉不通,就会成为令茶人忌讳的"断脉汤"。由于唐代盛行金银器,因此有的茶人便以金银为茶具,但却遭到了陆羽的批评。他认为银虽洁,但涉于侈丽,不符合"茶尚俭"的本质和茶人"精行俭德"的品格。苏廙在《十六汤品》认为,瓷瓶是最适宜的茶瓶。他说:"贵厌金银,贱恶铜铁,则瓷瓶有足取焉。幽士逸夫,品色尤宜。"事实上,宋代茶瓶总体上还是以瓷制茶瓶作为主流。

上面说过,宋代点茶"煎水不煎茶",然煎水也有很多讲究,并非易事。唐朝用茶镀煮茶,故可目视观形、耳闻辨声以候汤,选择最恰当的时机投下茶末,相对易于把握。宋朝点茶以茶瓶煮水，只能凭借耳闻声辨煮水过程中细微的变化，要求茶人的听觉器官相当敏锐，因此宋代茶人多感叹"候汤最难"。蔡襄在《茶录·茶论》中认为："候汤最难。未熟则沫浮，过熟则茶沉。前世谓之蟹眼者，过熟汤也。况瓶中煮之不可辨，故曰候汤最难。"宋人罗大经在《鹤林玉露·茶瓶汤候》中亦曰："余同年李南金云：《茶经》以鱼目涌泉连珠为煮水之节。然近世瀹茶，鲜以鼎镬，用瓶煮水，难以候视，则当以声辨一沸二沸三沸之节。又陆氏之法，以末就茶镬，故以第二沸为合量而下，未若今以汤就茶瓯瀹之，则当用背二涉三之际为合量。乃为声辨之诗云：'砌虫唧唧万蝉催，忽有千车捆载来。听得松风并涧水，急呼缥色绿瓷杯。'"不过，罗大经对李南金的这些说法，不以为然。他认为："其论固已精矣。然瀹茶之法，汤欲嫩而不欲老，盖汤嫩则茶味甘，老则过苦矣。若声如松风涧水而遽瀹之，岂不过于老而苦哉？惟移瓶去火，少待其沸止而瀹之，然后汤适中而味甘。此南金之所未讲者也。因补一诗云：'松风桧雨到来初，急引铜瓶离竹炉。待得声闻俱寂后，一瓯春雪胜醍醐。'"由此看来，罗大经深谙点茶三昧，不愧是一个点茶高手。

既然点茶候汤最难，茶瓶就应该选择以易于候汤为宜者。赵佶在《大观茶论》中，详细阐述茶瓶对于点茶的利害关系。他说："大小之制，惟所裁给。注汤利害，独瓶之口嘴而已。嘴之口欲大而宛直，则注汤力紧而不散。嘴之末欲圆小而峻削，则用汤有节而不滴沥。盖汤力紧，则发速有节；不滴沥，则茶面不破。"意思是说，茶瓶的大小，可根据茶人的需要来选择。其中最关键的在于茶瓶的流与嘴。流要细长，以增加出水的落差，这样点茶注汤时力量紧劲而不松散；流嘴的最末端要圆小而峻削，这样注汤时易于节制，收放自如，不会滴沥不止，破坏茶汤冷粥面的形成。蔡襄在《茶录·器论》中则认为："瓶要小者，易候汤，又点茶注汤有准。"可见他认为小茶瓶易于候汤，而且小茶瓶轻巧灵便，点注茶汤时也较有准头。不过，这种小茶瓶仅在二三人的小茶会中，比较适用，若是举办像宋徽宗《文会图》中所描绘那样的大茶会，则应使用大茶瓶煮水。至于市井中提茶瓶沿门点茶者和沿街点茶卖的浮铺，由于对点茶技巧要求不高，但

◎文会图

需求量大，以实用为主，所使用的茶瓶自然就不能太小了。杨万里在《澹庵座上观显上人分茶》中，道出了用茶瓶点注茶汤的诀窍："银瓶首下仍尻高，注汤作势字缥姚。"意思是说，点茶时茶瓶的头部要尽量冲下，尾部要尽量抬高。综观宋代各窑汤瓶，人们不难发现，不论大小，壶形怎样变化，壶体越来越修长，壶流则一改唐代的挺直短粗，而是越发挺秀细长，几与口齐，流嘴也紧劲小巧，既于点茶适用，也优雅美观。

品饮茶汤，只有色、香、味俱佳时，才能使人心情愉悦。斗茶也是如此，只有色、香、味俱佳时，才能大获全胜。关于香、味两条，宋人与唐人无甚区别，惟在茶色评价方面，宋人与唐人存在较大差异。宋人在斗茶时崇尚白色，唯乳面如皤皤积雪者为上等，青白、灰白、黄白则等而下之了。由此使得点茶所用的茶盏，成为判定斗茶成败重要因素。宋代茶碗，多称为"盏"，盏也作"琖"，是一种比碗小的器皿，即小杯。《方言》五曰："盏，桮也……自关而东赵魏之间曰械，或曰盏。"《广雅·释器》："械，杯也。"也有些宋代文献将其称为"瓯"。

宋代斗茶以茶汤乳花纯白鲜明、着盏无水痕或咬盏持久，水痕晚现为胜。完全由视觉感官来验定，因此，茶盏就要以易于观察茶色、水痕为宜。诚如蔡襄《茶录》所说："茶色白，宜黑盏。建安所造者，绀黑，纹如兔毫。其坯微厚，熁之久热难冷，最为要用。出他处者，或薄，或色紫，皆不及也。其青白盏，斗试家自不用。"宋人祝穆《方舆胜览》也说："茶色白，入黑盏，其痕易验，兔毫盏之所以为贵也。"意思都是说黑釉瓷茶盏，黑盏雪涛，互为辉映，黑白分明，相得益彰，最适合斗茶之需。由此可见，由于宋代饮茶方式和审美趣味的变化，唐朝为人崇尚的青瓷、白瓷茶碗，此时已不得不让位于黑瓷了。

我国黑釉瓷器的生产和青瓷一样悠久，早在东汉时期就已经出现。例如镇江东汉元光三年（前132）墓，就曾出土一个黑釉小罐。东晋南朝时期，黑釉瓷的烧制技术有了很大的提高，江浙地区东晋南朝墓，多有黑瓷出土。位于杭嘉湖平原西端的德清窑，就是以生产黑釉瓷而称的瓷窑。唐代，陕西铜川窑，河南巩县窑、鹤壁窑、郏县窑、安阳窑，山东淄博窑等北方诸窑，也都兼烧造黑釉瓷器，造型多敦厚朴实，稳重大方。但在青瓷、白瓷天下通用的唐代，无论是烧制的技术水平，还是审美的风尚情趣，黑釉瓷器都无法和青、白瓷相匹敌。宋代是我国陶瓷工艺和美学大发展的重要时期，黑釉瓷经历了近千年的发展，也终于迎来了大显身手的高潮期。正是由于黑釉茶盏宜于焕发茶色，斗茶流风所至，宋代各地窑场生产黑瓷者甚多，几乎遍及南北各地。叶喆民《中国陶瓷史》认为："可以说凡是以烧制青瓷或白瓷为主的窑场，几乎无不兼烧黑瓷。"在已经发现的宋瓷窑址中，尤其以黑釉碗盏数量为多，有不少瓷窑专门烧造。在市场需求和陶瓷艺人的努力下，促使宋代黑釉瓷烧造工艺获得了极大的发展，烧制技术也日臻成熟。虽然单纯从釉色来说，黑釉算不上很美，但经过了窑工的特殊加工之后，使得黑釉釉面上呈现出条状或圆点等不同形式的结晶，形成兔毫纹、鹧鸪斑纹、油滴釉、玳瑁釉、剪纸漏花、树叶纹等特殊的肌理效果和纹饰，可谓花样辈出。其

◎定窑宋瓷碗

◎南宋景德镇窑影青划花小碗

中尤以福建建阳建窑生产的黑盏盛极一时,江西吉安县永和镇的吉州窑黑釉茶盏也很有名。这两个窑,代表了宋代黑釉茶盏的最高水平。

　　建阳窑　建阳窑,位于福建省建阳县水吉镇池墩、芦花坪一带。由于其制品含铁量高而胎呈黑色,故俗称之为"铁胎"或"黑建",别名"乌泥建"、"乌泥窑",一般简称为"建窑"。黑色釉,是建窑的本色釉。由于在窑炉焙烧的过程中,火候与气氛的微妙变化,又出现呈色纯正、乌亮漆黑的乌金釉和稍微泛黄或泛红的黑褐色釉以及蓝黑色釉。蓝黑色釉是建窑的典型釉色,于黑中泛天青色,莹亮滋润,深沉厚重,宋徽宗《大观茶论》中所谓"盏色贵青黑",即是指此类釉色的茶碗。另外,苏轼《游惠山》:"明窗倾紫盏,色味两奇绝";黄庭坚《一斛珠》:"紫玉瓯圆,浅浪泛春雪";欧阳修《次韵再作》:"泛之白花如粉乳,乍见紫面生光华";范仲淹《和章岷从事斗茶歌》:"紫玉瓯心雪涛起";秦观《满庭芳·茶词》:"窗外炉烟似动,开瓶试,一品清泉。轻淘起,香生玉尘,雪溅紫瓯圆"等诗词中所说的"紫盏","紫瓯",以及蔡襄《茶录》中所说的"绀黑",指的都是此类釉色的茶盏。

　　建窑主要以兔毫、滴珠(一名油滴)、窑变花釉,著称于世。早在北宋时期,建阳窑即已为苏轼、蔡襄、黄庭坚、杨万里乃至宋徽宗赵佶等人津津乐道。苏轼《送南屏谦师》诗曰:"道人晓出南屏山,来试点茶三昧手。勿(一作忽)惊午盏兔毛斑,打出春瓮鹅儿酒。"苏辙《次韵李公择以惠答章子厚新茶》曰:"蟹眼煎成声未老,兔毛倾看色尤宜。"陆游《烹茶》曰:"兔瓯试玉尘,香色两超胜。"蔡襄《茶录·试茶诗》曰:"兔毫紫瓯新,蟹眼清泉煮。"杨万里《以六一泉煮双井茶》诗曰:"鹰爪新茶蟹眼汤,松风鸣雪兔毫霜。"以及陈蹇叔所谓:"鹧斑碗面云萦字,兔毫瓯心雪作泓";黄山谷所说:"兔褐金丝宝碗,松风蟹眼新汤"等诗句,多是指建阳窑所出之黑釉兔毫或油滴等著名茶碗。南宋祝穆《方舆胜览》亦曰:"兔毫盏出瓯宁。"由于它非常适合当时流行的斗茶风气需要,建阳窑还曾一度为宫廷烧造建阳盏。至今仍可在窑址发现刻有"供御"和"进琖"的底足片,有的字体,甚至还模仿宋徽宗的瘦金体书法。过去文献记载多认为,建窑始自宋代。实际上,证诸其他名窑的发展规律,多是早于其盛烧而享名前即已有之,这样的事例不胜枚举。故宫博物院所藏的传世品内,就有两件玉璧形底足黑釉兔毫大碗,形似唐制。而且前人笔记《闽产异录》记载中也说:"建安所造,纹如兔毫。……闻此窑唐时出建安南雅口。"

兔毫釉,历来有"玉毫"、"异毫"、"兔毛斑"、"兔毛花"、"黄兔斑"、"毫变盏"、"兔毫金丝"等别称。因釉中结晶呈黄色或白色毫纹,而为世人所宝爱。例如赵佶《大观茶论》中,有所谓"盏色贵青黑,玉毫条达者为上",即是以银白色细长而清晰的兔毫盏,作为最理想的审美标准。清蓝浦《景德镇陶录》亦曰:"宋时茶尚擎盌,以建安兔毫琖为上。"值得注意的是,此种釉调也常常出现在北方各窑所制的一些黑釉器物上面,并非建窑或其他南方窑址所独有。这不仅在前人遗留的文献内可以证知,而且在定窑、磁州窑乃至山西、山东、河南不少窑址内均有发现,但数量要比福建少,似乎也不是有意仿制的。虽然这些兔毫盏无论胎质、釉色均酷似建阳所产,但却仍以建阳窑驰名中外。由于北方各窑所烧多用氧化焰,所以颜色红黑,结晶大多呈金黄色,即所谓"金兔毫"。而建窑使用的是还原焰,大多釉色青黑,结晶呈银白色,即所谓"银兔毫"。

所以无论从釉调及品格来讲,都以建窑制品更胜一筹。兔毫呈黄褐色者,属于另一名贵品种——黄兔斑之类。宋代大书法家黄庭坚对此曾有"兔褐金丝宝碗"的赞美诗句。而今日本陶瓷学者中也有所谓"金兔毫"与"银兔毫"之分,指的就是此种褐黄色与上述的银白色兔毫盏而言。

油滴釉,我国古称"滴珠",亦名"雨点釉",因在其釉面上有许多大小不一、具有银灰色金属光泽的小圆点,形似滴珠而得名。"油滴"一词,初见于日本古文献中。如松平主马《诸家茶器考》中,即有所谓"一油滴"的记载,相沿日久反成了专称,而且反客为主,流通甚广。油滴釉属于结晶釉,油滴大者如豆,小如针尖。由于烧制时铁的氧化物在该处富集,冷却时这些局部形成过饱和状态,并以赤铁矿和磁铁矿的形式从中析出晶体,从而形成油滴斑。叶喆民在《中国陶瓷史》中认为:"这种釉调的形成,是气泡自釉中出现留下的痕迹。若将油滴釉的破片磨薄放在显微镜下观察,可以看到釉中尚有未溶的石英粒、气泡以及纯红的镜铁矿即三氧化二铁散存着,并且以气泡为中心而密集着非常多的镜铁矿。假如未出油滴而只有气泡时,将这种气泡破开来看也有出现油滴的。"从传世品来看,其造型,胎土,施釉等特征,均带有典型建窑特色。明人曹昭在《格古要论·古窑器论》中曰:"建碗盏多是撇口,色黑而滋润,有黄兔毫斑,滴珠大者真。但体极厚俗,甚少见薄者。"建

◎宋代兔毫盏,河北磁县出土

窑油滴釉碗这种文物传世较少,窑址出土尤为罕见,目前在窑址调查发掘报告中,没有这类标本的报道。但当时流散到日本的宋代油滴碗,不在少数。目前在日本藏品及目录中,尚有几件精品。不过,在我国北方地区瓷窑中,反倒曾发现有油滴结晶标本,并有完整器物存世。如河北定窑、河南鹤壁窑和山西临汾窑,以临汾窑稍多。定窑、鹤壁窑油滴结晶斑点虽然很小,然却细密晶莹,银光色泽很强。

建窑黑盏中,也曾出现过窑变花釉者,即在碗里不规则的油斑的周围,呈现出窑变蓝色。这种窑变极其少见,流散到日本的少数几件这类茶盏,如今被日本评为"国宝"级文物。在众多的福建黑瓷窑中,目前尚未发现此类茶盏标本。冯先铭等主编的《中国陶瓷史》中说:"1977年故宫博物院调查浙江金华地区宋代武义窑址时,采集品中有黑釉窑变蓝釉碗标本,可惜只采集到一件,数量虽少,但由此可知浙江地区宋代也烧制过窑变蓝釉茶盏,为研究这类瓷器增添了新的资料。"

除建阳窑外,在南方以黑釉为其特色,在古代陶瓷文献中称誉最多而且独树一帜的名窑,还有吉州窑。

吉州窑 吉州窑位于江西省吉安市永和镇,始自五代,盛兴于宋。它集各名窑之大成,所烧的品种相当复杂,包括建窑类型的黑瓷,景德镇类型的青白瓷,定窑类型的印花白瓷,磁州窑类型的白地黑花瓷,耀州窑类型的刻花青瓷,乃至龙泉窑类型的青瓷与仿哥窑瓷器等,尤其是以黑釉变化多端而独具风格。如仿玳瑁釉、剪纸花纹、树叶纹、描金彩绘、剔划花纹以及黑釉褐斑、白斑、蓝斑等,因此发展到南宋时期几乎与建窑的兔毫、油滴相抗衡。其中以树叶纹黑釉碗最为难能可贵,至今窑址内轻易不能寻见。完整的精品,却在国外藏品图录中可以看到。

玳瑁釉,是釉面由黑、黄等色交织混合,烧制出如同玳瑁甲壳般美丽的斑纹,色调滋润。玳瑁釉器的坯体,系用含铁量较少的瓷土做成。生坯挂釉入窑焙烧后,再挂一次膨胀系数不同的釉重烧一次,由于釉层的龟裂、流动、密集、填缝,便在黑色中形成玳瑁般的斑纹。宋代将烧造于吉州窑的这种碗盏,称为"玳瑁釉盏"。这种花釉富有变化,色调协调滋润。是吉州窑的主要装饰品种之一。玳瑁釉北方没有发现,广西地区有发现. 有仿永和窑玳瑁釉的标本。

宋人十分喜爱玳瑁制品,并从海外大量进口。《宋会要》中,就有大量关于进口玳瑁的记载。《西湖老人繁盛录》载,在南宋时期,杭州有"香药社"、"象牙玳瑁市"、"珍珠市"等专门经营进口商品的市场。《梦粱录》载,宋代京城设有文思院,其主要职能之一就是加工进口产品。文思院所用工料以"金银、珠玉、象牙、玳瑁、铜铢、漆"等最为浩瀚。从宫廷贵族、官宦人家到民间富庶百姓,皆以用玳瑁器为尚。《宋会要》载,景佑三年(1036)有官员奏称:"近岁士庶之家侈靡相尚,居第服玩,僭拟诸侯,珠琲金翠,照耀衢路。"于是,宋仁宗下令"非宫禁,毋得用玳瑁酒食器"。玳瑁釉的成功仿制,无疑是对朝廷这一禁令采取的极好应对措施。

剪纸,是我国民间美术中一种喜闻乐见的艺术形式。唐宋时期剪纸十分流行,并逐渐与茶文化相结合。唐人李贽《烟花记》、《十国春秋·闽康宗本纪》及陶谷所作《清异录》中均载,建州进贡茶膏多胶以金缕装饰,颇为美观。宫人还以龙凤花剪金纸来装饰茶饼。欧阳修《龙茶录后序》中载:"惟南郊大礼致齐之夕,中书枢密院各四人共赐一饼,宫人剪金为龙凤花单贴其上,两府人家分割以归,不敢碾试。"北宋陶谷《清异录》"漏影春"条记载:"漏影春法,用镂纸贴盏,糁茶而去纸,伪为花身,别以荔肉为叶,松实鸭脚三类珍物为蕊,沸汤点搅。"这种将剪纸贴于茶盏内壁伪为花身的漏影春法,是把剪纸直接用于点茶之中,但这种异花现于盏中的幻象,须臾即灭,难以操作和久观。吉州窑的陶瓷艺人可能于此得到了启发,别出心裁地将民间剪纸艺术和陶瓷艺术结合起来,把当时民间流行的剪纸花样,移植到黑釉茶盏上,烧制出了"剪纸花纹盏",既丰富了吉州窑的瓷器装饰,又可使人们了解到南宋时期江西地区民间剪纸的部分内容。

早期剪纸花纹,是把剪纸图案直接贴于胎上后施一层黑釉,然后揭去剪纸入窑烧制,就得到釉色与胎色相对比的剪纸图案,操作比较简单,效果也较爽朗。较为复杂的剪纸贴花,是先在坯体上施一层含铁量高的釉,贴上各种图案的剪纸或剪纸漏花,再施一层含铁量低的釉,揭掉剪纸后入窑高温烧制,在色彩斑斓的浅褐色釉底上便呈现出酱褐色的剪纸纹样。图案主要有龙凤、梅兰、团花和"金玉满堂"、"长命富贵"、"福寿康宁"等吉祥文字。

木叶纹茶盏,也是吉州窑独特产品。这种创造,具有浓厚的吉州窑特色。通常是将天然树叶浸于水中腐蚀叶面,仅存树叶脉络后,沾釉贴于盏内烧制而成。多为一片叶子贴于盏心、盏壁或盏口,亦有两三片叶子重叠的,在茶盏漆黑的釉色中,犹如皓星朗月悬于深邃的夜空中。这种以自然界的树叶为纹样表现出来的审美情趣,以及化腐朽为神奇的自然枯高之美,和通过凤凰涅槃般火的再造所产生的瑰丽永生与动人心魄的美,令人回味无穷。

此外,吉州窑还有虎皮斑茶盏、黑釉彩绘茶盏、黑釉洒彩茶盏等,也都是宋代著名黑釉茶盏。如宋人冯多福《鹤林寺》云:"日暄农父醉,云伴老僧闲。暇日还携茗,同来瀹虎斑。"诗中所说"虎斑",应为黑釉虎皮斑茶盏。

据文献记载,吉州窑随同南宋之衰亡而废灭。如朱琰《陶说》、蓝浦《景德镇陶录》中,均曾引吉安太守吴炳游记说"相传元初陶工作品入窑变成玉,工惧事闻于上,遂封穴不烧,逃之饶,故景德镇初多永和陶工"。由此可知该窑废灭比较突然。而景德镇窑后来具备"工匠来八方,器成天下走"的优越技术条件,与吉州窑也不无关系。

除江西吉州窑闻名于当世并有大量产品留存至今外,在福建境内如光泽茅店窑、福清东门窑等新发现的窑址内,都以烧制兔毫釉、鹧鸪斑釉以及褐黄釉瓷器为主,风格与建阳窑大同小异,可见其影响之远。

鹧鸪斑,也是一种结晶釉,由于在黑色釉面上呈现鹧鸪羽毛一样的花纹,而得名。鹧鸪斑釉器在建窑与吉州窑内也时有所见。这种状如鹧鸪鸟羽毛一样美丽可爱的碗盏,久为文人们所欣赏。陶谷《清异录》载:"闽中造盏,花纹类鹧鸪斑点。试茶家珍之。"黄庭坚诗曰:"建安瓷碗鹧鸪斑。"其词《满庭芳·茶》又云:"北苑龙团,江南鹰爪，万里名动京关。碾轻罗细，琼蕊暖生烟。一种风流气味，如甘露，不染尘凡。纤纤捧，冰瓷莹玉，金缕鹧鸪斑。相如方病酒，银瓶蟹眼，波怒涛翻。为扶起，尊前醉玉颓山。饮罢风生两腋，醒魂到，明月轮边。归来晚，文君未寝，相对小窗前。"陈骞叔亦有诗曰："鹧鸪碗面云萦字，兔毫瓯心雪作泓。"僧惠洪诗曰："点茶三昧须饶汝，鹧鸪斑中吸春露。"这些诗词中所说的都是鹧鸪斑纹茶盏。

值得注意的是，到了宋代后期，除了重视斗茶视觉效果外，也有一些人开始注重品尝茶味。宋唐庚《斗茶记》曰："政和三年三月壬戌，二三君子相与斗茶于寄傲斋，余为取龙塘水烹之而第其品，以某为上，某次之。某闽人，所贽宜尤高，而又次之。然大较皆精绝。"可见这种斗茶不以茶色或水痕先后为标志，而注重于品尝茶味。用这种方法斗茶时，不必定用黑盏，青瓷、白瓷、青白瓷盏皆可。范仲淹《和章岷从事斗茶歌》中就说："黄金碾畔绿尘飞，碧玉瓯中翠涛起。"可见用的是青瓷盏。从宋代制瓷业的全貌来看，除了黑瓷之外，青瓷占有相当大的比重，如龙泉窑青瓷、耀州窑青瓷、景德镇青白瓷，定窑的白瓷和异军突起的钧瓷，技术水平和艺术境界都很高，茶具的产量也很大。

茶法杂糅　承上启下

元代(1271-1368)，虽然是我国历史上存续时间较短的一个朝代，但在中国茶文化和陶瓷艺术发展史上，却是上承唐宋、下启明清的一个重要的过渡期。元代不仅是我国茶类生产由团饼茶向散茶转折的时期，也是饮茶由煎点转向冲泡的过渡阶段，同时也是我国陶瓷艺术的转型期，是陶瓷茶具发展的重要阶段。

由于元代少数民族入主中原后，实行严厉的民族歧视政策，因此宋亡之后，文人士大夫多傲视权贵而去官自放，他们或隐居不仕，游戏诗画，或纵情茶酒，啸傲林泉，并以此来消遣度日，以求获得精神解脱和自适的生活。

元时，饮茶的习俗非但没有因为朝代的更替而消退，反而更加深入普及到了广大民众的生活之中,成为老百姓日常不可或缺的开门七件事之一。通过元杂剧,人们可见一斑。元末明初杨景贤《刘行首》中,即有诗云:"教你当家不当家,及至当家乱如麻;早起开门七件事,柴米油盐酱醋茶。"关汉卿《一枝花·不伏老》中云:"花中消遣,酒内忘忧;分茶攧竹,打马藏阄。"张可久《折桂令·村庵记事》中,也有"五亩宅无人种瓜,一村庵有人分茶"的说法。可见当时分茶的余韵犹存。

宋代建州腊茶在制作技术上日益精湛,但由于其制作工艺比较繁琐,价格也较昂贵,饮前须再加工以及点饮过程比较费事等诸多原因,不利于茶向各阶层推广。因此,简化制茶工艺和烹饮程序,是适应社会需要的必然趋势。前面讲过,从相关文献记载来看,中国古代茶类生产虽然自两晋至唐宋皆以制造饼茶和团茶等紧压茶为主,但也有被人们称为草茶、叶茶的非紧压类的芽茶、散茶同时存在。唐刘禹锡《西山兰若试茶歌》中,就有"宛然为客振衣起,自傍芳丛摘鹰嘴。斯须炒成满室香,便酌沏下金沙水"之句,说的就是直接将尚未展叶之茶芽——鹰嘴,炒成散茶并饮用。五代毛文锡《茶谱》记载,当时有些茶叶产地除了生产饼茶外,还生产部分散茶,并有品第之分。《宋史·食货志》载:"茶有两类,曰片茶,曰散茶。片茶……有龙凤、石乳、白乳之类十二等……散茶出淮南归江、江南荆湖,有龙溪、雨前、雨后、绿茶之类十一等。"由此可见,片茶,指龙凤等团饼茶;散茶,则指杀青后直接烘干呈松散状的散茶,亦称草茶。宋朝草茶在江浙和沿江一带发展很快,诚如欧阳修所说:"草茶盛于两浙。"黄庭坚在《满庭芳》中将江南生产的散茶,与北苑龙团齐名并提。他说:"北苑龙团,江南鹰爪,万里名动京关。"尽管欧阳修在《归田录》中认为"草茶双井第一";苏轼《黄鲁直以诗馈双井茶次韵为谢》也称赞该茶是"江夏无双种奇茗";他甚至还在《西江月·茶词》中将其赞曰:"雪芽双井散神仙,苗裔从来北苑。"然毋庸置疑,北苑团茶在宋代依旧是领袖群伦,占据主流。散茶名茶,当时也只有双井、日注(铸)、顾渚等少数几种。

南宋以后,散茶逐渐开始流行,并根据采茶时鲜叶的老嫩程度,而分为芽茶和叶茶。元朝中期刊印的《王祯农书》载,当时主要有"茗茶"、"末茶"和"腊茶"三种。所谓

"茗茶",即芽茶或叶茶。所谓"末茶",则是"先焙芽令燥,入磨细碾"而成,其加工略简于团茶而繁于散茶,介于二者之间。其中以制作不凡的腊茶最贵,但"此茶惟充贡茶,民间罕见之",其饮法也只在宫廷和上层贵族间流行。末茶和散茶,在民间得到较快发展,大有后来居上之势。元末明初叶子奇撰写的《草木子》就指出:"民间止用江西末茶、各处叶茶。"马端临《文献通考》亦载:"茗有片、有散。片者,即龙团,旧法。散者,不蒸而干之,如今之茶也。始知南渡之后,茶渐以

◎撵茶图

不蒸为贵矣。"追随元太祖成吉思汗出征西域的耶律楚材,曾有《西域从王君玉乞茶,因其韵七首》诗,其中第一首便曰:"积年不啜建溪茶,心窍黄尘塞五车。璧玉瓯中思雪浪,黄金碾畔忆雷芽。卢仝七碗诗难得,谂老三瓯梦亦赊。敢乞君侯分数饼,暂教清兴饶烟霞。"诗中说的应是将建州饼茶碾末在盏中冲点饮用的方法。而第七首则曰:"啜罢江南一碗茶,枯肠历历走雷车。黄金小碾飞琼雪,碧玉深瓯点雪芽。"说的则是以散茶碾末放入盏中冲点饮用的方法。人们从中不难看出,当时各种饮茶法杂糅和各种茶器交替使用的情况。李德载元曲小令《阳春曲·赠茶肆》十首,其中之一曰:"茶烟一缕轻轻飏,搅动兰膏四座香,烹煎妙手赛维扬。非是谎,下马试来尝。"说的是煎茶;而其中之七则曰:"兔毫盏内新尝罢,留得余香在齿牙,一瓶雪水最清佳。风韵煞,到底属陶家。"则应是用兔毫盏点茶。由此可见,这里也是煎点参半的情况。而诸如虞

集《游龙井》:"烹煎黄金芽,不取谷雨后";仇远《宿集庆寺》:"旋烹紫笋犹舍箨"等元诗中,更多记述的则是烹煎散茶。

元代用散茶代替饼茶团茶,将茶叶直接碾磨成粉末,再按唐法烹煮或按宋法冲点,或直接用叶茶煎煮,是顺应大多数茶客简化制茶、减少烹饮环节要求的一种自然发展。杨维桢《煮茶梦记》中载:"命小芸童汲白莲泉,燃槁湘竹,授以凌霄茶芽为饮供。"忽思慧在《饮膳正要》"清茶"条中也说:"清茶,先用水滚过滤净,下茶芽,少时煎成。"可见这种煮茶方法,远没有唐宋煎煮饼茶团茶程序那么复杂和严格,相对简单易行,应该是元时民间开始普遍采用的饮茶方法。

总之,从宋末至元代,或将茶饼碾末点茶,或以散茶碾末烹煮或冲点,或直接将散茶放入碗中冲泡,各种茶法杂糅。虽然元代处于点茶法消退、撮泡法尚未完全形成体系的时期,但有一点很明确,即人们不再以观茶色是否纯白与咬盏与否,来评定茶品或一决胜负。因此,对茶具的釉色及其造型要求,也就相对比较宽松了一些。也就是说,只要适用烹点啜饮即可,这便使得元代茶具的生产,比较活跃。虽然点茶法余波未消,黑釉系列茶碗仍有一定的市场,但随着点茶法的日渐衰落,黑釉茶具风光不再。从元代的多处文化遗址和墓葬中发现,这个时期生产的各种黑釉茶盏,大多胎骨厚重、胎质粗糙、器形简单,艺术效果也远不及宋建盏之一二。与之相反,为宋代斗试家所不取的青瓷、青白瓷、白瓷以及钧瓷等各种茶器,此时却受到茶人的普遍欢迎,并有许多创新和发展。

元代疆域广阔,民族众多,文化背景十分复杂。这不仅使得饮茶方式呈现多样化的局面,而且对元代工艺美术的发展,也产生了深远的影响。因此,元代陶瓷茶具在继承唐宋传统的基础上,出现了新的发展趋势,在艺术风格上也焕然一新。其中,青花瓷和卵白釉茶具,就是元代新兴陶瓷茶具的杰出代表。

青花瓷 所谓"青花",是指应用天然矿物——钴制成的呈色剂,在瓷胎上绘画,然后上透明釉在高温下一次烧成,呈现蓝色花纹的釉下彩瓷器。

◎元代青花大罐，河北保定出土　　◎元代青花大碗，河北保定出土

　　元代景德镇的制瓷艺人以唐宋时就已出现的彩绘瓷为基础，经过长期的酝酿探索，逐渐掌握了钴料的呈色性能，成功地烧制出精美绝伦的青花瓷。这不仅是中国制瓷史上划时代的事件，也使得元代在中国陶瓷艺术中占有举足轻重的地位。不过，青花瓷在元代，并未得到汉族文人士大夫青睐。一直到明朝初年，在一些文人的眼中，青花瓷还是一种俗不可耐之物。明初曹昭在《格古要论》卷下《古窑器论·古饶器》中云："御土窑者体薄而润，最好。有素折腰样、毛口者，体虽厚，色白且润，尤佳。其价低于定。……有青花及五色花者，且俗甚矣。"

　　在我国元代墓葬和瓷器窖藏等文化遗址中，曾出土了大量的青瓷、青白瓷和白瓷，但青花却出土却甚少，这似乎也可以间接说明当时青花瓷的产量并不算很多。尽管如此，元代青花瓷器却"墙内开花墙外香"，受到外国人的青睐，大量输往国外，并成为元政府重要的经济来源之一。在土耳其氏普卡比博物馆和伊朗德黑兰阿迪比尔寺院中，就收藏了大批元青花瓷器精品。对待元青花瓷器不同的态度，其实正是不同民族、不同文化所形成的不同审美情趣在陶瓷艺术中的反映。然而，元青花毕竟是在中国传统文化的土壤中孕育出来的。元代陶瓷艺人在前代陶瓷艺术的基础上，充分发挥自己的想象力和创造力，开创了新的艺术模式，丰富了瓷绘艺术的题材和表现方法，使得这种白地蓝花的青花瓷，清新素雅，明丽洁净，具有中国传统水墨画的效果，令世人耳目一新，为后来明清青花瓷和各种彩绘瓷的发展奠定了基础，并逐渐成为了最具中国民族风格瓷器的代表。

卵白釉 所谓"卵白釉"，又称为"枢府釉"，是指一种胎体厚重，釉层均匀纯净呈失透状，色白微微泛青，恰如鹅卵色泽的釉器。所谓"枢府"，本指封建时代政府的中枢。元代设有枢密院，景德镇在专为其烧造的精美瓷器内，印有"枢府"二字。曹昭在《格古要论》卷下《古窑器论·古饶器》中云："元朝烧小足印花者，内有'枢府'字者高。"蓝浦在《景德镇陶录·枢府窑》中亦曰："元之进御器，民所供造者，有命则陶。土必细白填腻，质尚薄，式多小足印花，亦有戗金、五色花者，其大足器则莹素。又有高足碗、薄唇、弄弦等碟，马蹄盘、委角盂各名式，器内皆作'枢府'字号。当时民亦仿造，然所贡者俱千中选十，百中选一，终非民器可逮。"

由于元代饮茶方式的改变，使茶具不再受观看水痕的限制，因此白色茶具大行其道。蒙古人崇尚白色，并以正月为"白月"，元旦日为"白色节"。《马可波罗行记》中载，蒙元新年时"是日依俗，大汗及其一切臣民皆衣白袍，至使男女老少衣皆白色，盖其似以白衣为吉服，所以元旦服之，俾此新年全年获福……臣民互相馈赠白色之物，互相抱吻，大事庆祝，俾使全年纳福。"这越发使得新兴的卵白釉瓷茶碗，风靡天下。

纵观我国各个历史时期的瓷器，无不具有不同的时代风格。而这种不同的时代风格，首先表现在造型上。与元代茶相关的瓷器，主要有执壶、碗、高足杯。

元代执壶，通常以玉壶春瓶为壶身，流贴附在腹上。为了与壶身相对称，流较宋代为长，高度一般与壶口平行。为便于流水，嘴向外倾斜。在流与颈之间连以S形饰物。柄与流对称，下端也贴附腹部，高度与流平行或稍低。壶口外撇度较玉壶春瓶为小，盖扣其上。此种执壶，主要以景德镇青花瓷器为多，浙江龙泉窑也曾烧制。另一种执壶的形体，仍采用玉壶春瓶式，但颈部较短，壶身也相应矮些，流与柄也随之缩短，因而此种壶一般较上述执壶为小。这种执壶也只见于景德镇青花及浙江龙泉窑产品。元大都遗址还出土过一件青花扁壶,壶身为扁圆形,以凤头作流,凤尾卷起作柄,纹饰也绘展翅飞翔之凤。这种凤型壶虽然沿袭了宋代遗风,但却又有所创新。

碗,也是元瓷中常见的器物,分为敞口与敛口两种。敞口碗,通常深腹、小圈足,足内无釉,这类碗以枢府釉和青花为多。敛口碗,与敞口碗大致相同。卵白釉茶碗,造型丰富。有折腰形碗、斗笠形碗、折沿式碗、鸡心式碗等。折腰碗从元代开始流行,为元代卵白釉中的典型器物。碗内壁及碗心多印朵花、变形莲瓣纹、缠枝菊花瓣纹、卷枝纹、折枝梅、云纹、云雁纹、云凤纹、龙纹等,有的碗内印卷枝纹,枝叶间相对印有"枢"、"府"二字。元代早期卵白釉中含铁量稍高,烧成后色微闪青的鹅卵色调比较明显。到了晚期,随着釉中含铁量逐渐减

◎元代白瓷茶盏,浙江临安出土

少,釉色也趋于纯正洁白,为明初永乐甜白釉的烧制创造了条件。

高足杯,是元代瓷器中最流行的器型。除景德镇烧制的青花与枢府釉器外,浙江龙泉窑、福建德化窑、河南钧窑、河北磁州窑与山西霍县窑等都大量生产,成为元代瓷器中的典型器物之一。南京汪兴祖墓出土的青花龙纹高足杯,口微撇,近底处较丰满,承以上小下大的竹节式高足,是高足杯的典型式样。各地瓷窑烧制的,均与此无多大差别。

撮泡瀹茶　尽茶真味

明代人所饮用的茶,既非唐人的饼茶,亦非宋人的团茶,而是犹如今日的散茶。不过,散茶最终成为明代的主要茶类,还是经历一段相当时间的演变过程。前面讲过,散茶的正式制作,虽然始于元代,但从元代文人咏茶之作看,当时还处于饼茶、团茶、散茶杂用共存的状态,并未普及。即便饮散茶,也大多将其碾成茶末,依然是唐宋遗风。明洪武二十四年(1391),明太祖朱元璋下达废团茶兴叶茶的诏令,饼茶衰微,散茶始兴。

明代初期,虽然废除了饼茶,但社会上还是受宋元茶法的影响,将茶叶碾成粉末冲点,并流行"均茶"。所谓"均茶",是指茶会中先以巨瓯冲点茶末,再分于个人小茶瓯中饮啜的一种饮茶方式和礼仪。这种均茶仪式,无疑是沿袭宋代的遗风。宋人张扩《均茶》诗曰:"密云惊散阿香雪,坐客分尝雪一杯。"宋徽宗赵佶《大观茶论·杓》亦云:"杓之大小,当以可受一盏茶为量。过一盏,则必归其余;不及,则必取其不足。倾杓烦数,茶必冰矣。"这里说的就是在大茶瓯中点茶,然后再用杓分到个人小茶盏中饮用的所谓"均茶"。均茶使用的杓子要恰好为盛一盏茶的量,这样可一杓一盏,一次成功。如杓子太大,多余的茶汤要倒回大茶盏;若杓子太小,则一次不满盏,需反复斟酌,茶汤即易冷却。宋徽宗赵佶还在《文会图》中留下了"均茶"的图像资料。在图的下方,火炉上置两只汤瓶,一个童子正在候汤,另外一个童子右手执茶杓,左手执带托茶盏,正在从一个较大的容器中舀点好的茶汤。明太祖第十七子朱权,在朱棣夺位之后,厌倦世事纷争,乃行韬晦计隐居南方,与文人往还,托志释老,游心于茶,修养身心,自号"臞仙"、"涵虚子"、"丹丘先生"。他在其所著的现存明代最早的茶书——《茶谱·序》中云:"予尝举白眼而望青天,汲清泉而烹活火,自谓与天语以扩心志之大,符水火以副内炼之功,得非游心于茶灶,又将有裨于修养之道矣,其惟清哉。"他还在《茶谱》中,详细地记述了明代均茶仪式的整个过程:"命一童子设香案,携茶炉于前,一童子出茶具,以瓢汲清泉注于瓶而炊之。然后碾茶为末,置于磨令细,以罗罗之。候汤将如蟹眼,量客众寡,投数匕入于巨瓯。候茶出相宜,以茶筅撷令沫不浮,乃成云头雨脚,分于啜瓯,置之竹架,童子捧献于前。主起,举瓯奉客曰:'为君以泻清臆。'客起接,举瓯曰:'非此不足以破孤闷。'乃复坐。饮毕,童子接瓯而退。话久情长,礼陈再三,遂出琴棋,陈笔研。或庚歌,或鼓琴,或弈棋,寄形物外,与世相忘。斯则知茶之为物,可谓神矣。然而,啜茶大忌白丁,故山谷曰:'着茶须是吃茶人。'更不宜花下啜,故山谷曰:'金谷看花莫漫煎'是也。卢仝吃七碗,老苏不禁三碗。予以一瓯,足可通仙灵矣。"由此可见,均茶礼仪也与行茶一样,追求的也是人与人之间均而不争,修睦和谐的气氛,进而达到"寄形物外,与世相忘"与天地相合的境界。由于明代早期沿袭以往的饮茶方式,仍为末茶冲点法、叶茶煮饮法混合,因此明代早期的茶碗,具有从宋元而来的过渡色彩。例如明代前期,尤其是洪武、永乐、宣德时期,一些口径二十多乃至三十多厘米以上的大型青花茶碗就很多。在南京明故宫出土的洪武时期的碗中,宋代流行的凉帽式碗(斗笠碗)或形似建盏、吉州窑盏的茶碗,仍占有一定的比例,可见当时宋元遗制仍存。但随着冲泡法的流行,茶碗也很快地摆脱了这种前朝遗风而具有明显的时代特征了。

尽管社会上仍有一部分追求繁琐的"均茶",但这毕竟"大江东去",与时代发展大趋势相左,大多数人还是希望能遂茶自然之性,简易从事。与此同时,朱权在《茶谱》中也积极主张天地生物,应该各遂其性,倡导人们应该饮用叶茶,以遂其自然之

性。他说:"茶之为物,可以助诗兴,而云山顿色,可以伏睡魔,而天地忘形,可以倍清谈,而万象惊寒,茶之功大矣……惟陆羽得品茶之妙,著茶经》三篇,蔡襄著《茶录》二篇。盖羽多尚奇古,制之为末,以膏为饼。至仁宗时,而立龙团、凤团、月团之名,杂以诸香,饰以金彩,不无夺其真味。然天地生物,各遂其性,若莫叶茶;烹而啜之,以遂其自然之性也。予故取亨茶之法,末茶之具,崇新改易,自成一家。为云海餐霞服日之士,共乐斯事也。"因此,散茶开始全面普及。至明中叶,"叶茶之用,遍于全国,而外夷亦然,世不复知有末茶(即团茶)矣"。

与散茶普及相联系的,就是茶的饮法由煮饮改为冲泡。这个转折,大约发生在明代中后期。著于万历二十一年(1593)的陈师《茶考》说:"杭俗,烹茶用细茗置茶瓯,以沸汤点之,名为'撮泡'。北客多哂之,予亦不满。一则味不尽出,一则泡一次而不用,亦费而可惜,殊失古人蟹眼、鹧鸪斑之意。"尽管此处陈师对撮泡法表示出了不满,但人们从中可以看出,至少在万历时已经出现了冲泡法。几乎与此同时,大约于1595年成书的张源《茶录》,则竭力主张冲饮,并在其中尽量详细地介绍冲泡法。他在《茶录·泡法》中说:"探汤纯熟便取起,先注少许壶中,祛荡冷气,倾出,然后投茶。茶多寡宜酌,不可过中失正。茶重,则味苦香沉;水胜,则色清气寡。两壶后,又用冷水荡涤,使壶凉洁。不则减茶香矣。确熟则茶神不健,壶清则水性常灵。稍俟茶水冲和,然后分酾布饮。

酾不宜早,饮不宜迟。早则茶神未发,迟则妙馥先消。"他还认为投茶不仅要掌握好时机,还要做到四季有序。他在《茶录·投茶》中说:"投茶有序,毋失其宜。先茶后汤,曰下投;汤半下茶,复以汤满,曰中投;先汤后茶,曰上投。春、秋中投,夏上投,冬下投。"从陈师、张源二人不同的主张,人们可以看出当时冲饮与煮饮相互交替时期的复杂状态。当然,最后冲饮战胜了煮饮,并为人们所普遍接受。沈德符在《万历野获编·补遗·供御茶》中声称:"今人惟取初萌之精者,汲泉置鼎,一瀹便啜,遂开千古茗饮之宗。"散茶与冲泡法,将饮茶从烦琐的制作与饮用中解放出来,使茶叶的生产呈现千姿百态的繁荣局面,也使人们品尝到茶的天然真味。对此,明朝人是有资格引以为荣的。时至今日,饮茶之法仍沿袭明人所开创的这种格局。

由于饮茶方式的改变和陶瓷艺术的发展,明代的茶具在釉色、造型和装饰上发生了很大的变化。明代是中国陶瓷发展史上的鼎盛时期。瓷都景德镇,自明朝宫廷在当地设立御器厂以来,担当了为宫廷提供最优质瓷器的重任,无疑成为制瓷业领袖群伦的时代典范,产品技术含量高,制作难度大,不仅积极仿制、发展前代名瓷,还运用新技术、新材料,创造出了大量前代所没有的陶瓷品种,并在釉下彩和颜色釉方面,获得了很大成功。青花、釉里红、斗彩、五彩、粉彩、珐琅彩及色彩变化丰富的红、黄、蓝、绿、紫、酱等诸多色釉品种,造型丰富多彩,装饰方法也层出不穷。蛋壳白瓷甚至发展到了"薄如纸,白如玉,声如磬,明如镜"的程度,成为十分精美的艺术品。陶都宜兴紫砂茶具的异军突起,也是明代陶瓷茶具发展的重要标志。丰富的陶瓷品种,为明代茶具呈现五彩缤纷、琳琅满目的局面创造了条件,并带动和促进了民窑的发展,使中国瓷器蜚声海内外。

白瓷茶盏 明代首先受到茶人们推崇的是白瓷茶盏(瓯)。明代中后期,饼茶已不时兴,人们普遍饮用的是与现代相似的芽茶,茶之饮法也由煮饮改为冲泡。因此茶盏在釉色上,一改宋时盛行的黑釉茶盏,使得白瓷、青花瓷茶盏成为时尚而流行。绿色的茶汤,以白瓷衬之,更显得清新雅致,赏心悦目。这就不难理解明代崇尚的青花、斗彩、粉彩茶具,为何均以白色为主调了。

例如,田艺蘅《煮泉小品》曰:"生晒茶,瀹之瓯中,则旗枪舒畅,清翠鲜明,尤为可爱。"屠隆在《考槃余事·茶笺·择器》中称:"宣庙时有茶盏,料精式雅,质厚难冷,莹白如玉,可试茶色,最为要用。蔡君谟取建盏,其色绀黑,似不宜用。"张源《茶录》亦云:"盏,以雪白者为上,蓝白者不损茶色,次之。"许次纾在《茶疏·瓯注》云:"其在今日,纯白为佳,叶贵于小。定窑最贵,不易得矣。宣、成、嘉靖,俱有名窑。近日仿造,间亦可用。次用真正回青,必拣圆整,勿用啙窳。"张谦德《茶经·茶盏》中,曾明确地指出茶器的这种变化。他说:"蔡君谟《茶录》云:茶色白,宜建安所造者,绀黑纹如兔毫,其坯微厚,熁之久热难冷,最为要用。出他处者,或薄,或色紫,皆不及也。其青白盏,斗试家自不用。此语就彼时言耳。今烹点之法,与君谟不同。取色,莫如宣定;取久热难冷,莫如官哥。向之建安黑盏,收一两枚以备一种略可。"这无疑是由饮茶方式的变化所引起在茶具上的连锁反应。白瓷不仅宜于观茶汤颜色,还可以在品茶的过程中,欣赏雀舌、旗枪茶叶之形色变化,平添许多情趣。因此有明一代,白瓷茶碗始终受到茶人的喜爱。

明代景德镇在元代卵白釉的基础上,精工细作,成功地烧制出莹润洁白、秀雅甜美的永乐甜白釉瓷和"汁水莹厚如堆腊,光莹如美玉"的宣德白瓷,使白瓷内在的物理性能和外在的感观指标,都有了很大的提高,以之注茶,茶汤明亮清澈,美

◎景德镇蛋壳瓷碗

观实用。谷应泰在《博物要览》中,对宣德白瓷茶盏以极高的评价。他说:"(宣德)又有白茶盏,光莹如玉,内有绝细暗花,花底有暗款,隐隐橘皮纹起,虽定瓷何能比方,真一代绝品。"永乐的甜白瓷胎体极薄,有的甚至薄到半脱胎或脱胎的程度,可光照见影,有的素朴无纹,有的有暗花刻划纹或印纹,更是轻盈秀雅,甜美诱人。永乐甜白薄胎器多为小件器,碗是主要品种。明代永乐、宣德的甜白釉鸡心碗,较为茶人珍重,因形似莲房,故又称"莲子碗"。

青花瓷茶具　青花瓷器在明初,并不被茶人所广泛接受。前面讲过,明初曹昭曾在《格古要论·古窑器论·古饶器》中云:"御土窑者体薄而润,最好……有青花及五色花者,且俗甚矣。"文震亨在《长物志·器具》中也认为:"永乐细款(款)青花杯……今皆极贵,实不甚雅。"但由于明代料精技高质美白瓷的烧制,为青花和斗彩、五彩等彩绘瓷的繁荣发展,打下了坚实的基础,况且明代青花,是在质量极高的白瓷器上进行描绘,碗、杯等器主要在外壁进行装饰,内壁多为空白或只在碗底有简单的纹饰,并不影响观看茶汤颜色和雀舌、旗枪舒展之姿,因此也越来越受到茶人喜爱。人们也日益明显地感受到茶人对待青花茶具态度的转变。后来就连当初认为永乐青花杯虽极贵但不甚雅的文震亨,也赞许宣窑青花"鲜彩夺目,堆垛可爱"了。说明此时青花,已经逐渐适应了当时人们的日用所需和审美趣味。青花不仅成为明代瓷器生产的主流,而且作为最具有中国文化特色的瓷器品种,至今仍兴盛不衰。

宣德青花瓷碗,造型多样,多画松竹梅及各种缠枝花果等图案,无愧为明代青花之冠。明金嗣孙《崇祯宫词》中曰:"赐来谷雨新茶白,景泰盘承宣德瓯。"永乐、宣德时期青花,主要使用进口的苏勃泥青料(一作苏麻离青,也有人将其称作苏泥麻青和苏泥勃青),这种青料在元代就已输入我国。明代随着海外贸易的增多,尤其是郑和七次下西洋,带回了大量的苏勃泥青料。这种青料含铁量高,发色苍翠,明艳浑厚,料色透入釉骨,青花颜色浅淡处似天蓝,浓处凝重,有的部分有褐黑斑点,用手摸之有凹凸不平之感。苏勃泥青料呈色常深浅不一,浓淡不匀,以之描绘花朵枝叶,烧成后皆有浓淡的变化，深浅相映，青翠披离，明快幽雅。

嘉靖青花，是明代青花发展的一个重要阶段，青花用料往往以回青和瑞州石子青配合使用，而且经过实践，陶瓷艺人们成功地掌握了二者的配料比例和烧成温度，降低铁与钴的比值，将锰与钴的比例调整至最佳，使嘉靖青花既没有永、宣窑的黑铁斑点，又比浅淡柔和的成化青花醇厚，也比正德时期单用石子青的黑灰色调明艳，呈色浓艳，青花蓝中微泛紫红色，达到"幽菁可爱"的程度，直追宣、成。因此，罗廪在《茶解》中将嘉靖窑茶器，与宣、成并列。他认为："瓯，以小为佳。不必求古，只宣、成、靖窑足矣。"嘉靖茶碗或茶杯，多为直口或侈口，腹为弧腹或斜弧腹；在花纹装饰方面，除了前代的龙凤纹、花草纹等主要题材外，人物尤以婴戏图较多。受嘉靖帝崇奉道教的影响，道教色彩的题材也较多。如青花三羊开泰茶杯等。

◎明代青花盘

明代晚期天启、崇祯朝，由于政治的腐败，经济的衰退，官窑生产几乎停顿，精美瓷器很少出现，画意比以往趋向简单。但明代民窑青花瓷器的生产并没有衰退，反而随着民间日用需求的增加而不断发展。与仅供宫廷御用、不惜成本的官窑瓷器不同，民窑瓷器作为民营手工业产品，既是经济领域流通的商品，也是百姓日常生活必需品，没有官窑的诸多限制，使得民窑青花瓷器更具有艺术创作的自由、自信、开放的活力和贴近生活、反映生活、提升生活的生命力，更具有浓厚的人情味和感染力。在造型上，民窑青花瓷茶具与官窑基本相同，仍以碗、杯为主。民窑青花瓷器的胎釉质地不够细腻,制作也不够精巧,粗朴而不造作,但却有自然天成的韵味。民窑青花瓷绘题材丰富,除以民间喜闻乐见的富有吉祥象征意义的动植物、人物、婴戏、折枝、缠枝花卉、绣球、杂宝、海水云气、卷云楼

◎明代青金蓝釉钵

阁及福、寿或万福攸同、富贵佳器等文字为主,还有表现文人趣味的松竹梅纹、高士兰石、春江泛舟等。菊花纹,也是明代民窑青花的常用纹饰。例如有表现陶渊明"采菊东篱下,悠然见南山"境界的永乐篦笆菊花纹碗。另外还有表现神话故事和仙人的乘槎图碗、吕洞宾云游图碗,表现文人隐逸生活的渔樵耕读的纹样也很多。婴戏纹更是丰富生动,追逐、歌舞、扑蝶、折柳、习武、捕兔、观景、持帚清扫等,童趣盎然。这些民窑青花瓷绘大多表现形式自由,简率质朴,笔法恣肆,老辣雄浑,多以极快的速度一挥而就,具有强烈的节奏感,于不经意间传达出生命的真实和律动。

明代中期开始,撮泡法完全普及开来,品茗也日趋精致化、艺术化。茶具形制渐趋小巧,有的茶人还以酒杯当茶杯。明清时期,各种小巧玲珑的茶杯、茶盅,逐渐流行起来。杯多为敞口、直口、撇口,有压手杯、鸡缸杯、直口杯、仰钟式杯、马蹄式杯等。

压手杯 压手杯,是明代永乐年间景德镇御窑厂创制的新型瓷杯。杯呈撇口,直壁、丰底、圈足。与轻盈薄透的永乐甜白釉碗不同,压手杯胎体自口沿而下逐渐较厚重,重心在杯的底部,以手持握时,外撇的口沿恰好合于拇指指节,托于手心给人以稳重贴合之感,故名"压手杯"。纹样以狮子滚绣球、鸳鸯卧莲和花卉图案最为珍贵。谷应泰《博物要览》载:"我明永乐年造压手杯,坦口折腰,沙足滑底,中心画有双狮滚

球,球内篆书'大明永乐年制'六字,或白字细若粒米,以为上品。鸳鸯心者次之,花心者又其次也。杯外青花深翠,式样精妙,传世可久,价亦甚高。"这种精致小巧、稳重端庄的压手杯因弥足珍贵,后世仿品甚多。

　　斗彩鸡缸杯　斗彩,是一种釉下青花和釉上彩色相结合的新的彩瓷工艺,于明成化年间臻至成熟,烧制的斗彩瓷也最为精美,明清以来评价极高。成化鸡缸杯工艺精湛,造型新颖,装饰清新鲜丽,素净淡雅,十分宜茶。成化斗彩釉下青花使用的是国产的平等青料,呈色稳定,色泽淡雅;釉上彩色运用不同的釉料根据画面需要进行配色,能烧制出红(鲜红、油红)、黄(鹅黄、杏黄、蜜蜡黄、姜黄)、绿(水绿、叶子绿、山子绿、松绿、孔雀绿、孔雀蓝等)、紫(葡萄紫、赭紫、姹紫)等不同的色彩和丰富的色调,在胎体洁白、轻薄细润的成化白瓷的衬托下,与釉下青花交相辉映。成化斗彩多烧造小型杯、碗、罐等器物,尤以杯为代表。明成化斗彩鸡缸杯,直壁、口微撇、平底、卧足,杯体轮廓线条柔韧舒缓,玲珑小巧,端庄娟秀。胎釉洁白细腻,莹润柔和如蜡脂。胎体轻薄,近光透影。杯外壁以柔和淡雅的釉下青花和釉上各种红、绿、黄等色描绘了两群子母鸡,神采奕奕,间以湖石月季和兰草,生机盎然。鸡缸杯在万历时期就已十分昂贵,据《神宗实录》记载:"御前有成化鸡缸杯一双,值钱十万。"明《帝京景物略》中,亦有"成杯一双,值钱十万"之语。

清代俗饮　千姿百态

　　清代,是我国封建社会最后一个历史阶段,各种文化融合汇聚,博大恢宏,蔚为壮观。流传千载的茶艺,演进至此,亦呈现出千姿百态的风貌来。这期间茶艺最显著的变化,便是饮茶之风走向了平民化和大众化,并带有明显的俗饮风气。

　　自晋以来,饮茶一直被视为是文化人和有钱有闲阶层的雅事。一般百姓喝茶,只是为了满足解渴等低层次的需求,烦琐的茶艺,是一般人学不来,吃不起的,即使学得会,也是没有充裕的时间来操弄的。

　　清代,茶艺渐从上层社会普及到民间,经过不断改造演变,各种俗饮方法相继出现,并由此形成了各具地方特色的饮茶风习。诸如京师盖碗茶、福建功夫茶、广东早茶、湖南擂茶、桂北打油茶、云南盐巴茶等等,皆由清初兴起。这种民间茶风的特点,大大有别于古之文人、隐士、道家、佛徒饮茶的那种隐幽、沉寂的清寥气氛,而倾向于多人相聚,追求热闹与欢快。遍布于各地大小城镇的茶馆、茶楼、茶肆、茶坊,构成了形形色色的"茶馆文化",特色非一,各有千秋。苏杭一带茶室,以幽雅仙趣著称;四川茶馆,则以吃茶、听书、摆龙门阵综合效用见长;广东茶楼,更是与"食"密切相结合;北京的茶馆则是集各地之大成,以种类繁多、功用齐全、内涵丰富深邃为重要特点。徐珂《清稗类钞·茶肆品茶》载:"京师茶馆,列长案,茶叶与水资之,须分计之。有提壶以往者,可自备茶叶,出钱买水而已。汉人少涉足,八旗人士虽官至三四品,亦侧身其间,并提鸟笼,曳长裾,就广坐,作茗憩,与围人走卒杂坐谈话,不以为忤也。然亦绝无权要中人之踪迹。"徐珂在文中还谈道:"乾隆末叶,江宁始有茶肆。鸿福园、春和园皆在文星阁东首,各据一河之胜,日色亭午,座客常满。或凭阑而观水,或促膝以品泉。皋兰之水烟,霞漳之旱烟,以次而至。茶叶则自云雾、龙井,下逮珠兰、梅片、毛尖,随客所欲,亦间佐以酱干生瓜子、小果碟、酥烧饼、春卷、水晶糕、花猪肉、烧卖、饺儿、糖油馒首,叟叟浮浮,咄嗟立办。但得囊中能有,直亦莫漫愁酤也。"通过茶馆这种特殊场合,俗饮大行其道,将茶这种人际交往的重要手段,展现得淋漓尽致,惟妙惟肖。

　　俗饮最易融进民众的伦常观念及生活习俗。例如分茶,一把大茶壶,几个小茶杯,称作"茶娘式",充分体现了母生子、生生不息和亲密的关系。至清末民初,俗饮被大力推广,饮茶内容还上了杨柳青年画、小说插图乃至画刊广告等,使得茶文化开始从有钱有闲阶层中解放出来,成为人民大众的文化。诚如陈鸿均所说:"由清饮、品饮至俗饮,反映了中华茶趣由贵族化而文人化并终于平民化、大众化的走向。瀹碧啜清的雅趣,仍在人们的意识与生活中存在,但刻意仿古的嗜癖之举,究属少见。这也正体现了中国传统社会结构的渐变与中国人的气质由传统的自我封闭型日益向社会

◎清代五彩盘

◎清康熙青花太白醉酒图杯

化发展的趋势。"

由于饮茶方式的改变和陶瓷艺术的发展,清代也与明代一样,成为中国陶瓷发展史上的鼎盛时期,茶具在釉色、造型和装饰上有了很大的变化。

五彩瓷茶具 明嘉靖、万历时期就已经出现了单纯的釉上彩——五彩瓷,主要分为两类:一是以红、绿、黄为主的纯粹釉上五彩(包括各种色地的金彩);一是以青花作为一种色彩与釉上多种彩相结合的青花五彩。到了清康熙时期,五彩瓷的制作有了重大突破,发明了釉上蓝彩和黑彩。蓝彩浓艳深厚,黑彩漆黑光亮,与其他色彩形成强烈的对比。康熙五彩的色彩,也比明代大大增多,常用的彩料有红、黄、绿、蓝、紫、黑、金等,色泽浓艳深厚,鲜明透彻,线条有力,能耐火,不退色,不剥落,恒久如新,故有"硬彩"之称,也有人将其称为"古彩"。康熙五彩烧制了大量的五彩茶具,造型和纹饰都十分丰富。其中,最有代表性的当属康熙五彩十二月花神杯,一套12件,描绘了一年十二个月中的代表花卉,分别为水仙、玉兰、桃花、牡丹、石榴、荷花、兰花、桂花、菊花、芙蓉、月季、梅花。独啜时可每月随着时令的变化,使用相应的茶杯欣赏玩味。以之待客,又各有意趣,可谓匠心独运。除此之外,还有诸如康熙五彩果子飞蝶纹鸡心碗、康熙五彩夫妻和谐图马蹄杯、五彩人物敞口杯、五彩题诗人物图直口杯、五彩鱼纹直壁撇口杯、五彩鸡缸杯等。康熙时还制作有青花十二月花神杯,是康熙青花茶杯的佼佼者。寂园叟《陶雅》称赞康熙青花"可以独步本朝"。康熙青花发色纯蓝,色泽鲜艳,莹澈明亮,寂园叟浓淡层次分明,描绘题材丰富,有"青花五彩"之誉。

珐琅彩瓷茶具 珐琅彩瓷器,又称瓷胎画珐琅。珐琅彩为釉上彩,是在已烧好的素面瓷胎上涂粉为地,上加彩画纹饰,经二次入窑烧制而成。珐琅彩瓷器,富贵华丽,创烧于康熙晚期,于雍正、乾隆时期达到鼎盛,是清代康熙、雍正、乾隆三朝极为名贵的宫廷御器。过去俗称"古月轩"瓷器,但清宫中并无"古月轩"之名,很可能是讹传。

珐琅彩瓷器,是由明代景泰蓝即铜胎画珐琅的施彩工艺发展而来的。明末清初是西学东渐的时代,西方的一些文化艺术和科学技术逐渐为国人所接受。明朝的铜胎画珐琅器,便是引进西方工艺的成功范例。这种工艺于明代景泰年间大获成功,故名"景泰蓝"。当时就已经有了景泰蓝茶具的生产。明人金嗣孙《崇祯宫词》中,就有"赐来谷雨新茶白,景泰盘承宣德瓯"之语。杨啸谷《古月轩瓷考》曰:"洋瓷自明时已流入,康熙瓷胎画珐琅即仿洋瓷,用洋彩法,始以彩料行之……康窑料款藩莲、藩菊及宝相花,皆以西法仿珐琅彩绘成,故即命名曰瓷胎画珐琅。"

在珐琅彩瓷器创烧的康熙朝,珐琅彩料尚为国外进口,纹饰布局、画面设色和画法,也多接近于铜胎画珐琅器,造型规整端庄,多在红、粉、蓝、黄等色地上描绘图案,图案以花卉为主。据清宫造办处档案记载,雍正六年(1728),清宫造办处开始奉旨试烧炼珐琅料,很快就获得了成功。烧炼的珐琅料的颜色品种,大为丰富。不仅有西洋珐琅料九种,还新炼、新增珐琅料各九种,。

雍正珐琅彩瓷绘,打破了题材单一,呆板粗放的局面,器物造型轻灵秀雅,多在精致的白瓷上精心描绘,纹饰题材广泛,色彩富丽精微,并参用了传统的赭、墨等偏于暗冷的色调,把其它色调衬托得更加鲜明。技法偏向写实,描绘精细入微。雍正朝珐琅彩瓷绘,由宫廷画院的画家全面参与,因此与清代宫廷绘画有密切联系,颇多文人意趣。布局章法均取自中国传统绘画,并集诗、书、画、印于一体,使制瓷艺术与书画艺术完美结合。如雍正珐琅彩月季绿竹诗意小茶杯,玲珑轻巧,画面精致,色彩淡雅。竹最宜茶,以之饰器,倍增韵致。由于雍正帝偏爱水墨及青绿山水,故雍正珐琅彩瓷绘山水图,极具笔墨趣味。如雍正珐琅墨彩山水图碗与雍正款珐琅蓝彩山水图碗,前者具有北方山水的苍郁雄浑,敦厚凝重,后者则成功地描绘出了南国山水的云雾缥缈,郁然深秀,如梦似幻。持之饮茶,不禁生发尘外之想。

珐琅彩瓷工艺技术,在乾隆朝达到极盛,造型多样并追求新颖奇巧装饰。彩绘图案极尽华美艳丽,繁缛复杂,纹饰题材多样,构图精细,绘制规矩,满布全身。乾隆珐琅彩瓷在绘画手法上亦多"参入泰西界画法",具有浓厚的西洋趣味。乾隆珐琅彩瓷,虽在技术上极尽精工之致,装饰华贵繁缛,尽显富丽堂皇之气派,然古风雅趣、生活意趣涤荡殆尽,远不如雍正时期清新生动、淡雅宜人。到乾隆晚期,由于经济因素等原因,珐琅彩逐渐衰落,遂终成绝响。

粉彩茶具　粉彩,是在康熙五彩的基础上,受珐琅彩制作工艺的影响而创新的一种釉上彩瓷工艺。粉彩的特点是在含铅的彩料内掺入了一种含氧化砷的玻璃白,改变了色料的性能,这种玻璃白具有乳浊作用,可以使色料出现浓淡深浅各种不同的

◎清代蓝地粉彩碗

色调,因此色彩十分丰富,并且有凸凹的立体感。由于色料掺入了粉质,颜色柔和淡雅,清美秀逸。粉彩的烧成温度较五彩低,在颜色和硬度上都比五彩柔软,因此相对于五彩的"硬彩"之说,粉彩又有"软彩"之称。《饮流斋说瓷·说彩色第四》云:"康熙硬彩,雍正软彩。硬彩者,谓彩色甚浓,釉傅其上,微微凸起也。软彩,又名粉彩,谓彩色稍淡,有粉匀之也。"寂园叟《陶雅》亦云:"康熙彩硬,雍正彩软","软彩者,粉彩也。彩之有粉者,红为淡红,绿为淡绿,故曰软也。惟蓝、黄亦然。"

与珐琅彩一样,粉彩亦首创于康熙时期,鼎盛于雍正时期。诚如《饮流斋说瓷》所说:"粉彩以雍正为绝美。"雍正时期,彩绘艺人完全掌握了粉彩的性能,采用中国画中的没骨法渲染,充分发挥粉彩浓淡深浅、凹凸明暗的立体效果,绘出的花鸟、人物、山水色彩更加调和,精确真实,细致入微,成功地表现出描绘对象的质地与精神。雍正粉彩尤以花卉虫鸟为精绝,生动自然,栩栩如生,甚至到了"花有露珠,蝶有茸毛"的程度,令人叹为观止。寂园叟在《陶雅》中评价雍正彩瓷有"四绝",即:"质地之白,白如雪也,一绝也。薄如卵幕,口嘘之而于飞,映日或灯光照之,背面能辨正面之笔画彩色,二绝也。以极精之显微镜窥之,花有露光,鲜艳纤细,蝶有茸毛,且颈项竖起,三绝也。小品而题极精之楷篆各款,细如蝇头,四绝也。"因此,随着粉彩的发展,五彩就渐渐减少了。

粉彩不仅用于官窑,各地民窑的烧制也很普遍,被广泛地运用于百姓日常生活瓷器的制作,这种广泛的社会基础使得粉彩瓷获得了很强的生命力,没有随着时代的变化而销声匿迹,而是成为服务生活、美化生活的重要组成部分。

乾隆时期,粉彩广泛制作成为乾隆彩瓷的主流,并制作了大量茶具。装饰手法多种多样,一部分继承雍正风格的白地彩绘,与乾隆珐琅彩一样,也有部分西洋人物。乾隆粉彩还生产了大量的色地彩绘,并采用压印、剔划、开光、描金等多种手法进行装饰。即使白地彩绘,乾隆粉彩也是万花堆叠,纹饰繁密。乾隆粉彩瓷茶器虽不乏佳品,但与同时的珐琅彩瓷一样,过分的技术逞示,矜奇斗巧,极尽装饰工巧之能事,色彩浓艳,装饰繁缛,雕馈满眼,这是乾隆中后期工艺美术的通病,陶瓷亦未能幸免。诚如《论语·雍也》所说:"质胜文则野,文胜质则史,文质彬彬,然后君子。"这种中国传统美学思想,于工艺美术亦同样适用。《淮南子·诠言训》云:"饰其外者伤其内,扶其情者害其神,见其文者蔽其质。"技术至上和对外在装饰的过分追求,丧失了陶瓷艺术源于生活、服务于生活的本质,故后世学者对乾隆后期的陶瓷艺术在技术水平上赞誉良多,但在艺术水平和功用上多有微词,并将乾隆后期作为中国制瓷艺术由盛而衰的转折期。与官窑相反,民窑的粉彩瓷却由于贴近人民、贴近生活,创作自由,便如雨后春笋般发展起来。

盖茶碗 盖茶碗,是清朝康熙、雍正、乾隆时期盛行的一种重要陶瓷茶具。前面讲过,明代陈师曾在《茶考》中批评直接用茶瓯冲泡茶叶,有味不尽出、费而可惜等不足之处。盖茶碗,正是陶瓷艺人针对这种批评,对茶具进行改造的结果。

盖茶碗由盖、碗、托三部分组成。盖呈碟形,有高圈足做提手;碗为大口小底,有低圈足;托为中心下陷的一个浅盘,其下陷部位正好与碗底吻合。托可免烫手之虞。盖既可保温,利于茶汁渗出,又可于饮茶时拨浮沫飘茶之用。茶人还将盖碗茶盏三部分的完美组合,赋予了"天、地、人"三才的哲学内涵,表现了中国茶陶艺术深厚的文化底蕴。梁实秋在《喝茶》一文中曾感叹道:"盖碗究竟是最好的茶具。"鲁迅在《准风月谈·喝茶》中也说:"喝好茶,是要用盖碗的,于是用

◎盖茶碗

盖碗。果然,泡了之后,色味而清甘,微香而小苦,确是好茶叶。"

早期的盖茶碗有两种形制,一种是盖的口径大于茶碗的口径;一种是盖的口径小于茶碗的口径。随着人们的饮茶实践,第一种由于盖放置不稳容易脱落而逐渐被淘汰,小盖的盖茶碗盛行起来。青花、五彩、各种色釉瓷都有制作。清朝晚期,使用盖茶碗的盖碗茶流行于京、津和四川一带,一直延续至今,成为陶瓷茶具的重要种类。

◎钟鼓壶

紫泥砂罂 古雅绝伦

　　明朝废除团茶,改贡芽茶以进的措施,不但减轻了广大茶农为造团茶所付出的繁重苦役,也带动了整个茶文化系统的演变,手撮茶叶、用壶冲饮,替代烹煎方式的品饮方式,使得茶具有了用作案几陈设品的可能,茶事更加讲究器具。明清茶具,除了上面所述瓷器之外,最为茶人称道的就是江苏宜兴的紫砂陶壶、陶盏的创制和普及了。

　　在中国陶瓷艺术中,紫砂是一个特殊的品种,具有与众不同的性能、用途和艺术风格,是一种实用与审美高度和谐、妙不可言的特种手工艺品。紫砂器通常造型完美、纹样古雅、制作精湛,且与诗书画及金石篆刻相结合,雅俗共赏,使人百玩不厌,正好满足了茶文化时代变革的需求。紫砂制作中的艺术化变革,不但扩大了茶文化的思想内涵,也丰富了茶文化精神的外延空间。中国茶文化原本追寻朴拙高尚的人生态度,但唐宋时期繁琐的茶饮礼仪形式,压抑了茶人的思想情绪,留下的只是被扭

◎顾景舟辅导一厂徒工班
李昌鸿制壶

曲的程序形态,喝茶是在"行礼",品茗是在"玩茶"。紫砂茶具的风行,废弃了繁琐复杂的饮茶程序,一壶在手,自泡自饮,文人雅士可在简单而朴实的品饮中,尽情发挥思想,充分体验自然气息带给人的温和、敦厚、静穆、端庄、平淡、闲雅的精神韵律。

紫泥新品泛春华

宜兴,历史悠久,人文荟萃。周代称为"荆邑",秦王政二十六年(前221),改名"阳羡"。西晋阳羡名将周处的长子周玘,三兴义兵,晋怀帝为表彰其功,改阳羡为"义兴"。宋太宗太平兴国元年(976)时,为避太宗赵光义讳,改称"宜兴",沿用至今。宜兴境内水土利陶,采用当地独有的紫泥、本山绿泥、红泥制作的紫砂茶具,称为紫砂器。紫砂本身是土,又含铁质,遇水成泥,逢火成陶,金木水火土五种元素在烈火中融为一体,不需像瓷器那样需要上一层釉色来加以修饰,可谓素面素心,表里如一。诚如一联所曰:"龙山砂,阳羡壶,砂壶宜茶,茶道誉中外;荆溪水,富贵土,水土利陶,陶艺冠古今。"

紫砂器的创始,有文字的记载始见北宋。北宋早期诗人梅尧臣《宛陵集》第十五卷《依韵和杜相公谢蔡君谟寄茶》中,有"小石冷泉留早味,紫泥新品泛春华"的描写;第三十五卷《答宣城张主簿遗雅山茶次其韵》也有"雪贮双砂罂,诗琢无玉瑕"的诗句。诗中所说的"紫泥"、"砂罂",指的都是宜兴紫砂壶。当年谪居宜兴的苏轼,亦有"松风竹炉,提壶相呼"的诗句,因此人们常常将紫砂提梁壶称为"东坡壶"。1976年,宜兴丁蜀镇羊角山古窑址发掘出大量紫砂陶片,据《宜兴羊角山古窑址调查简报》称,其断代时间为北宋中期,这也是紫砂器始于北宋时期的佐证。

早期紫砂器形主要有壶、罐两大类,以壶类为大宗。1966年在南京中华门外吴经墓,出土了一件卒于明嘉靖十二年(1533)司礼太监吴经生前使用过的紫砂提梁壶。这件紫砂提梁壶的制作风格,与羊角山古紫砂窑提梁壶极为相似。质地近似缸胎,但颗粒较细,呈赤褐色。因紫泥中铁质不均和烧造时氧化气氛不畅,使壶身表面颜色不一,腹部一团黑晕逐渐向外淡出,壶身沾染缸坛釉泪。壶身圆鼓饱满,矮颈,壶盖为平盖带纽,肩上粘接壶门式提梁,上有一小环以穿带系壶盖用。壶身用泥片附合虚砣,上下两半镶接而成,腹部有衔接的节腠痕迹;壶嘴以在壶身打洞钻塞的"铆钉法"粘接而成,在壶身与壶嘴的粘接处饰柿蒂纹,既弥补了钻塞的痕迹,又具有美观的装饰作用。由于此壶具有紫砂壶的早期特征,因此被称为"紫砂壶的老祖母"。在明代画家王问(1493-1576)的《煮茶图》中,绘有竹炉、提梁壶、火夹、水缸、茶罐等多种茶器,其中的提梁壶与这件出土的紫砂壶如出一辙,可见这种壶当时是用来煮茶的,而不是用来泡茶的。另外,南宋刘松年的《博古图》中,绘有一僮仆正在风炉前挥扇煮茶,风炉上的提梁壶与此壶也极为相似,又可见用这种提梁壶煮茶由来已久。

紫砂茶壶之所以受到明清茶人的珍视和青睐,就在于它具有与品饮散茶相适应的实用物理特性和别具一格的艺术价值。诚如李景康在《阳羡砂壶图考·序》中,总结紫砂器的这一独有特性时所说:"茗壶为日用必需之品,阳羡砂制,端宜瀹茗,无铜锡之败味,无金银之奢靡,而善蕴茗香,适于实用,一也。名工代出,探古搜奇,或仿商周,或摹汉魏,旁及花果,偶肖动物,咸匠心独运,韵致怡人,几案陈之,令人意远,二也。历代文人或撰壶铭,或书款识,或镌以花卉,或镘以印章,托物寓意,每见巧思,书法不群,别饶韵格,虽景德名瓷,价逾巨万,然每出以匠工之手,向鲜文翰可观,乏斯雅趣,三也。备斯三者,则士夫之激赏岂徒然哉!"

从实用角度看,由于紫砂壶是采用一种质地细腻柔韧、含铁量高、可塑性强的特殊陶土制成的无釉细陶壶,因此它既有一定的机械强度,又有一定的气孔率,盛茶既不会渗漏,又有良好的透气性。诚如明人文震亨《长物志》所说:"茶壶以砂者为上,盖既不夺香,又无熟汤气。"许次纾在《茶笺》中也说:"以粗砂制之,正取砂无土气耳!"也就是说,用紫砂壶沏茶,色香味皆蕴,既不夺香,又无熟汤气,愈发茶味淳郁芳馨。另外,由于紫砂器气孔率较高,具有透气性,因此注茶越宿经暑月而不馊,并能吸收茶汁,增积"茶垢",即使空壶单注入沸水,也有茶香。再者,由于紫砂壶冷热急变性好,耐寒耐热,寒冬腊月,注入沸水,也不会因温度急变而胀裂,而且砂质传热缓慢,把握抚摸,不会炙手。还有,紫砂壶便于洗涤。日久不用,难免异味,将其注满沸汤,立刻浸没于冷水之中,然后取出卸去冷水,泡茶依然如旧。明周高起在《阳羡茗壶系》中就说:"壶宿杂气,满贮沸汤,倾即没冷水中,亦急出水写(泻)之,元气复矣。"

从艺术的角度来看,紫砂壶以简洁大方之形、淳朴典雅之色、安详恬淡之态,跻身中华艺术之林。首先是形制优美。诚如明张岱在《陶庵梦忆》中所说,可以"直齐商彝周鼎,而毫无愧色"。紫砂壶的造型,是由其特殊的手工成型制作方法决定的。经过紫砂艺人匠心独运,创造出的各种各样的壶型,千变万化,层出不穷。日本人奥玄宝(1836-1897)仿效宋审安老人《茶具图赞》,撰写了《茗壶图录》,从收藏家的角度,采取拟人化的手法,给三十二件紫砂壶题名,其中评价道:"温润如君子者有之,豪迈如丈夫者有之,风流如词客、丽娴如佳人、葆光如隐士、潇洒如少年、短小如侏儒、朴讷

◎钟壶

如仁人、飘逸如仙子、廉洁如高士、脱俗如衲子者，有之。"

紫砂壶，颜色古雅。使用越久，越发光润晶莹，气韵温雅。周高起《阳羡茗壶系》说："壶，人久用，涤拭日加，自发暗然之光，人手可鉴，此为书房雅供。"紫砂壶的美，还存在于茶人使用的过程之中，当人们将沸水注入壶中时，观壶色莹润如玉，听泉水汩汩细流，闻茶香袅袅而来，心中顿生愉悦亲近之感。摩挲把玩，亦可舒筋活血，强身健体。紫砂壶久用可产生包浆，宝光四射，越用越美，这就是人们常说的"养壶"。

由于紫砂壶质地古朴淳厚，不媚不俗，与文人气质十分相近，为此博得古今文人的深好笃爱。明代文学家李渔认为，"茗壶莫妙于砂，壶之精者，又莫过于阳羡。"随着撮泡茶饮法的流行，紫砂茶壶成为明清时期茶人必不可少的重要茶具。文人玩壶，视为"雅趣"，参与共事，成为"风雅之举"。在文人积极倡导和参与下，更是大大提升了紫砂壶的艺术品位。有研究者认为，紫砂真正的"文人化"题铭刻画，首推明代普陀禅僧昱光如曜。昱光如曜嗜饮佛茶，爱茶及壶，茶具收藏也随之丰富，并开创了撰写壶铭及落款的先河。据《中国历代宜兴紫砂名家雅士年表》载，普陀山白华庵最早两任住持昱光如曜、朗彻性珠"师徒蓄金石书画、文玩茶具而富"，尤其引人注目的是茶具。昱光如曜曾于万历丙申(即万历二十四年，1596)，制紫砂壶一把，赠送给当时海潮庵住持天然如寿。壶盖内钤"白华庵"阳文小篆方印，壶底楷书铭四行，每行六字，曰："清人树，涤心泉。茶三昧，赵州禅。佛生日，丙申年。如曜铭，赠天然。"文人的参与，使得紫砂壶融诗、书、画、印诸艺术于一体,将壶砂、壶色、壶形、壶款、壶章、壶铭、绘画、书法、雕塑、篆刻诸多艺术门类相结合,达到"切茶、切水、切壶、切情"之境界,人们对此越发爱不释手,宠爱有加。

紫砂壶这种既有艺术价值又有实用价值的特点,使紫砂壶的身价"贵重如珩璜",甚至于超过珠玉之上。寸柄之壶,贵如金玉,珍同拱璧。明周高起《阳羡茗壶系》载:"近百年中,壶黜银锡及闽豫瓷,而尚宜兴陶……至名手所作,一壶重不数两,价重每一二十金,能使土与黄金争价。"周澍《台阳百咏注》中也说:"供春小壶一具,用之数年,则值金一笏。"清吴骞在《阳羡名陶续录·叔未解元得时大彬汉方壶,诗来属和》中甚至说道:"求壶不求官,干水甚干禄。三时我未屦,一夔君已足。"这也使得宜兴紫砂壶达到与官哥窑器并传的境界。吴骞《阳羡名陶录》中收录冯念祖《无锡买宜兴茶具》之二即云:"敢云一器小,利用仰前贤。陶正由三古,茶经第二泉。却听鱼眼沸,移就竹炉边。妙制思良手,官哥应并传。"清人汪文柏在赠给当时紫砂壶名家陈鸣远的一首《陶器行》诗中,也有"人间珠玉安足取,岂如阳羡溪头一丸土"的赞句。康熙年间,陈其年在《赠高澹人诗》中,也有"一具尚值三千缗"。可见宜兴紫砂壶的身价,非同一般。再往后,名家出品价格尤高。吴梅鼎《阳羡茗壶赋》中叹道,不仅"价埒金玉",而且"已为四方好事者收藏殆尽"。甚至一些残破的紫砂壶,也有人愿意出价收购。周伯高曾说:"供春、大彬诸名壶,价高不易辨。予但别其真,而旁搜残缺于好事家,用自怡悦。"

由此可见,紫砂壶不仅将中国陶瓷之美发展到极致,而且还以其深邃的文化品位和人文亲和力享誉全球。紫砂工艺历经数度兴废衰荣,紫砂艺人更是名师辈出。从明代的供春、时大彬、惠孟臣,清代的陈鸣远、杨彭年、陈曼生、邵大亨、黄玉麟、程寿珍、范大生,到现代的任淦庭、朱可心、吴云根、裴石民、王寅春、顾景洲(舟)、蒋蓉,他们将紫砂工艺推向了顶峰,使得紫砂壶"不胫而走遍天下",其价值也达到了金钱所不能衡量的程度。如今,宜兴紫砂陶的制作技艺,已经正式列为国家非物质文化遗产予以保护。

宜兴妙手数供春

据明周高起《阳羡茗壶系》等相关文献记载，最早的著名紫砂器卓越匠师，是明代正德、嘉靖年间的供春。供春，亦有人称为"龚春"，原为明代四川参政吴颐山的家僮，在侍候主人于宜兴金沙寺读书时，见寺内老僧练土制壶，亦仿学之。学成后，就专以制紫砂壶为业，人将其所制之壶，称"供春壶"。当时通常采用制作缸、瓮等日用粗陶的"斫木为模"的成型法，这些成型方法也表明早期紫砂壶乃由罐、瓮等日用粗陶脱胎而来。明代吴经墓出土的紫砂壶，也证实了早期紫砂壶的这一成型特点。供春制壶，以细陶土作坯，一般也采用内模的两截成型法，因此供春壶成品会在腹内留下两截泥片衔接的痕迹，"故腹半尚现节腠，审以辨真"。同时，供春还采用日用陶的拍打方法，并以手指反复按掠胎体内外。由于"胎必累按"，因此其成品壶表面上的指螺纹，还隐约可见。镶接的"节腠"和指按"螺纹"，都是辨别供春壶真伪的重要标志。

供春是将紫砂器从粗陶中分蘗而出的代表人物。明周高起《阳羡茗壶系》称供春

◎仿供春壶

壶"栗色闇闇,如古金铁,敦庞周正,允称神明垂则矣",因此为世所宝重,有"供春之壶,胜于金玉"之谓。明代闻龙在《茶笺》中,忆其老友周文甫极其嗜茶,"尝蓄一龚春壶,摩挲宝爱,不啻掌珠。用之既久,外类紫玉,内如碧云,真奇物也。后以殉葬"。这种以生前摩挲宝爱的大师制紫砂壶殉葬的做法,当时不乏其例。

此后,紫砂壶作为一种精致的手工艺品和日常生活用品迅速普及,名匠辈出。供春之后,见诸文献记载的著名紫砂艺人有董翰、赵梁、元畅(一作玄锡)、时朋四大家和李茂林等。宜兴羊角山古窑发掘资料表明,早期紫砂壶多为无钵露烧,常有火疵现象,这从明吴经墓中出土的紫砂壶中可见一斑。周高起《阳羡茗壶系》认为,从这几位紫砂艺人开始,"壶乃另作瓦缶,囊闭入陶穴",避免了火疵以及沾染釉料等其他杂质。以匣钵封闭烧制紫砂壶技术的采用,使紫砂壶进一步向精雅化发展。

能事终推时大彬

吴省钦《在论瓷绝句》中曰:"宜兴妙手数供春,后辈还推时大彬。一种粗砂无土气,竹炉馋煞斗茶人。"时大彬是时朋的儿子,号少山。时大彬制壶或用细陶土,充分表现了紫砂泥的各种特质和色泽变化;或杂以碙砂土,即现在的调砂、铺砂工艺,有徐熊飞在《观叔未时大彬壶》中所谓"乱点碙砂灿星斗"之韵致。因此,许次纾在《茶疏》中认为:"往时龚春茶壶,今日时彬所制,大为时人宝惜。盖皆以粗砂制之,正取砂无土气耳。随手造作,颇极精工。"周高起在《阳羡茗壶系》中,评价时大彬为:"诸款具足,诸土色亦具足。不务妍媚而朴雅坚栗,妙不可思。"

时大彬初学时,喜仿制供春作大壶。后游历娄东,闻听当时著名文人陈继儒与琅琊、太原诸公品茶施茶均认为"茶壶以小为贵"之妙论,开始制作小茶壶。诚如周高起《阳羡名壶系》所说:"壶供真茶,正在新泉活火,旋瀹旋啜,以尽色、声、香、味之蕴。故壶宜小不宜大,宜浅不宜深;壶盖宜盎不宜砥,汤力茗香,俾得团结氤氲。"许次纾《茶疏》也认为:"茶注,宜小不宜大。小则香气氤氲,大则易于散漫。大约及半升,是为适可。独自斟酌,愈小愈佳。容水半升者,量茶五分,其余以是增减。"冯可宾《岕茶笺》亦曰:"或问茶壶毕竟宜大宜小,茶壶以小为贵。每一客,壶一把,任其自斟自饮,方为得趣。何也? 壶小则香不涣散,味不耽搁;况茶中香味,不先不后,只有一时。太早则未足,太迟则已过,的见得恰好,一泻而尽。化而裁之,存乎其人。施于他茶,亦无不可。"时大彬深受这些论述的启发,促使他突破了供春壶的藩篱。不过,明人文震亨在《长物志》中云:"茶壶以砂者为上,盖既不夺香,又无熟汤气,'供春'最贵,第形不雅,亦无差小者。时大彬所制又太小,若得受水半升,而形制古洁者,取以注茶,更为适用。"徐熊飞《观叔未时大彬壶》亦云:"少山方茗壶,其实强半升。"他们都认为供春壶与大彬壶的大、小之别,应以半升为限。正是这些文人的饮茶理论,引发了紫砂壶的改革。大彬壶虽然小于供春壶,但尚未至最小,多类似后代的中壶,真正的紫砂小壶则出现于明末。中小型紫砂壶的流行,反映出明代品茗艺术日趋精致化、艺术化。

在紫砂壶的制作工艺上,时大彬领悟了供春做壶之斫木为模成型法则后,又根据茶人饮茶需求和内在精神的需求,大胆创新,舍弃了模具,开始随手造作。这种完全用手工制作的成型方法,既开阔了紫砂艺人的创造空间,也十分契合文人的审美旨趣。时大彬制作的茶壶,多仿春秋战国时期青铜豆、敦、鼎等形制,端庄浑厚,敦雅古穆、沉郁老健,既于饮茶适用,尽显茶之色、香、味,又可点缀几案间清赏,使生活平添悠然雅致的韵味。表现出时大彬极富创造性的造型能力和深厚的艺术修养。这种被周高起誉为"不务妍媚而朴雅坚栗,妙不可思"的大彬壶,自然为当时和后代茶人所宝惜,也因此留下了一些完整的大彬壶精品。

从丰富材质、改革成型工艺(完全以手工制壶)、切合饮茶实践和茶人的使用需求改进茶壶形制,到朴雅有致的造型等各方面,时大彬奠定了紫砂壶工艺的制作基础和美学风范,对紫砂工艺的发展有巨大的推动作用。故陈鳣在《观六十四研斋所藏时壶,率成一绝》中赞誉道:"陶家虽欲数供春,能事终推时大彬。安得携来皆研北,注将勺水活波臣。"《阳羡茗壶系》的作者周高起也独尊时大彬,认为"明代良陶让一时"。

◎钟形文士壶

与时大彬齐名的，还有他的两个高足李仲芳与徐友泉。由于他们皆行大，故称"三大"。时陶肆歌谣有"壶家妙手称三大"之说。徐友泉师从大彬，作品造型富于变化，并能根据不同的造型调配相适宜的紫砂泥色。泥色有海棠红、朱砂紫、定窑白、冷金黄、淡墨、沉香、水碧、榴皮、葵黄、闪色梨皮等诸品。造型则有汉方、小云雷、提梁卣、菱花、鹅蛋、美人垂莲、大顶莲等款式，变幻莫测，妙出心裁。但晚年他领悟到，其师时大彬所制之壶朴雅含蓄、不事雕琢的内涵，才真正深契中国茶器文化的精神，因此感叹道："吾之精，终不及时之粗。"

三大之时及其后，紫砂名家还有欧正春、邵文金、邵文银、陈用卿、陈信卿、闵鲁生、陈光甫、陈仲美、沈君用、邵盖、周后溪、邵二孙、陈俊青、周季山、陈和之、陈挺生、承云从、沈君盛、沈子澈等人。但与大彬壶不务妍媚、寓巧于朴的典重古雅的风格相比，明代后期的紫砂壶工艺呈现明显的浮华弄巧的趋向。如周高起在《阳羡茗壶系》中认为，欧正春"式度精妍"，陈用卿"已极妍饬"，陈仲美雕镂"细极鬼工"、"巧穷毫发"，沈君用"踵仲美之智而妍巧悉敌"等，并因此而感叹"世日趋华，抑足感矣"。明末清初周容也在《宜兴瓷壶记》中，对时大彬敦雅古穆、波澜安闲的为人和壶艺，推崇有加，而对当时紫砂壶那种纤柔文巧甚至装饰烦琐的艺术趣味，持严厉的批评态度："今器用日烦，巧不自耻。"陈维崧在《赠高侍读澹人以宜壶二器并系以诗》中也认为："后来往者或见出，巉削怪巧徒纷纶"，对当时浮华世风影响下紫砂壶工艺沾染的偏于纤巧、猎奇的浮躁风气,提出了批评。

技进乎道陈鸣远

清代初期,由于清兵入关进入江南之战,致使前代名家之壶所存稀少,价高腾跃,极为难得,且赝品极多。吴梅鼎《阳羡茗壶赋并序》中曾感叹道:"先子以蕃公嗜之,所藏颇伙,乃以甲乙兵燹,尽归瓦砾。精者不坚,良足叹也。"吴骞在《阳羡名陶录序》中载,乾、嘉时期,吴骞雅慕宜兴陶,专赴宜兴访求,但破数十年之功却所得寥寥。陈维崧《赠高侍读澹人以宜壶二器并系以诗》亦叹曰:"百余年来迭兵燹,万宝告竭珠犀贫。皇天劫运有波及,此物亦复遭荆榛。清狂录事偶奔得,一具尚值三千缗。"明王士正《居易录》载:"瓦壶如龚春、时大彬,价至二三千钱。"可见至清时,紫砂名器价格竟腾跃于明时数

◎合欢壶

百甚至上千倍。龚春、时大彬所制名壶，纵有人卖，往往也是赝品，非是其真。这自然使茶人们将注意力放到本朝之作上来。清初的陈鸣远，就是继供春、时大彬后成就最高的紫砂大家。

　　陈鸣远，名远，号鹤峰、崔邨，亦号壶隐，历康熙、雍正、乾隆三朝，集明代紫砂传统之大成。他的创作题材丰富，取材自然，构思新颖巧妙，造型与装饰融为一体，妙趣横生。所制的紫砂壶不论形制、纹饰还是铭款，无不精妙，使茶壶既具有盎然的生活意趣，又赋予茶事、茶具深沉的文化内涵，表现出其深厚的文学修养和人生态度，因此广受推崇。陈鸣远以南瓜为壶体，以典故为壶铭的紫砂南瓜壶，又名"东陵瓜壶"，典故取自故秦东陵侯——召平。《史记·萧相国世家》载："召平者，故秦东陵侯。秦破，为布衣。贫，种瓜于长安城东。瓜美，故世俗谓之'东陵瓜'。"该壶高10.5厘米、口径33厘米。造型源于南方常见的南瓜，通体呈橘红色，壶体为九瓣瓜棱形，瓜柄为壶盖、盖纽，瓜藤为壶把，瓜叶盘旋成壶嘴，叶脉藤纹刻画生动，壶底敦实肥满，稍向内凹，且在中心作出一小巧的瓜蒂。壶身刻有楷书铭文："仿得东陵式，盛来雪乳香。鸣远。"并压钤阳文篆书"陈鸣远"方印。陈鸣远款梅桩壶，呈深栗色，壶身、流、把、盖，全部是用极富自然意趣的梅树残桩老干组成，壶身塑新枝、梅花，栩栩如生，枝干遒劲苍润，静中有动，意趣盎然。壶身刻行书款："居三友中，占百花上。鸣远。"款下盖"鸣远"篆书阳文方印。此壶既可作实用之茶壶，又可作雕塑赏玩。除此之外，还有陈鸣远款蚕桑壶、松段壶等，充分表现出陈鸣远取材自然、构思巧妙、信手万变的造型能力和深厚的文化修养。汪文柏专作《陶器行赠陈鸣远》诗，称赞陈鸣远紫砂壶艺可与时大彬、徐友泉一争高下，并将其与轮扁斫轮、梓庆削鐻相提并论，认为陈鸣远的紫砂壶艺达到了庄子所说的"技进乎道"的境界，能化腐朽为神奇，使人间珠玉黯然失色。

　　除了独具匠心的造型之外，陈鸣远紫砂壶镌刻的款识书法同样精湛。清代乾嘉间著名金石书画家张燕昌《阳羡陶说》曰："于王勺山家见一壶，底有铭曰：'汲甘泉，瀹芳茗，孔颜之乐在瓢饮。'观此则鸣远吐属亦不俗，岂隐于壶者欤。"可见陈鸣远清雅不俗的谈吐和人生境界。陈鸣远壶不仅镌刻诗句，还钤压"鸣""远""陈""鸣远"、"陈鸣远"、"壶隐"等印章，将紫砂壶与诗、书、印融为一体，更增添了紫砂壶的艺术韵味。紫砂镌刻，不仅要求镌刻者有一定的文学修养和书画造诣，还要有娴熟的操刀技巧，方能使诗书画印浑然一体，寓人生哲理、生活意趣和诗情画意于方寸之壶。李景康等编的《阳羡砂壶图考》中引《宜兴县志》认为陈鸣远"工制壶杯瓶盒，手法在徐友泉、沈子澈之间，而所制款识，书法雅健，胜于徐、沈。"并说："张燕昌谓其手制茶具雅玩不下数十种，如梅根笔架之类不免纤巧，其款字有晋唐风格，盖鸣远游踪所至，多主名公巨族。吴骞客云：'鸣远一技之能，间世特出，自百余年来，诸家传器日少，故其名尤噪，足迹所至，文人学士争相延揽。'"陈鸣远还与当时许多文人雅士、金石书画家及收藏家交往甚厚，常被他们请到家中为其制壶。陈鸣远紫砂壶，还随着茶风东渐漂洋过海，东渡扶桑。日人奥玄宝《茗壶图录》中，就收录两只鸣远紫砂壶。

壶艺双绝陈曼生

明清时期，随着紫砂壶社会影响的日渐扩大和文化品位的提升，吸引了众多文人雅士、金石书画名家。他们不但倾心紫砂壶，专门定制，而且还直接参与紫砂壶创作活动。文人参与紫砂器的制作活动，有着多种的形式，除了邀请大家名匠特别制作外，大多数文人还亲自设计外形，由紫砂艺人按图制作，再由自己挥笔成文，或运刀镌刻，题刻诗词书画，与紫砂艺人的创作成为合璧之作，并使紫砂壶"字随壶传，壶随字贵"，成为实用性与艺术性兼具的茶具雅玩。李景康等编《阳羡砂壶图考·雅流》，赞誉这种紫砂器为"名工名士，允称双绝"。这股文人参与制壶的风气盛行一时，到了清乾嘉年间，出现了一位专以制壶为道的著名的文人制壶名家陈鸿寿，他与制壶艺人杨彭年等人密切合作，制作了著名的"曼生壶"。

陈鸿寿，字子恭，号曼生，又号种榆道人，浙江钱塘(今杭州)人，工于诗文书画篆刻。李景康等编《阳羡砂壶图考·雅流》之"陈鸿寿"条载："素善书，酷嗜摩崖碑版，行

"曼生壶"十八式

石铫壶　　　　　　涉直壶　　　　　　却月壶

横云壶　　　　　　百衲壶　　　　　　合欢壶

春胜壶　　　　　　饮虹壶　　　　　　古春壶

瓜形壶　　　　　　葫芦壶　　　　　　天鸡壶

合斗壶　　　　　　　圆珠壶　　　　　　　乳鼎壶

镜瓦壶　　　　　　　棋奁壶　　　　　　　方壶

楷古雅,八分书尤简古超逸,脱尽恒蹊。篆刻追踪秦汉,为西泠八家之一",所绘山水,不多着笔,悠然意远,花卉竹兰则时见天趣。

　　乾隆时期,紫砂壶的需求量剧增,为了提高效率,紫砂壶多采用模衔造、分段合成的制作方法,操作简易,便于大量生产,但形制单调而乏手工捏制的自然天趣。著名紫砂艺人杨彭年则独具见识,他首先恢复了时大彬手工捏造、不用模子的制壶方法。《阳羡砂壶图考·雅流》之"杨彭年"条载:"乾隆时制壶多用模衔造,分段合之,其法简易。大彬手捏遗法已少传人,彭年善制砂壶,始复捏造之法,虽随意制成,自有天然风致。嘉庆间陈曼生作宰宜兴,属为制壶,并画十八壶式与之。"嘉庆二十一年(1816)左右,陈鸿寿到距宜兴不远的溧阳任知县,与杨彭年意趣相投,遂专门合作致力于手工制紫砂器,他辨别砂质,根据不同的紫砂泥创制新样,手绘"十八壶式",设计好后交给杨彭年兄妹等紫砂艺人制作,并亲自运刀刻铭镌句,刀法遒逸。所制之壶,世称"曼生壶",十分契合文人士大夫的审美情趣。参与制作的,还有当时与陈鸿寿交游的钱菽美、改七芗、郭频伽、江听香等文人名士,以及杨宝年、杨凤年、邵二泉等紫砂艺人。他们合作所制的"曼生壶",完全手工制作,造型简洁凝练,装饰去繁就简,融诗书画印于一壶,开创了一种全新的艺术风格,风行一时,推动了紫砂壶艺术的中兴,被《阳羡砂壶图考》赞誉"为时大彬后绝技,允推壶艺中兴"。

其实陈鸿寿早在宰溧阳之前,就意识到了应恢复时大彬手工捏造遗法来制壶。1977年出土于上海金山县一座嘉庆八年(1803)三月的墓葬中之陈曼生自铭紫砂竹节壶,通高8.8厘米、腹高6.5厘米、腹径12.2厘米、流长3厘米、把宽3.7厘米,通体紫里透红,呈色和谐而透贴。壶身、盖、流、把的造型,均取自于竹,并贴塑简洁的竹叶装饰,整体和谐统一。壶嘴刚直遒劲,壶身稳重而挺拔。壶盖与壶腹合口严密。壶腹阴刻"单吴生作羊豆用享"金文八字,署"曼生"楷书阴文款。壶盖内钤制壶艺人"万泉"阳文篆书印。陈鸿寿嘉庆六年(1801)辛酉拔贡,约嘉庆二十一年宰溧阳,开始与杨氏兄妹等人合作制壶,而这件随葬紫砂壶的制作年代最晚不迟于嘉庆八年。这说明早在十几年之前,陈鸿寿就开始与紫砂艺人"万泉"等合作手工制壶了,可见其对紫砂壶的喜爱和其早期壶艺风格。

曼生铭箬笠壶,又名"斗笠壶",以形似渔人所戴之斗笠而名。斗笠,既是渔人的生活用具,也是禅僧重要的生活道具。此壶从造型到镌文和谐统一,均表现出陈曼生融茶禅于一味的艺术和人生境界。使人不禁想起张志和那有名的《渔歌子》:"青箬笠,绿蓑衣,斜风细雨不须归。"此壶以斗笠的篷盖为壶身,高7.8厘米、口径3.2厘米。壶上镌文曰:"笠遮暍,茶去渴,是二是一,我佛无说。曼生铭。"底印"阿曼陀室"。阿曼陀室,是陈曼生宰宜兴时居室之名,以为壶印。清人徐康《前尘梦影录》卷下载:"陈曼生司马在嘉庆年间,官荆溪宰,适有良工杨彭年善制砂壶,曼生为之题,其居曰'阿曼陀室。'"

曼生铭合欢壶,高8.4厘米、口径7厘米。壶肩镌铭曰:"试阳羡茶,煮合江水。坡仙之徒,皆大欢喜。曼生铭。"壶底印"阿曼陀室",把梢印"彭年"。此壶为陈曼生与杨彭年合作之佳品,名士与名手联袂制合欢壶,名茶与名水共汇茶馨香味,可谓合则双美,皆大欢喜。

还有曼生铭云蝠方壶,高7厘米、口径6.6厘米。壶身呈长方形,壶盖、纽、把和足亦皆为方形,壶盖面饰五组蝙蝠祥云,取五福吉祥之意;壶身一面雕饰山水云石,另一面刻铭文:"外方内清明,吾与尔偕亨。曼生。"寓意为人处世要行为方正,内心要如茶水般清醇明澈,体现了曼生的人生态度。

曼生壶通常式样小巧,骨肉停匀,雅俗共赏,十分宜茶。其造型、书法、铭文、印章,都达到了高度的和谐统一,使茶与禅、艺术境界与人生境界,水乳交融。清人寂园叟《陶雅》评价道:"陈曼生壶,式样较为小巧,所刻书画亦精,壶嘴不淋茶叶,一美也;壶盖转之而紧闭,拈盖而壶不脱落,二美也。"并称赞"若陈曼生者,本朝一人而已",确为的论。诚如李景康等编的《阳羡砂壶图考》所谓:"明清两代名手制壶,每每择刻前人诗句而漫无鉴别,或切茶而不切壶,或茶与壶俱不切,予尝谓此等诗句不如略去为妙。至于切定茗壶并贴切壶形作铭者,实始于曼生,世之欣赏有由来矣。"

陈曼生之后,参与制壶的文人和紫砂名家,还有朱石梅、瞿应绍、邵大亨、黄玉麟等。但总的来说,到了清朝晚期,与其他工艺种类一样,紫砂壶艺也呈衰落趋势。如叶恭绰《阳羡砂壶图考·序言》曰:"夫砂壶一微物耳,而制作良窳,实与文化生沉具有关系。故创于正德,盛于嘉靖、乾隆,而衰于道、咸,以后其体制则由朴而工而巧,而率且俗。"

茶禅一味

下篇

茶禅一味 明心见性

中国传统文化对茶饮的渗透,几乎涉及茶文化的各个领域,给茶文化注入了蓬勃的生命力。百家争鸣,儒释道并存,不但深刻影响着中国文化的性格,也深刻影响着中国的茶文化,使得中国茶文化形成了强调个人内心修养,崇尚朴实自然,提倡内敛平和,以柔静为主体的思想特征。

中国名茶大都与佛教相关。"天下名山僧占多,名山之上出名茶"。"黎庶自有消渴甚,茶佛一味不解缘"。中国茶道得佛教文化的滋养,加深了内涵,佛典和禅语,不仅可启悟人的慧性,而且可以使人体会到悟道的无穷乐趣。因此有人认为,浮生若茶水流禅,一叶一如来的佛性,需要冲泡才能释放前生深蕴的清香。

今日鬓丝禅榻畔,茶烟轻扬落花风

提倡"直指人心,见性成佛"的禅宗,作为中国佛教中最大的一支,要求人们在日常生活中，从行、住、坐、卧的一举一动去体味禅悦。在饮茶的礼仪中，一系列的动作规矩，可以使人精神集中，眼手心身相应；在品茶的过程中，茶叶释放出大自然的清香，可以引导人们澄心涤虑，当下了了分明，并以茶之味，渐得禅之味。禅，是中国佛教的特质之一，禅文化是中国传统文化的重要组成部分，禅文化渗透于中国文化的方方面面。于学术思想而有禅理、禅学、禅道、禅风；于语言历史而有禅话、禅史、语录、灯录；于文学艺术而有禅文、禅诗、禅乐、禅画；于建筑工艺而有禅寺、禅塔、禅室、禅具等等。

　　禅，是梵语Dhyāna的音译简称，意译为静虑（止他想，系念专注一境，正审思虑）、思维修习、弃恶（舍欲界五盖等一切诸恶）、功德丛林（以禅为因，能生智慧、神通、四无量等功德）。寂静审虑之意，指将心专注于某一对象，极寂静以详密思维之定慧均等之状态。也就是说，把外缘（外在事物）都摒弃掉，不受其影响；把神收回来，使精神返观自身，虚灵宁静，即谓"禅"。禅，不仅为佛教大乘、小乘所修，亦为外道以及凡夫所共修。不过其修行的目的及思维对象，却各有不同。佛教通常将禅及其他诸定，泛称为"禅定"；又或以禅为一种定，故将修禅沉思称为"禅思"。佛教参禅的目的，就在于促使精神高度集中统一，防止产生散乱的心象，从而观照自我的"本来面目"。

　　当初，释迦牟尼佛拈花示众，众皆默然。唯有迦叶尊者破颜微笑，世尊曰："吾有正法眼藏，涅槃妙心，实相无相，微妙法门，不立文字，教外别传，付嘱摩诃迦叶。"遂有以心传心之说。后来，自称为南天竺禅第二十八祖的南天竺僧达摩，于梁武帝普通七年(526)，自印度渡海至广州，同年十月至金陵。当时南朝佛教注重义理，达摩与梁武帝说法不契，于十一月至洛阳，寓止嵩山少林寺，"面壁而坐，终日默然，人莫之测，谓之壁观"，共历九年。传说达摩少林面壁，揭眼皮堕地而成茶树，其事虽近荒诞，但其所寓禅茶不离生活之旨，则有甚深意义。嗣后马祖创丛林，百丈立清规，禅僧以茶当饭，资养清修，以茶飨客，广结善缘，渐修顿悟，明心见性，形成具有中国特色的佛教禅宗。禅宗追求的是一种真善、顿悟、自然、超越以达到物我两忘的境界，而忌人为和做作。茶道与禅宗在文化底蕴上无疑具有同样的内涵：阴柔、静寂、清旷、安详而又端肃，追求清雅，向往和谐。由此可见，法喜禅悦，并非仅仅只是出家人的专利，亦为茶人之精神享受。

禅宗主张明心见性，倡导参禅修行，最主要的方法之一就是"坐禅观心"。要求禅修者在修行过程中，排除所有的杂念，长时间专注于一境，以期达到身心轻安明净，最终导入禅悟之目的。也就是说，只要人们内心的对立观念调和、化解，达到天人合一、圆融无碍的大同，内心清静，没有烦恼，此心即佛。人们的日常生活，从早到晚，几乎总是在连续地忙碌着，诚所谓"俩眼一睁，忙到熄灯"，甚至在睡梦中，也不肯休歇。在如此诸多的活动过程中，如果能使心身松懈下来，去寻找及发现专心致志工作时自己本来的姿态，即进入禅的第一步。也就是说，这种自我的内观反省，超越了好与坏、迷惘与觉悟等对立性的分别，以"主中之主"的心情稳定住，把自己渺小的心迁往成为宇宙遍在的伟大的心，所谓与天地同根，与万物一体，这种发现本来面貌的现象，即是禅的本身及根本的原意。这种根本之处，也称为本来无一物之处，但这"本来无一物"里面，却与风花雪月、楼台亭阁共存，并随着当下的机缘，在自由自在地做着各式各样的动作。饥餐困眠，遇茶喝茶，遇饭吃饭的无做作的行为，这就是所谓禅的动作。唐永嘉大师(665-713)在《证道歌》中曾说："行亦是禅，坐亦是禅，语默动静体安然。

◎红泥茶壶

虽遇刀锋临身,处之坦然。"这种动中之静,不动智的神妙,即是禅本身的韵味。

饮茶具有清心凝神,去杂生精的功效。据相关资料记载,两晋时期是禅茶的发展时期,僧人为了防止打坐中"昏沉""掉举"等情况的发生而广种茶树,采制茶叶,以便在参禅打坐时可以全神贯注,通宵不眠。《晋书·艺术传》载,敦煌人单道开在后赵都城邺城(今河北临漳)昭德寺修行时,除"日服镇守药"外,"时复饮茶苏一二升而已"。陆羽《茶经·七之事》引释道说《续名僧传》曰:"宋释法瑶,姓杨氏,河东人。元嘉中过江,遇沈台真,请真君武康小山寺。年垂悬车,饭所饮茶。大明中,敕吴兴礼致上京,年七十九。"

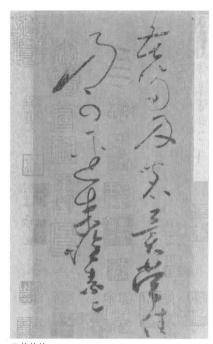

◎苦笋帖

到了唐代,许多高僧在借茶论道传播禅的精神时,常以茶作为"标月手指",从而导致禅茶风行。唐代封演《封氏闻见记》卷六云:"开元中,泰山灵岩寺有降魔师大兴禅教,学禅务于不寐,又不夕食,皆许其饮茶。人自怀挟,到处煮饮,从此转相仿效,遂成风俗。"有的甚至达到"唯茶是求"的境地。饭后三碗茶,几乎成为禅寺的"和尚家风"。宋道原纂《景德传灯录》卷十六载:"晨起洗手面,盥漱了吃茶。吃茶了,东事西事。上堂吃饭了盥漱,盥漱了吃茶。吃茶了,东事西事。"这也反映了僧侣对推动北方乃至全国饮茶之风的重要作用,说明在唐代,茶已深入佛教山门之中。唐代书法大家怀素和尚,激情澎湃地写下了最早的茶事佛门手札《苦笋帖》:"苦笋及茗异常佳,乃可迳来,怀素上。"笔墨飞舞,锋正字圆,尤其是"茗"字,气韵生动,充满了书家对茶的炽热情感。诗人杜牧的"今日鬓丝禅榻畔,茶烟轻扬落花风",也生动描写了老僧煮茶时闲静雅致的情景。李白在《答族侄僧中孚玉泉仙人掌茶并序》中所称赞的"能还童振枯,扶人寿"的仙人掌茶,即是僧人中孚所植、所制。

佛家颂茶,谓有三德:一为可以提神。参禅人饮茶,益于静思,夜不思寐;二乃用助消食。禅门僧众,整日静坐,极易积食。饮茶消食,方便易行;三曰不使思淫。人大凡饱暖之余,多生淫欲。一杯清茶,神清气爽可以消邪念,可以断淫欲。凡此三德,无不利于参禅。饮茶除了唐代诗人李咸用在《谢僧寄茶》中所说"空门少年初志坚,摘芳为药除睡眠"的功用之外,还有"饱食满腹助消化"以及"清神静气除杂念"的功用。因此,茶风初兴,便在佛门。

与此同时,僧人与寺院也促进了茶叶生产的发展与制茶技术的进步。禅僧出坡,种地栽茶,制茶饮茶,相沿成习。于茶之种植、采撷、焙制、煎泡、品酌之法,也多有创造。许多名茶最初皆出于禅僧之手。如佛茶、铁观音等,即乃禅僧所命名。僧人培植名茶与造茶技艺之精深,深为唐人所折服。就连唐代著名道士吕岩(吕洞宾),也在《大云寺茶诗》中称赞道:"玉蕊一枪称绝品,僧家造法极工夫。兔毛瓯浅香云白,虾眼汤翻细浪俱。"

在茶事实践中,茶道与佛教之间找到了越来越多思想内涵方面的共通之处。佛教认为,饮茶最易将人导入禅境。茶性清凉,可伏心中燥热,可涤体内沉浊;茶味枯淡,可去名利之欲,可息奔竞之心。由实物之茶,经沸水冲泡为有形有态有色、可视可触可饮之茶汤,茶汤复冒出丝丝缕缕、飘飘渺渺、视之则无、嗅之若有之茶味,茶味又让人进入无限广大、清朗空明、不可言说之茶境,这既是茶逐渐由"有"入"无"、由形而下升华为形而上的过程,也是茶在虚化、淡化中不断超越自身、超越时空的过程,更是茶由"形质"蜕变为"精神",由"实物"蜕变为"灵物"的"返魅"与"显灵"过程。入如此境界者,即茶即禅,即禅即茶,饮茶即是参禅,参禅即是饮茶。唯恍唯惚,若有若无，非出非入，不即不离，道心冥契，天人合一。可观照实相，可体悟本真。其妙味佳境，唯宜心领，实难言传。诚如《妙法莲华经》所云："阿罗汉，诸漏已尽，无复烦恼，逮得己利，尽诸有结，心得自在。"也就是说，茶叶经热水之冲泡，荡涤尘嚣，洗尽铅华，无染清净，了断烦恼。茶漏滤出尘滓，流淌自然汁液纯正茶水，象征罗汉诸漏已尽，证得无漏智慧，得法喜禅悦。茶味由浓而淡，直至无味，诚如万有一空，诸有皆尽。施茶之道，无有分别，平等对待，提起放下，而得自在。

伐鼓考钟　并合清规

茶的兴盛，使得茶事在佛教寺庙的活动中占有很大的比例。唐大历年间，百丈怀海禅师在制定整肃禅林的规程及丛林僧众所必须遵守之仪则——《百丈清规》(世称《古清规》)时，将茶事列入其中。百丈怀海(720-814)，俗姓王，福建长乐人。少时出家，后参见马祖道一得法，是马祖席下最著名的入室弟子，后住新吴(今江西省奉新县)大雄山，又名百丈山，故世称为"百丈和尚"。圆寂后，谥号"大智禅师"。怀海提倡"一日不作，一日不食"，亲身实践，带头劳动。《五灯会元》卷三载："师(怀海)凡作务执劳，必先于众，主者不忍，密收作具而请息之。师曰：'吾无德，争合劳于人？'既追求作具不获，而亦忘餐。故有'一日不作，一日不食'之语流播寰宇矣。"怀海制定的禅寺清规——《百丈清规》，对后世禅宗的发展和禅寺建设，产生了深远的影响。

《百丈清规》借用儒家的礼仪制度，整肃禅林，并将儒家的忠孝内容和礼仪秩序渗入其中。提倡祝厘、报恩(即忠)、报本、尊祖(即孝)等。《百丈清规·住持章第五》云："佛教入中国四百年而达摩至，又八传而至百丈。唯以道相授受，或岩居穴处，或寄律寺，未有住持之名。百丈以禅宗寖盛，上而君相王公，下而儒老百氏，皆响风问道。有徒实蕃，非崇其位，则师法不严，始奉其师为住持，而尊之曰'长老'……作广堂以居其众，设两序以分其职，而制度粲然矣"。《百丈清规》将僧人植茶、制茶，纳入农禅内容；将僧人饮茶，纳入寺院茶礼，并将其作为制度固定下来，使之成为禅门规式。

《百丈清规》历经战乱,逐渐散佚。宋代僧人宗赜编集了一部禅宗丛林清规著作《禅苑清规》(《崇宁清规》),对宋元时期佛教寺院制度礼仪的发展,有着重要影响。元顺帝至元元年(1335),江西百丈山住持东阳德辉奉敕重编《百丈清规》,称为《敕修百丈清规》,流传至今。按《敕修百丈清规》"丛林以茶汤为盛礼",寺院内茶汤供养和茶汤会非常频繁。《敕修百丈清规》规定,凡遇圣节、国忌、佛降诞、佛成道涅槃、帝师涅槃、达摩忌、开山历代祖忌、嗣法师忌等重要的日子,都要举行茶汤会;每逢请新住持、入院、退院、迁化等寺院重要事务时,也都要办茶汤会。此外,还有方丈特为新首座茶、新首座特为后堂大众茶、住持垂访头首点茶、两序交代茶、入寮出寮茶、头首就僧堂点茶等等,不一而足。

在寺院建筑中,增加了僧人专门吃茶之所——"茶寮"。杨慎《艺林伐山·茶寮》曰:"僧寺茗所,曰茶寮。"寺院重要的茶事活动一般都在茶寮内举行。负责茶寮的僧人为寮主和副寮。寺院里还有专门负责于佛祖之灵前献茶的僧人或煮茶供客之役僧"茶头"或"施茶僧"。

寺院正式茶汤会礼数勤重,礼须矜庄,不宜怠慢。较为隆重的茶汤会要事先张贴茶榜,或出示点茶牌(即邀请众僧参加茶汤会的通知),并要专程给首座拜呈茶帖子(即邀请参加茶汤会的请帖),也称"茶角"。宋林逋在《林和靖集·夏日寺居和酬叶次公》诗中曾云:"社信题茶角,楼衣笁酒痕。"还有专门的"榜式"和"状式"范例。为防止茶汤会时发生错乱而破坏礼仪秩序,或人多而漏落一二,在办茶汤会前,要先列出参加茶会之人的"草单",并依单所列画出"图帐"(即座位图),并附有"草单式"和"十六板首钵位之图"式样,以供出席茶会的僧众参考。在"方丈小座汤"中,也列有"小座图"。受请之人,要依时赴候,提前先看照牌,明记位次,以免临时仓皇或坐错位子。《百丈清规·大众章第六·赴茶汤》规定:"凡住持两序特为茶汤,礼数勤重,不宜慢易。既受请已,依时候赴,先看照牌,明记位次,免致临时仓遑。如有病患内迫不及赴者,托同赴人曰知。惟住持茶汤,不可免慢。不赴者,不可共住。"根据不同的茶汤会,受茶汤人要在茶仪结束收盏后,向方丈或住持致谢,或次日专程当面致谢,或者寮元对点茶人代众谢茶,故有"谢茶不谢食"之说。

寺院内的钟、鼓、板、版等,是佛教的重要法器和独特的通信工具。可以通过不同的击打节奏和次数,向僧众传递各种信息,具有饮食起居、行道办事、规矩礼法等作用。根据寺院频繁的茶汤会,寺院除在茶寮前挂茶板、法堂置法鼓之外,还增设了通知饮茶的茶鼓。法鼓,置法堂东北角;茶鼓,置西北角。《百丈清规·法器章第九》载:"法鼓,凡住持上堂,小参,普说,入室,并击之。击鼓之法,上堂时三通,小参一通,普说五下,入室三下,皆当缓击。茶鼓,长击一通,侍司主之。"寺院中茶汤频繁,茶鼓频敲,以至茶鼓如同市井酒旗,成为寺院僧侣饮茶的标志物。林逋《西湖春日诗》曰"春烟寺院敲茶鼓,夕阳楼台卓酒旗",宋陈造《江湖长翁诗钞·县西》亦云"茶鼓适敲灵鹫院,夕阳欲压赭圻城"等。

《敕修百丈清规》中规定,每日例行茶汤会的程序是:"每日粥罢,(寮元)令茶头行者门外候众至,鸣板三下。大众百寮,寮长分手。寮主、副寮对面左右位。副寮出,烧香归位。茶头喝云:大众和南,遏旦望点汤。"此处所谓"鸣板三下",是指在寺院内吃粥之后,茶汤会之前,茶头要击打茶板三下;如在法堂内举行茶汤会,则在茶汤礼进行前和结束后,均须敲击设在法堂西北角的茶鼓,使僧众行动一致,集众行礼。茶鼓的击法为长击一通。如在茶寮内举行茶汤会,则要鸣击茶寮前所挂之板。有的茶汤会则须鼓、板均鸣。有时亦鸣钟,有时则鼓、钟并用。根据鸣击法器的不同节奏来通告和把握茶汤会的节奏进程,如鸣板(钟)二下,行茶遍;鸣板(钟)一下,收盏;鸣板(钟)三下,退座。整个茶汤会不以人言指挥,而以法器鸣示,井然有序,气氛庄严肃穆。《敕修百丈清规·节腊章第八》称赞寺院茶汤会的盛况为:"周旋规矩,从观龙象之筵;主宾唱酬,兼闻狮子之吼。礼文秩秩,猗欤盛哉!"

禅宗寺院吃茶,并非如世间人闲来无事,消磨时光。通常只要法堂前的茶鼓敲响时,僧人们便都要到指定处去吃茶。凡招待尊客长老时,也要敲茶鼓,集众陪茶。也就是说,"寺院茶"已是在一般诵经修行之外的另一种特殊修行方式。宋儒程颐有一次在游定林寺(在南京钟山)时,偶入禅堂,只见僧人们"周旋步伐,威仪济济,伐鼓考钟,内外静肃,一起一坐,并合清规",便由衷地感叹道:"三代礼乐,尽在其中矣。"

茶禅一味 不一不异

一佛一茶,自然相生;佛茶一家,古今相承。佛可以解构为人生,佛为自然,自然为佛。众生平等,人人皆可成佛,只须破除贪、嗔、痴,心如止水,自然而然。茶也可以解构为人生,包括茶在内的一切树木花草,无论长得多么高大粗壮、繁密茂盛,皆会凋谢,都会经历春生的蓬勃与冬枯的涅槃。

喝茶能使人静心凝神,有助于陶冶情操、去除杂念。修禅更是如此。"欲达茶道通玄境,除却空字无妙法"。茶道的最高意境就是禅意。因此,舍掉禅意,也就没有了茶意。中国佛教不仅开创了自身特有的禅文化,而且成熟了中国本有的茶文化,且使茶禅融为一体而成为中国的茶禅文化。

"茶道"一词,最早见于唐代高僧皎然《饮茶歌诮崔石使君》。诗中云:"越人遗我剡溪茗,采得金芽爨金鼎。素瓷雪色缥沫香,何似诸仙琼蕊浆。一饮涤昏寐,情思朗爽满天地。再饮清我神,忽如飞雨洒轻尘。三饮便得道,何须苦心破烦恼。此物清高世莫知,世人饮酒多自欺。愁看毕卓瓮间夜,笑向陶潜篱下时。崔侯啜之意不已,狂歌一曲惊人耳。孰知茶道全尔真,唯有丹丘得如此。"这首诗"三饮"神韵相连,层层深入扣紧,完美动人地歌颂了饮茶的精神享受,不但明确提出了"茶道"一词,而且使茶道一开始就蒙上了宗教色彩。从诗句中,人们可以体会到寺院中茶禅所体现的那种清凉、宁静、朴素、养性、修心、见性的气氛。秘藏了1100多年的唐代宫廷茶具在法门寺重见天日,使得人们明白了为什么唐僖宗以皇家最高礼仪秘藏在法门寺地宫金银系列茶具,以及为什么设计与佛骨舍利同放在后室的摆设位置,更令人信服地认识到"茶禅一味"的真谛。

　　中国佛教历史上,许多高僧大德就是借助茶来接引开示僧众与信众的。被人称为"赵州古佛"的唐代名僧赵州从谂禅师(778–897),活了120岁,终生致力于参禅悟道。他曾说:"一个三岁小孩,如果比我强,我也会请教他;但如果是一个不如我的百岁老人,我也不怕教导他。"在他立下这个心愿之后的二十年内,他遍访名僧,年约八十岁到达河北省正定府赵州观音院(今河北赵县柏林禅寺)担任住持凡四十年。他讲禅时,态度从容,堂堂道出禅的真谛,人们以"唇上发光"称许他的禅风。赵州从谂禅师接引四方参禅的学人,主张"任运随缘,不涉言路"。其"吃茶去"、"洗钵去"、"庭前柏树子"、"赵州桥"、"狗子无佛性"等公案语录,脍炙人口,为人称道,乐于参研。当学人问:"如何是赵州一句?"他说:"老僧半句也无。"赵州从谂禅师常以"吃茶去",解人迷惑。《五灯会元》卷四对其"吃茶去"这一公案,有较详细的记载。一天,有二位刚到赵州观音院参学的行脚僧,迫不及待地礼拜赵州老人,请教修行开悟之道。从谂禅师问其中一僧:"曾到此间否?"僧答:"曾到。"师曰:"吃茶去!"又问另一僧,答曰:"不曾到。"师曰:"吃茶去!"站在一旁的观音院主满腹狐疑,问师曰:"为什么到也云'吃茶去',不曾到也云'吃茶去'?"师唤院主,院主应诺,师仍云:"吃茶去!"此公案中,赵州老人对曾到者、未曾到者、观音院主三个人,一律捧给他们一杯茶。而观音院主的种种疑问,无疑是茫茫苦海,是心念的堕落。赵州老人以一杯茶为慈舟,将其渡回。这正是赵州老人接引学人的善巧,在电光火闪、一问一答的瞬间,将其迷失的心重新唤醒。他曾说:"若随根器接人,自有三乘十二分教。老僧这里,只以本分事接人。"所谓"本分事",就是正在进行的当处,就是活泼现成的当下之心,丝毫无需也不必向浩若烟海的经文中苦苦讨寻。赵州老人这一杯茶,就是将形而上的与形而下的,信仰与生活,最超越的精神境界与最物化的日常生活,融为一体,使之水乳交融,不一不异。就是要引导人们从日常生活中参禅悟道,使人们认识到"行住坐卧梦中事,举止动静生活禅"。这便是茶禅一味的真谛,这便是茶道的精神源头。如此一来,何止只有吃茶是道,生活中的一切,无不是道。如果此时还有人要赵州和尚给自己开示如何修行,那真是十足的呆瓜,无疑彻底辜负了赵州的禅茶。由此可见,茶,茶道,既是禅,又是通达禅的道路与门户,它要引导人们步入生活之道。当然人们要想达到那种"心如止水金莲坐,也无风雨也无晴"的境界,确实还需要勇猛精进,狠下一番工夫才是。

千百年来,"赵州茶"哺育了无数的习禅人。自从"赵州茶"成为千古禅门公案之后,丛林中多沿用赵州的方法止念头,除妄想。后世因参究"赵州吃茶去"而悟道者,大有人在。临济宗杨歧方会禅师,也曾一而云:"更不再勘,且坐吃茶。"再而云:"败将不斩,且坐吃茶。"三而云:"柱杖不在,且坐吃茶。"又如僧问雪峰义存禅师:"古人道,不将语默对,未审将甚么对?"义存答道:"吃茶去。"再如僧问保福从展禅师:"古人道非不非,是不是,意作么生?"从展拈起茶盏。还有人称:"百丈(道恒)有三诀:吃茶、珍重、歇。"《石堂偈语》载,清代康熙年间,祖珍和尚为其僧徒开讲说:"此是死人做的,不是活人做的。白云怎么说了,你若不会,则你俱是真死人也。立在这里更有什么用处？各各归寮吃茶去。"清代杨悼《游牟山资福寺呈霞胤师》诗云："赵州茶热人人醉，卧听空林木叶飞。"杭州龙井附近，曾悬有一古楹联曰："小住为佳，且吃了赵州茶去；曰归可缓，试闲吟陌上花来。"可见禅与茶的关系，已达到水乳交融的分上了。原中国佛教协会主席赵朴初居士，1989年秋为"中国茶文化展示周"引用"吃茶去"这一典故写诗道："七碗受至味，一壶得真趣。空持百年偈，不如吃茶去。"启功也曾赋诗曰："赵州法语吃茶去，三字千金百世夸。"乍看"吃茶去"，似乎只是一句极为平常的话语，但在这句极为平常的话语中，却包含了赵州禅师无碍的平等心。无论是曾到、新到，还是院主，在从谂大师那里，都照样是"吃茶"，没有任何高低贵贱之分，澄澈清明的茶中倒映的正是大师的平常心。

　　一盏清茗，一洗尘心。在"人我同心，心我同体"的气氛之中，悟道者易于进入禅的真实境界，见到自己的本来面目，即佛教所谓的"明心见性"。因而"吃茶去"作为禅的"悟道"方式，构成了"茶禅一味"的至高智慧境界。有人认为，明确提出"茶禅一味"的是唐朝的夹山善会禅师，而从理念上加以阐发的则是两宋时期的圆悟克勤禅师。圆悟克勤禅师在参禅悟道过程中，认识到禅与茶在思想内涵方面的共通之处，挥笔写下的"禅茶一味"，就是对禅与茶的最好解释。禅茶一味，意指禅味与茶味相通，并且要以禅意去品茶味。茶与禅的相通之处，主要在于它们都是在追求精神境界的提纯和升华。大口饮茶充其量只能止渴，而只有像修禅那样去品茶，才能真正品味出茶的精妙。

　　所谓"一味"，也是佛教用语，指的是所有一切事（诸现象）理（本质），均平等无差别。由此可见，"禅茶一味"自然是说禅和茶的根源本是一体。虽然有人将"茶"字置前，写作"茶禅一味"；也有人将"禅"字置前，写作"禅茶一味"。其实，无论"禅"在前，还是"茶"在前，都是说"茶和禅"或者"禅和茶"，具有"同一兴味，无二无别"。也就是说，茶可清心，茶可雅志，茶可礼仁，茶可静思……禅也同样如此。假若从中国茶文化五千年的大背景而论，"禅"只是在融儒释道三教文化中佛教文化的其中一支，将

"茶"放置在前,写作"茶禅一味",自然无可挑剔;如果从佛教对推动中国茶文化的发展有着举足轻重的作用,将"禅"置前,讲"禅茶一味"当然也无可厚非。其实说到家,"一"应该视为是一种心境,而"味"则应该是一种体悟的说法。从这种意义上说,茶、禅、一、味,与品饮者的心境、体悟,应该化而为一,本不该存在什么执前执后先后之分的。因为茶禅一味的核心,本来就是无分别心的。如果有人硬是要用分别之心,将其分前分后,无疑已经背离了禅的精神。

自从圆悟克勤禅师进一步阐发"禅茶一味"之后,禅与茶更是形影相随,使得佛教的禅文化与茶文化成为密不可分的有机体,二者都体现了定、静、雅、与世无争的文化内涵,正所谓"有茶禅心凉,无禅茶不香",一片小小的茶叶,不再仅仅是一种生理需要的饮料,而是承载起一种崇高的使命,指导人们思考着生与死、心与色、思维与存在等若干根本问题。佛是茶的升华,茶是佛的禅心。佛与茶的共同诉求是心,是观照,是感悟,是自我修行,是生命协调。饮茶犹如品味人生一样,人们在一叶一芽中看到了希望,放下了烦恼,得到当下的宁静,这便是一种禅意。参禅打坐,就是在静虑思考人生。品茶参禅,都可以体悟人生、净化心灵、启迪智慧。《五灯会元》卷十七中载,吉州青原惟信禅师,上堂:"老僧三十年前未参禅时,见山是山,见水是水。及至后来亲见知识,有个人处,见山不是山,见水不是水。而今得个休歇处,依前见山只是山,见水只是水。"品茶犹如参禅茶,能体悟人生的酸甜苦辣,一切皆能包容。如同弥勒佛,"大肚能容,容尽天下难容之事;慈颜常笑,笑遍天下可笑之人"。

其实何止禅茶一味,蕴含宇宙真理的任何事物,都与禅是一味的。佛家认为,行住坐卧,皆可参禅。可以说,日常生活是"茶禅一味"的基石,"茶禅一味"是日常生活的升华。这两者互为因果,互相促进。禅茶在饮与品的过程中,被禅师们活泼泼地加以转化,看似随手拈来,实藏大机大用,给人以生动的启示。也就是说,饮茶对僧人来说,不仅有参禅夜读提神醒脑之用,而且还有引领禅僧们明心见性、悟道成佛的禅机妙用,由此也留下了许多禅宗公案。《五灯会元》卷五载,药山惟俨禅师问前来参学之僧："甚处来?"僧曰："江西来。"师以拄杖敲禅床三下。僧曰："某甲粗知去处。"师抛下拄杖,僧无语。师召侍者："点茶与这僧,踏州县困。"

由于寺院内茶汤会频繁,茶器自然也成为接引禅僧觉悟的道具。《五灯会元》载:"佛照杲禅师,于僧堂点茶,触茶瓢(即茶匙)坠地,见瓢跳,乃得应机三昧。"《景德传灯录》卷十二《煎茶次》,亦有僧问:"如何是祖师西来意?"师(历村禅师)举茶匙子。僧问:"莫只遮便当否?"师掷向火中的记载。《景德传灯录》卷十二载如宝禅师语录:"(僧)问:'如何是和尚家风?'师(如宝)曰:'饭后三碗茶。'"从上述赵州从谂禅师的"吃茶去";药山惟俨禅师的"点茶与这僧";以至"饭后三碗茶"成为如宝禅师的"和尚家风"的公案,充分说明他们将茶与禅已融为一体,诚可谓"禅茶一味,不一不异"了。

圆瑛认为,禅茶一味,须将"五事"调得如法,才可将止观调和均等。五事之一,是寻一寂静去处,以便将心收摄起来。此与茶道择幽静处、备洁净具,毫无二致。于污秽处,向隅牛饮者,则无"道"可言了。五事之二,是调剂身体。坐禅僧人,务必身体端正挺直,结跏趺坐,不使丝毫偏倚。二目垂视鼻尖,身心不疲不倦。这便要求僧众上座之前,多饮清茶以舒筋活血,止瞌驱睡。五事之三,是调节气息。以将体内浊气徐徐呼出,将外面新鲜空气渐渐吸入,如此吐故纳新,饮茶最为上乘。三碗清茶入体,额沁出些许汗珠,连同体内秽物一并排出。春茗之甘甜馨香伴着玉乳纳入体内,不觉间六根清净,万念俱息。五事之四,是调整鼻息。此事不易,须将鼻息调得纯净,不可太急,不可太慢。如若腹中积食,或肚中饥渴,均难善之。故而,僧众坐禅之前,大多适饮清茶,或为消食,或解饥渴,以利行事,不误用功。以上四桩,统称修学禅业之助道因缘。四桩善罢,这第五桩,便是调心了。调心之门,不胜枚举。调心在于调意识,不令其生起分别之心,不令其攀缘五尘境界。禅在非想非非想,禅在真空妙有间。

茶中品禅味,禅中闻茶香。品茶是参禅的前奏,参禅是品茶的目的,茶中有禅,禅借茶悟,二位一体,水乳交融。茶道的本质,是从日常生活琐碎与平凡中去感悟宇宙的奥秘和人生的哲理。禅也是要求人们通过静虑,从平凡小事中去契悟大道。古德云:"茶道的根本在于清心,这也是禅道的中心。"茶,天地润育之灵物,非精行俭德之人无以尝其至真之味;禅,意在明心见性,无关言语章句。总之,禅提升了饮茶的品位与境界,茶涤除了人心灵的暗昧,有助于禅心的体悟,禅茶一味,才是茶道的精髓之所在。诚所谓"一茶一禅,两种文化,有同有别,非一非异。一物一心,两种法数,有相无相,不即不离"。

2005年11月,在赵州柏林禅寺召开的"天下赵州禅茶文化交流大会"上,诞生了中国禅茶文化"正、清、和、雅"四大精神和"感恩、包容、分享、结缘"四大功能,业已成为世界禅茶文化精神的象征之地。有学者认为,中国传统文化中,儒家文化的精神,集中体现在一个"正"

字上,道家文化体现在一个"清"字上,佛家集中在一个"和"字上。儒家主正气,道家主清气,佛家主和气,而古今茶人无不以品茗谈心为雅事,以茶人啜客为雅士。"正清和雅"四个字、四种气,大致可以概括中国传统茶文化的主要精神。作为禅与茶相结合而形成的"禅茶文化",既有儒家的正气,道家的清气,佛家的和气,更有茶文化本身的雅气。因此,正、清、和、雅的综合,可以完整地体现出禅茶文化的根本精神。禅的精神在于悟,茶的精神在于雅。悟的反面是迷,雅的反面是俗。由迷到悟、由俗到雅,都是一个持久修养的过程。禅茶文化作为一种特殊的心性修养形式,其目的就是在于通过强化当下之觉照,实现从迷到悟、从俗到雅的转化。也就是说,一念迷失,禅是禅,茶是茶;清者清,浊者浊;雅是雅,俗是俗。一念觉悟,茶即禅,禅即茶;清化浊,浊变清;雅化俗,俗变雅。由此可见,禅茶文化具有一定的社会化育功能。禅茶文化离不开人文关怀,离不开人生日用,离不开禅的关照与感悟,离不开茶的精洁、清淡、涤烦、致和修养功夫。茶的本性是冷静的,而禅是思索的、理智的。假如没有茶禅一味,在充满激烈竞争、喧嚣繁忙、紧张焦虑的当下,又有谁解得蕴涵在其中的空阔、坦荡、浑厚与宁静呢?

从这个角度来看,将禅茶文化的功能定位在"感恩、包容、分享、结缘"这八个字上,最为恰当。既理事圆融,又雅俗同归,具有在人生日用事中普遍落实和操作的现实意义。所谓"感恩",即用感恩的心态喝这杯茶,这杯茶就不仅仅是一碗茶汤,而在其中充满人文精神,充满了天地万物和谐相处、相互成就、共融共济、同体不二的精神,可以化解戾气,发扬正气,成就和气。所谓"包容",即用包容的心态来喝这杯茶,人间的恩恩怨怨都会像片片茶叶一样,把芳香甘美溶化到洁净的水中,变成有益于彼此身心气质的醍醐甘露。所谓"分享",即用分享的心态来喝这杯茶,培养人们推己及人的仁爱胸怀,想到人间还有诸多苦痛,想到社会还有种种缺陷,每个人都有责任把爱奉献给对方,少一点私欲,多一分公心;少一点冷漠,多一份爱心。所谓"结缘",即用结缘的心态来喝这杯茶,以茶汤的至味,同所有人结茶缘,结善缘,让茶的香洁,善的和谐,净化人生,祥和社会。也就是说,将正气融入感恩中,将清气融入包容中,将和气融入分享中,将雅气融入结缘中。

禅茶一盏 昏明顿异

茶之所以在寺院中盛行,最早起始于形而下的健胃与提神。禅僧学禅,务于不寐,又不夕食,唯可饮茶。而茶的清净淡泊、朴素自然、韵味隽永,恰是禅所要求的天真、自然的人性归宿。禅宗是不立文字,教外别传,直指人心,见性成佛的法门。所谓"禅味",其实就是得到禅定的快乐,得到轻安的滋味。这种滋味奥妙无穷,不可以心思,不可以言议。如人饮茶,冷暖自知,只可意会,不可言传。参禅到了相当境界,参到水落石出时,豁然开朗,自然晓得其中滋味。当行茶者丁字步站立,缓缓地为参禅者倒茶时,双方都专注于茶水的倾注与入杯。当茶汤沁过唇舌咽喉进入脏腑时,一股清

流注入燥热的身心中,自然顿得清凉,身心的疲倦顷刻烟消云散。参禅的人,参到无争三昧的境界,既不求名,也不求利,看富贵是花间露,视功名为瓦上霜,一切妄想执著、烦恼恐怖,顷刻化为乌有,消逝得无影无踪。

禅茶虽然是"空",却蕴含万法。佛教认为,宇宙间包括人类自身在内的万事万物,其本体都是由地、水、火、风这四大所成。在禅茶中,这四大皆有所表:茶具,表地大;沏茶之水,表水大;茶水加温之热力,表火大;行茶或品茶之动作,表风大。佛法认为,宇宙万物都是由因缘而生,因,是亲因,好种子,为能生之种;缘,是助缘,好雨露人工等,为助生之机。也就是说,事的起原为因,中间助成缘。任何事物都是"因缘聚则生"、"因缘阙则灭"。也就是说,产生某种事物的各种条件具备了,该事物就产生而存在;如若条件不具备或丧失,则不能产生。任何事物离因缘就不能存在,这就叫作"无自性",亦即所谓"性空"。这里所指的"性空"的"性"不是物理学和生物学意义上的物性,而是指一种不依因缘(条件)的独立存在的"自性"(自体)。所谓"自性",其含义是指自己有、自己成、自己规定自己、本来如此、实在恒常的意义。事实上,世间不依任何条件的绝对的独立存在的"自性",是根本不存在的。

世间大多数人并不了解"有"的空性本质,把"有"当作一种永恒不变的存在,从而更加过分执著"有"。追名者,失势于仁途;逐利者,失足于商海。苦心劳形,无穷无尽,然最终却无非竹篮打水,水中捞月。一个人对"有"看得越重,就会越贪得无厌,欲壑难填。与之相随的烦恼痛苦也必然会越加强烈。佛法通常用"四大皆空"、"万有性空",来破除人们对世间假"有"的常见。"四大皆空"就在于要破除迷界凡夫俗子对盲目贪婪、极端自私的人生态度的执著,促使人们认清宇宙、人生的真相,获得解脱和自在,以更加积极进取、淡泊名利、乐于助人、不图回报的人生态度来为人处世。

还有一些人,虽然能看出"有"的虚幻实质,但因不了解缘起事物的作用不空,相续不空,认为世界一切万物既然是虚幻的,那么生存还有什么意义呢?于是有人不顾家庭伦理、社会道德,放纵自己、为所欲为;还有的人则消极厌世、颓废悲观。佛法便以"性空妙有"、"相续不空"等悟界观念,来破除这些人所执著对"空"的断见。

佛教认为,人有生苦、老苦、病苦、死苦、求不得苦、怨憎会苦、爱别离苦、五蕴炽盛苦等"八苦"。参禅,即是要看破生死,达到大彻大悟,求得对"苦"的解脱。茶性也苦。李时珍《本草纲目》载:"茶苦而寒,阴中之阴,最能降火,火为百病,火清则上清矣。"因此,人们在品茶时,可以透过茶之苦后回甘,苦中有甘的特性,产生多种联想,这便可以帮助参禅悟道的人品味人生,参破"苦谛"。禅茶无疑是用茶作为一种特殊的心性修养形式,其目的就在于通过强化当下之觉悟,实现从迷到悟、从俗到雅的转化。这种修行理念不仅默契佛陀的本怀和佛法真意,也特别契合现代人的根机,无疑是一个很好的修行法门。

禅的本源是人,因为没有人就不会有谁把禅这个概念提出来。而茶的本源则是一片叶子,这片鲜活的叶子被人投入热锅中蒸炒,其目的无非只有一个,那就是保存住这份鲜活,不使它腐败掉。其实,我们生活在这个世界上每个人,又何尝不是在被"贪、嗔、痴、慢、疑"这五欲煎炒,又有哪个大彻大悟的人没有经历过这种种磨难呢?最终智者觉悟了,成了修行的人,就像绿叶被在锅中翻炒了无数次后,终于成了茶。然成了茶不是仅仅为了成为茶,就像修行者不仅仅是为了成为修行者一样。修行是为了救度众生,茶成为茶是为了把芬芳留给大众,这都是一种奉献,一种大爱。修行的人喝了茶,修成正果觉悟成了佛,品出的就不仅仅是茶香,还有禅理了。

禅茶,就是通过对茶的体认和感悟进行禅修的一种法门,也是依照禅理佛法来演绎的一种茶道。茶是参禅悟佛之机、显道表法之具;禅是以茶净心之理、正清和雅之道。茶与禅二者,互为表里,互为因缘,互为体用,互为能所。可以茶喻禅,以茶参禅,以茶悟禅;也可以禅施茶,以禅品茶,以禅释茶。从这个意义上说,茶是佛的化身,佛是茶的升华。佛与茶的共同诉求是心,是感悟,是观想,是自我修行,是生命协调。佛为众生,茶蕴万象;佛度俗人,茶净苍生,一佛一茶,如水光山影,自然相生。一切事物都可以被视为佛的化身。茶自然也是佛的千百亿化身之一,为众生解毒、解渴、净

心养性,最终让众生觉悟成佛。一
叶落而知天下秋,一片树叶能承载
起无穷的自然之道,人通过喝茶取
得与自然界的沟通,获悉宇宙的真
理,最终可悟得佛性。从茶道中也
能感悟人生,一泡好茶要经过诸多
加工程序,经开水冲泡,才酿成茶
汤,沁出清香。人生也是如此,需经
历磨难方可成长,历尽修行终可成
佛。

也有人认为,茶具有菩萨心
肠。所谓"菩萨",是"菩提萨埵"的
略称。"菩提",是觉悟的意思;"萨
埵",指有情众生;因此"菩萨"就是
觉悟有情众生。佛教通常以"六波
罗蜜"为大乘菩萨欲成佛道所必须实践的六种德目。所谓"波罗蜜",译为"度",为到
彼岸之意,亦即达成理想、完成的意思。因此"六波罗蜜",又译作"六度":即以布施波
罗蜜度悭贪,消除贫穷;以持戒波罗蜜度恶业毁犯,使身心清凉;以忍辱波罗蜜度嗔
恚,使心安住;以精进波罗蜜度懈怠,生长善法;以禅定波罗蜜度散乱,使心安定;以
般若波罗蜜度愚痴,开真实智慧,把握生命真谛。赵州柏林寺明海大和尚曾将品茶与
佛教六波罗蜜联系起来,写成《茶之六度》:"遇水舍己,而成茶饮,是为布施。叶蕴茶
香,犹如戒香,是为持戒。忍蒸炒酵,受挤压揉,是为忍辱。除懒去惰,醒神益思,是为
精进。和敬清寂,茶味一如,是为禅定。行方便法,济人无数,是为智慧。"茶心与佛心,
不一不异。菩萨"上求佛道,下化众生",以慈悲心度化一切众生,引导众生实践六度,

终得解脱。片片茶叶，亦如同菩萨六波罗蜜的一只只扁舟，载度众生脱离苦海，同登彼岸。

茶的俭朴，可使人矜守俭德，不思贪图享乐；茶道的专注，可以使人的精神与大自然融为一体；茶水的清香，亦可促使人在体味大自然精华的同时，于脑海中生发出缕缕净土美景。曾见人写过《禅茶十八拍》，虽然意味有所表达，然却哩哩啰啰，过于啰嗦。我借用其题目，改写如下："一礼佛。焚香合掌，净室清心。二调息。达摩面壁，返照自心。三煮水。火相犹如人苦短，生命辉煌纵即逝。四候汤。法海听潮，随机普应。五洗杯。法轮常转，洁净无尘。六熁壶。香汤浴佛，即心即佛。七赏茶。佛祖拈花示众，迦叶破颜微笑。八投茶。投茶入壶如入狱，赴汤蹈火救万民。九注水。漫天法雨普降，醍醐灌顶达悟。十开香。一尘不染仍要洗，万流归宗般若门。十一泡茶。真如佛性，涵盖乾坤；小小茶壶，无异大千。十二分茶。壶中尽是功德水，分茶细听偃溪声。十三敬茶。主客同乘归元舟，普渡众生觉有情。十四闻香。心缘一境，借假修真。十五观色。随缘接物悟百味，心性闲适任旷达。十六品茶。逆境行世，方便作用；若舍娑婆，未可正觉。十七回味。圆通妙觉，返照娑婆。有感即通，千杯茶映千杯月；圆通妙觉，万里云托万里天。十八谢茶。饮罢谢茶茶未了，相约再品殷意长。"

◎太极高士壶

其实，人生也如同品茶一样，需要用心去仔细品味。事实上，只有清净简单，才是真正的生活。所谓"清

◎三足壶

福清福",清之不存,福将焉在? 其实人们大可不必为已经的过去而骄傲而懊悔,为还未到来的未来而焦虑而担忧。因为一个人只能活在当下。须知,不管之前是多么幸运或多么不幸,都如同过眼云烟,眼下什么也不是了;即使将来可能会遇到种种机遇或有种种不测、恐惧与不安,但那都是将来的事情,眼下并不存在。人们平时生活中,之所以总是承受着如此众多烦恼与痛苦,正是因为自己给自己背负了太多的过去与将来。事实上,人生就是一次美妙的旅行。尽管不知道下一站会有什么风景,但却可以尽情欣赏眼前美妙的世界。既然如此,为什么非得背着那么多沉重的包袱去旅行呢? 因此,人们必须学会放下。只要把心放下,就会欣赏到更多、更美丽的风景。

空灵寂静 契合大道

自然清淡 简素闲寂

茶多生长在山明水秀之地,纳山川之清气,得日月之光华,受风霜雨露的滋养。若以泉溪之水冲泡,必有钟灵毓秀之味。然需要人们静下心来,在清静的环境之中,细细地去品尝,才能领略其中妙味。文人雅士、高僧大德通常认为,品茶宜清、宜静、宜闲、宜雅。

文人雅士、高僧大德素来认为,品茶中最要紧的,莫过于一个"清"与"闲"。只这"清"字中,便自有禅意在。然究竟何为"清",却见仁见智,尚无定论。大概地说,大凡举止散淡、性格恬淡、言语冲淡、色彩浅淡及味道清淡者,皆可称作"清";反之,则唤作"浊"。清人龚炜在《巢林笔谈·俗僧》中记,自己寓清江浦,偶至一古寺,见"盆树充庭,诗画满壁,鼎樽盈案,如入虎丘山塘肆中,顷之,一老僧盛服出,欸曲之际,夸示交游,侈陈朝贵",于是龚炜便下了一句断语曰:"盖一俗僧也。"《王摩诘传》载,唐代诗人王维"斋中无所有,惟药铛、茶臼、经案、绳床而已",暗示他清雅至极。这雅俗之分,正在其清浊之间,而清浊之分,则内在其心净与不净,外在其言行举止淡与不淡之间。这也正是六祖慧能大师所谓"虚融淡泊",以及神会和尚所谓"不起心,常无相清净"。

"口舌之味通于道"。吃茶,正在于水乃天下至清之物,茶又为水中至清之味,文人追求清雅的人品与情趣,便不可不吃茶,欲入禅体道,更不可不吃茶,吃好茶。所谓"好茶",清代梁章钜认为非在其香,而在其清。他在《归田琐记》卷七中说,"香而不清,则凡品也",可谓一语见的。事实上,那些过浓而不清、过香而不雅之品,充其量只能算解油腻、助消化的涤肠之汤而已。时下,有些人撇了茶性,借茶的名分花样翻新,使所谓苦丁茶、菊花茶、大麦茶、苦瓜茶、薄荷茶、竹叶茶、玫瑰茶、橄榄茶、花草茶、美容茶、减肥茶等,统统跻身茶林。其实,这些名为茶实非茶暂且不论,单说在茶中附加这若干佐品,也分明背离了茶之真谛。例如,三泡台。盖碗里固然有些许茶叶,但更多的却是红枣、冰糖、核桃仁、葡萄干、桂圆、枸杞、山楂之类,此茶似乎依附了道教阴阳五行学说,其配伍如中草药方剂般讲究君臣佐使,茶理径直奔了儒学的尊卑礼序,然却实与文人、禅僧之禅趣无涉。

古往今来,无论是儒家文人,还是佛家高僧、道家羽士,都把"静"视为修身养性的必经大道,都把"静"作为达到心斋坐忘、涤除玄鉴、澄怀味道的必由之路。毫无

◎即佛心提梁壶

疑问,静对修习茶道来说,也不例外。如何从小小的茶壶中去体悟宇宙的奥秘? 如何从淡淡的茶汤中去品味人生? 如何在茶事活动中明心见性? 如何通过茶道的修习来澡雪精神,锻炼人格,超越自我? 答案恐怕离不开一个"静"字。茶人在行茶事时,无不努力营造出一种宁静的氛围和一个空灵虚静的心境。当茶的清香静静地浸润心田和肺腑时,茶人的心灵便在虚静中显得空明,其精神也在虚静中得以净化升华,并在虚静中与大自然融涵玄会,达到"天人合一"的境界。

在品茶过程中,静与美相得益彰。由于静则明,静则虚,静可虚怀若谷,静可内敛含藏,静可洞察明彻,体道入微。由此可以说,"欲达悟道通玄境,除却静字无妙法。"佛教中的"戒、定、慧"三学,以及坐禅时的五调(调心、调身、调食、调息、调睡眠)无一不是以静为基础的。佛教禅宗便是从入定之"静"中创立出来的。静坐涤虑,是历代禅师们参悟佛理的重要课程。前面讲过,在静坐参禅悟道过程中,人难免会疲劳发困,此时,可以借助茶能提神益思的功能,克服睡意,由此茶便成了禅者最好的"朋友"。

品茶除了得一"清"字,还须一个"闲"字。若一杯清茗在手,却忙不迭地咕咚咕咚灌将下肚,便又无半点雅致禅趣了。龚炜在《巢林笔谈·续编·静领得趣》中云:"炉香烟袅,引人神思欲远,趣从静领,自异粗浮。品茶亦然。"品茶又须有闲。闲则静,静则定。对清茗而遐思,啜茶汁而神清,自然可于心底生出一种悠然自乐之情。恰如宋人释德洪《山居》诗中所云:"深谷清泉白石,空斋棐几明窗,饭罢一瓯春露,梦成风雨翻江。"置身于静室或幽篁之中,配以古朴茶灶茶具,将世间烦恼、人生苦乐,统统放下,心胸中、齿颊间,充满清幽淡雅的禅意。故明人张岱在《陶庵梦忆·兰雪茶》中认为"兰雪茶……一如松萝。他泉瀹之,香气不出。煮禊泉,投以小罐,则香太浓郁。杂入茉莉,再三较量,用敞口瓷瓯淡放之,候其冷;以旋滚汤冲泻之,色如竹箨方解,绿粉初匀;又如山窗初曙,透纸黎光。取清妃白,倾向素瓷,真如百茎素兰同雪涛并泻也",方成绝妙。高濂《遵生八笺·起居安乐笺·茶寮》认为,茶寮应"相傍书斋,内设茶灶一,茶盏六,茶注二,余一以注熟水……可烧香饼……以供长日清谈,寒宵兀坐"。屠隆在《茶笺·茶寮》中亦曰："构一斗室,相傍书斋。内设茶具,教一童子专主茶役,以供长日清谈。寒宵兀坐,幽人首务,不可少废者。"这些无疑都是深得饮茶三昧之语。如此既清且闲的饮茶,又岂止在于"懈荤腥,涤齿颊",直在茶中品出禅味来也!因此知堂老人在《吃茶》中说:"喝茶当于瓦屋纸窗下,清泉绿茶,用素雅的陶瓷茶具,同二三人共饮,得半日之闲,可抵十年尘梦",这便是文人吃茶。反之,若粗茶大碗,喧喧闹闹,一阵鲸吸长虹,牛饮三江,便不入清品,更不消说有什么茶禅之趣,若借《红楼梦》中妙玉的话说,这恐怕不是"解渴",简直就是在"饮驴"了。

徐渭曾说:"茶宜精舍,云林,竹灶,幽人雅士,寒霄兀坐,松月下,花鸟间,清白石,绿鲜苍苔,素手汲泉,红妆扫雪,船头吹火,竹里飘烟。"徐青藤这里讲的是文人雅士的品茗环境,似乎过于雅致,难以达到禅宗论道"自心是佛"的空灵之境。而宋徽宗赵佶在《大观茶论》中所写的:"茶之为物……冲淡闲洁,韵高致静",与陈继儒所强调的"一人得神"和张源讲的"独啜曰神",则更近佛教茶禅之道。

明代,寺院建筑有了一定的改变,出现了一种新的佛寺建筑——草庵。草庵以草、泥等为之,其中不塑佛像,简陋狭小,一般是僧人个人所建,仅供一人修行和生活。如明葛寅亮《金陵梵刹志》卷三十四黄谦《重修月印庵记略》载,弘治间,僧净俊策杖自北而来,在南京城南见古月印庵,岁久寝废,没于荆榛。"乃披荆棘,剪草莱,得其石础旧址于荒芜中。结草庵于上,日以禅诵为事,一瓶一钵,绝外无慕"。草庵之建,尤以山野之间为多。明盛时泰《栖霞小志》记载,僧慧先"游自新安,至栖霞,爱白鹿泉之胜,结茅而处",为般若庵;"由般若庵下,出珍珠泉,缘石磴而上,可至观音庵。而磴旁松篁中,有小庵曰可容者,乃僧行简所建也";文殊庵"在可容庵之左,门外有径,可下至古佛庵,上迭法华庵,以陟山之颠。径皆因山势曲折而成,内种蔬,外植桃,编而为篱,松栗杂树,离立于上";缘萝庵"在可容(庵)、文殊(庵)之上,观音(庵)之下,今僧无学名法通者居之……茅檐席壁,杞丛药径,修修可意"。由此可见,当时在栖霞寺中即有般若庵、可容庵、文殊庵、缘萝庵等许多草庵。这些草庵建于环境幽雅清净之地,仅容结茅的禅僧一人之居,他们身无长物,心无旁骛,焚香、诵经、烹茶,融修行与生活于一体,开辟了一种自然清淡、简素闲寂的禅风和茶风。人们透过明人仇英所绘的《松亭试泉图》、唐寅的《事茗图》和文征明的《品茶图》等,可见一斑。

◎《品茶图》局部

禅师舍诸乱意,来到一个寂静、空灵、没有太多干扰的地方,过着"烟熏茶灶黑,麻蒸布袭斑。不悟空王法,缘何得此闲"、"饭罢浓煎茶吃了,池边坐石数游鱼"、"粥去饭来茶吃了,开窗独坐看青山"、"禅余高诵寒山偈,饭后浓煎谷雨茶"、"风扬茶烟浮竹榻,水流花瓣落青池"这样一种高雅闲适的生活。这种闲,是去掉妄想、执著、杂念的闲,是真正的从容不迫、恬淡安适,如入禅定的闲。这些诗句,足以说明参禅人心境之闲雅、悠扬、自然、无求。当然也只有深入参悟到茶禅三昧的人,才能真正体味到这种空阔、坦荡、浑厚、静谧、不可思议、无法言喻、当下宁静的滋味。据说,几个文化名人到南方某尼庵参访,尼师请喝茶,她把石壶和石杯放好之后,暂时离去。这几个人坐在那儿准备喝茶。尼师归来坐下便说:"请啊,请啊,喝吧!"然后她自己慢慢就拿起石杯喝起来。这几个人目瞪口呆,不知该怎么喝,便问道:"师傅,茶碗里边没有茶,怎么喝呢?"尼师又说一句:"请喝。"说着,自己又喝了一口空茶。这几个人再次问道:"师傅,杯子里是空的,怎么喝呀?"尼师说道:"小兄弟,如果你心中有物,杯子里边就有茶。如果你没有心,也就什么都没有。"其实,我们的生活也就像一杯空茶一样。日本茶道宗师千利休曾说过:"须知道,茶之本不过是烧水点茶。"可谓一语中的。茶道的本质,就在于从微不足道的日常琐碎、平凡的生活中,去感悟宇宙的奥秘和人生的哲理,禅也如此。

茶禅一味,讲求意境,是建立在喝茶基础上的心理意志修炼。讲求放下,在品茶时,要放下世间一切名利地位、种种纷扰,才能专心体会清静超脱。人欲得静,首先得"放",诚如湛山大师倓虚所说:"看破放下自在。"对于大多数文人而言,心中的烦恼苦闷,并非由于"看不破",归根结底恐怕还是由于"放不下",因此才总是耿耿于怀,不得自在。因此佛教修行,特别强调"放下"。虚云法师曾说:"修行须放下一切,方能入道,否则徒劳无益。"佛教将一切诸法,分为五蕴、十二入、十八界等三科。所谓放下一切,指的就是要将五蕴(色、受、想、行、识)、十二入(眼、耳、鼻、舌、身、意等六根,与色、声、香、味、触、法等六境,合为十二入,又称十二处)、十八界(六根、六境再加上六根对六境而产生的眼识、耳识、鼻识、舌识、身识、意识等六识,合称为十八界)统统放下。既破"我执",又破"法执"。总之,整个身心世界都要放下。放下了这一切,人自然可以轻松无比,笑看天下。就会觉得天蓝海碧,山清水秀;个个慈眉善目,人人法喜充满。这便如同行者所说:"放下亦放下,何处来牵挂?作个无事人,笑谈星月大。"值得注意的是,"放下",并不是枯木死灰,并不是逃避责任,缺乏承担,而是要在自己消除幻想、执著之后,使自己智慧的心,大爱的心活过来,去帮助大众,服务社会。

品茗属于闲情,乡下竹翠风轻,鸟啼泉鸣,尘嚣脱尽,许多城市茶客便躲开喧嚣,于静谧中观入水茶叶的浮沉,嗅茶味之醇香,赏茶色之澄明,听寺钟之幽微,身心沉浸于闲雅梵乐之中,远比茶坊里茶艺小姐旗袍古筝、涤器淋汤近似繁琐的表演,更接近禅趣。从茶色的空明、茶味的苦涩甘润,细细体悟浮生得失、起伏,荣辱,品味人世暂恒、苦乐、炎凉。透过半杯水、几枚叶,洞悉沧海桑田,贯通古今人生,将物质转化为精神,再把精神转化为物质,实现茶与禅巧妙而自然的结合。古人云:"最是从容不易学。"现实生活中又有多少人,肯在紧张、忙碌的生活中学会放慢脚步,享受生活,放空心灵,给自己冲泡一杯清茶,忙里偷闲,苦中作乐呢?人们往往仅仅知道"快"乐的滋味,岂不知"慢"中之乐,更令人心醉,令人向往。周作人在《雨天的书》中写道:"茶道的意思,用平凡的话来说,可以称为'忙里偷闲,苦中作乐',在不完全的现世享乐一点美与和谐,在刹那间体会永久。"事实上,那种"悠闲生活笔数支,逍遥岁月茶一壶"的生活方式,的确令无数文化人为之倾倒和羡慕不已。他们往往觉得,自己若能这样优哉游哉地过上若干日子,也就不算是枉度此生了。

天籁之声 请君听茶

◎梅花提梁壶

天籁之声,无疑也在茶中。前面说过,宋代罗大经在《鹤林玉露·茶瓶汤候》中,记其同年李南金有声辨之诗曰:"砌虫唧唧万蝉催,忽有千车稛载来,听得松风并涧水,急呼缥色绿瓷杯。"罗大经认为李南金之诗,其论固已精矣,然却仍有未讲到者,于是便在其中补以一诗云:"松风桧雨到来初,急引铜瓶离竹炉。待得声闻俱寂后,一瓯春雪胜醍醐。"我认为,此处的"砌虫唧唧万蝉催"、"听得松风并涧水","松风桧雨到来初"等句,无疑就是茶的天籁之声。

明代苏白香曾曰:"晴凉,天籁又作。此山不闻风声日益少,泉声则雨霁便止,不易得。昼间蝉声松声,这林际画眉声,朝暮则老僧梵歌声,此来静夜风止,则惟闻蟋蟀声。"又曰:"春听鸟声,夏听蝉声,秋听虫声,冬听雪声。白昼听棋声,月下听箫声。山中听松声,水际听欸乃声,方不虚此生尔。"由此可见,他喜听天籁,有一颗与大自然相通的心,并用自己平和的心态去细细体察品味大自然之美,只有如此,大自然才会以各种美妙之音予以回报。尽管大自然充满了天籁美妙之音,但不善于以心听者,听到的只能是都市中无穷的浮华与喧嚣的噪音,即使是春鸟秋虫的婉转鸣叫,恐怕也会打扰他们的迷梦。

明张大复《梅花草堂笔谈》说:"月是何色?水是何味?无触之风何声?既烬之香何气?独坐息庵下,默然念之,觉胸中活活欲舞而不能言者,是何解?"这种至味无味,淡到极处相反有无限的韵趣,只可意会不可言传。因此老子说:"大音希声,大象无形。"至言无言。真正深刻的思想,是无法用言语所能表达的。天籁之声可读可听,茶亦可品可听。

廖燕曾写过一篇《自题竹籁小草》。所谓"竹籁",是说风吹拂竹林所发出的声音,并以此比喻自己的诗歌不事雕琢,深得自然之趣。他说:"竹围初茸,微雨一过,苔洁萝鲜。予坐其中,颓如块雪耳,何与笔墨事?而顾相引以深也。蕉纸虫书,似以韵性,不欲落烟食朵颐。举向花间,倩鸟哦之。公冶子何在?听此冷然。世无忌人,容我仙去。"这位廖先生坐在刚修葺好的竹园里,放浪幽怀,竟把自己比作一堆将融化的雪,所写的诗文也如芭蕉叶上虫蛀的痕迹,请花间的禽鸟吟唱,可谓与大自然心通矣。

其实喝茶,喝的就是一种心境,感觉身心被净化,滤去浮躁,沉淀下的是深思。"孤云出岫,去留一无所系;明镜悬空,静躁两不相干。"茶的宁静淡泊,茶的自然清爽,以及茶中的禅悟与品味,更是我等崇尚的境界。人的心境通过饮茶这种领悟的过程,可以变得空灵而飘逸,借一杯清茗作心灵的沟通,可以使人轻松、宁静、自在。既可自得其乐,亦可与人分享。于是,茶便成了我等聆听天籁、放松心情的最佳载体。

山林野趣，清韵高逸

中国古代茶人十分注重饮茶的山林野趣与清韵高逸。唐代、李商隐在《义山杂纂》中曾列举了诸如"看花泪下"、"煮鹤焚琴"等十六种煞风景之事，并将"对花啜茶"亦列入其中。宋代王安石也认为，看花时最好不要饮茶，唯恐色艳味浓之花的强烈感官刺激，破坏了饮茶的清雅气氛和境界。他在寄茶给弟弟时，附诗《寄茶与平甫》曰："石楼试水宜频啜，金谷看花莫漫煎。"不过，明代田艺蘅则不同意这种观点。他在《煮泉小品》中说："唐人以对花啜茶为煞风景，故王介甫诗：'金谷看花莫漫煎。'其意在花，非在茶也。余则认为金谷花前，信不宜矣。若把一瓯，对山花啜之，当更助风景，又何必羔儿酒也。"清吴骞在《阳羡名陶续录》中，更是细致地表达了以名水烹名茶，名壶插名花的高度精神享受。他说："闲得板桥道人小帧梅花一枝，旁列时壶一器，题云：峒山秋片茶。烹以惠泉，贮砂壶中，色香乃胜。光福梅花盛开，折得一枝，归啜数杯，便觉眼耳鼻舌身意直入清凉世界，非烟火人所能梦见也。后系一绝云：'因寻陆羽幽栖处，倾倒山中烟雨春。幸有梅花同点缀，一枝和露带清芬。'此帧诗画，皆有清致。"明代陈洪绶在《品茶图》《闲话宫事图》《高隐图》《高贤读书图》等绘画中，都有品茶时于壶中插荷花、荷叶、梅花的描绘。然值得注意的是，虽然中国古代文人提倡四时插花，但在中国古代，插花之器始终不是茶事中的必备之物。

如同爱香人喜欢茶一样，茶人通常也喜欢香。对修养高深的人来说，茶和香，似乎缺一不可。明徐㶿在《茗谭》中称："品茶最是清事，若无好香在炉，遂乏一段幽趣；焚香雅有逸韵，若无名茶浮碗，终少一番胜缘。是故，茶、香两相为用，缺一不可。飨清福者能有几人？"

茶是一种高雅之饮。人们从品茶中可以感受到清静、清新、淡雅、闲适、悠然，亲切而自然，使处于世俗世界的喧嚣浮躁的心灵得到洗涤，从而获得一种宁和素淡、纯净怡然的心境。当然，对于那些没有条件处于静雅之地的大多数人们来说，也可以自己喜欢的方式，随心所欲，这或许是另外一种禅意。既可以在喧哗中七嘴八舌，喋喋不休；也可以几人对坐，高

◎《闲话宫事图》局部

谈阔论；还可以两人相对，或轻言细语，或不置一词而心有灵犀；更可以一杯在手，独自品茗，茶洗尘埃，不觉心静如水，物我两忘。以一颗平常心对待周遭的世界和朋友，达到"大隐隐于市，闭门即深山"的人生大境界。诚如古人所说，"人非有品不能闲"。只有当人们净化了自己的心灵，提升了自己的品位，也才能成为一个真正茶人。

茶道自然 心境为上

心静茶至，道现其中

饮茶的最高境界，就是识道。饮茶有道，道在何处？有人认为是"茶禅一味"有人认为是"和敬清寂"，甚至有人认为是"道在屎橛"。其实说白了，茶在这里已经不单单是一种饮品，而是一种精神的物质载体，是衡量一个人内心世界和价值取向的尺度。茶道，就是品饮者通过饮茶这种形式，感悟到某种人生境界。感悟越深，境界越高。当然，也是一个永无止境的过程，并且也很难用儒、释、道任何一家的理论来予以固定。有时候，哪怕些微的甚至很世俗的感悟，也就够了。到了此种境界，就不再是一般的"饮"，而是"品"了。

品茶，是品茶者心的歇息，是心的回归，是心的澡雪，是心的享受。因此，品茶时要有一个最佳的心境，才会真正体味到品茶的真谛，获得精神上的享受。在对心境的禅悟上，唐代诗人杜荀鹤曾在《题德玄上人院》诗中曰："刳得心来忙处闲，闲中方寸阔于天。浮生自是无空性，长寿何曾有百年。罢定磬敲松罅月，解眠茶煮石根泉。我虽未似师披衲，此理同师悟了然。"诗人把品茶时的心境与佛性相印在一起，体味出心境的闲适与淡远。有人说，用心品茶的人，才会品出茶的真谛与情趣，而良好的心境则是"心品"的前提与条件。品茶时的心境虽然也会因人而异，但心境闲适与静雅，无疑应是其最高境界。

维持一种好的心境，通常有诸多条件。人们常说"若无闲事挂心头，便是人间好时节"。因此，很多人把"无闲事"放在了首要的位置。所谓"无闲事"，是指品茶人神怡心闲，悠然自得，无忧无虑，无牵无挂。不仅指品茶人有宽松充裕的时间，还必须持有"无欲无求"的心态。做到"心远红尘，神离三界"，功名利禄、声色犬马，统统于我如浮云矣。

其次，要"清静"。清静，不仅指品茶的环境清幽雅静，更指品茶人的内心环境。前面讲过，静是中国茶道的修习之要，只有心静神清，才能做到心为"天地之鉴，万物之镜"，才能在品茶中修养人格，超越自我，使自己的精神受到澡雪和滋润。

其三是"佳客"。所谓"佳客"，通常指知己高士，心中敬慕之人或志趣相投的朋友。孔子曰："有朋自远方来，不亦乐乎？"有了佳客，方能使自己的心境活跃起来，愉悦起来，方能纳品茶之慧，得品茶之趣。不过，值得注意的是，品茶时人不需要太多。明人张源在《茶录·饮茶》中曾云："饮茶以客少为贵，客众则喧，喧则雅趣乏矣。独啜曰神，二客曰胜，三四曰趣，五六曰泛，七八曰施。"清陆廷灿在《续茶经·饮茶》中，称"独啜曰幽"。由此看来，煮茗叙旧、品茶抒情，幽与胜是最为理想的。

其四是"会心"。这是心境的相互对流与释放。有了清心闲适，有了佳客高士，自然在品茶中能"心有灵犀一点通"，相互启迪灵性，从而达到契悟自然，彻悟人生。

也就是说，品茶时心灵自然应该净化，不能起任何杂念，毫无拘束地以清净的心情来做茶事。眼睛观看到的是清幽的环境；耳朵聆听釜中茶汤如松风拂过，似悬泉飞瀑；鼻子闻着茶香；舌头品尝着茶的妙味；身体接触到的是洁雅的器具，意识中生发

◎开春报喜轴（局部）

出无限喜悦，这便是六根清净。只有心中放下俗尘观念，才可进入如此清净的茶禅世界。如此看来，即使身处狭窄的陋室之中，也照样会有居住在深山幽谷里的感觉。聆听壶中不断响起滚水声，宛如松风吹动的天籁，心与大自然融而为一，这不仅是茶的三昧境界，也是禅的三昧境界。

在当下这个浮躁喧闹的时代里，人们面对形形色色的诱惑，心里总是充满了欲望和追求，急功近利，骚动不安，很难停下脚步反观一下自己的内心。毫无疑问，品茶能够清洗人的内心，感悟人生，享受生活。有诗云："闲观叶落地，静坐一杯茶"，倘若在休闲时刻，独处书房，一壶清茶，几缕书香，在种种诱惑面前，始终保持一份清醒和宁静，在平淡的生活中陶冶自己，便是禅意人生的美妙享受了。因此，一个人若能长期享用清静，静下心来喝杯茶，品赏甘味茶香，不仅其乐无穷，也是难得的福分。当然，如果没有清净的人格，绝没有享用清净的福分，也更无法体会清净的妙处了。

平常心是道　直心即道场

杯茶之中，蕴含真性真情，此乃中国茶道最具有实质性内涵的文化哲学，亦是茶文化的意义所在。从茶禅之真性论来看，仍须追溯至阐发佛教真如佛性论的经典——《楞伽经》，而平常心的倡导，又与马祖道一密不可分。

佛教禅宗六祖慧能,倡导"即心是佛"、"见性成佛",而且是"直了"、"直指"的顿悟。作为继慧能之后出现的大师之一,马祖道一在禅学领域最重要的贡献,就在于他提出了"平常心是道"这样一种充满中国特色的佛性理论,显示了他对真如佛性论的深切领悟及其独特的思维视角。他一方面抓住了如来藏佛性及其根本空义,一方面又抓住了自性自心之本体。胡适在《论禅宗史的纲领·答汤用彤教授书》中认为:"达摩一宗,亦是一种过渡时期的禅。此项半中半印禅,盛行于陈、隋之间,隋时尤盛行。至唐之慧能、道一,才可说是中国禅。中国禅之中,道家自然主义成分最多,道一是最好的代表。"印顺《中国禅宗史》也持类似观点,认为马祖道一的洪州禅出现之后,才标志着禅学中国化的真正完成。

马祖道一"平常心是道"一出,几乎成为后世禅学的不二法门。特别是到了临济义玄手中,更是将其表述为"随处作主,立处皆真"《古尊宿语录》卷四载,义玄曾示众云:"佛教无用功处,只是平常无事,屙屎送尿,着衣吃饭,困来即卧。愚人笑我,智乃知焉。古人云:'向外作功夫,总是痴顽汉。'你且随处作主,立处皆真,境来回换不得。纵有从来习气,五无间业,自为解脱大海"。他主张人与道之间没有间隔,自然相契。临济曾有偈云:"心随万境转,转处实能幽;随流认得性,无喜亦无忧。""平常心是道"的佛性论,实际上已经把慧能开辟的南宗禅所独有的那种自在无碍、随心所欲的活泼宗风发展到了极致。诚如禅师们通常所云:"任性逍遥,随缘放旷,但尽凡心,别无圣解",如果人们尽日里"百般须索"、"千般计较",不得心静,不得适情,岂有逍遥可言? 夜间躺在床上,心中倒海翻江生出无限烦恼,辗转反侧,苦睁双眼,不能黑甜一觉,无梦到明,还有什么自在可说? 事实上,禅道即生活之道,即自然而然,禅宗的这一理念,对人们社会生活的影响,无处不在。茶在其中扮演了重要角色,成为禅宗突出生活禅的最佳杰作,并促使中国独特茶文化的最终形成。

开悟顿悟,是一种很高的精神境界;然具备平常心,则是更高的境界。所谓"平常心",是指把按世俗常规,统统舍弃,保持一颗毫无造作,不浮不躁,不卑不亢,不贪不嗔的虚静之心,即如《五灯会元》卷七长沙景岑禅师所说的"要眠即眠,要坐即坐","热即取凉,寒即向火。"若就禅茶而言,就是将佛法、禅机、人生的妙谛,统统融入区区杯茶之中,将身心安住于吃茶当下,便会洒脱无执,终日吃茶不沾一滴水,将生命的每一个瞬间化为永恒,这便是"茶禅三昧"。

所谓"直心",即抛弃一切烦恼苦闷,灭绝一切妄念执著,纯粹无杂之心。有了"直心",在任何场合、任何地方都可以修心,若无"直心"即使在最清静的深山古刹中,恐怕也修不出正果。也就是说,现实世界,就是理想世界,求道、证道、悟道在现实中就可进行,解脱也只能在现实中得以实现。这便是"直心是道场"的真实意义所在。"平常心"与"直心",蕴涵了超越理性的智慧。应无是非、无取舍、无凡圣、无执著,淡泊自然,来去自如,当舍则舍,当取则取,或浅或深,或甜或苦,都用自然本性去面对,以自然本性的心去体悟,这便是平常心的真谛。其实,品茶悟禅无须刻意,禅意佛心也并非深不可测的玄机。平常心与直心的养成,是与茶禅一味相和谐的、相协调的。一啜一饮,甘露润心;一酬一和,心心相印。以平常心品清净茶,以清净茶养平常心。如此一来,茶便是清净茶,心即是平常心。

分别是一个人正常的认识过程。人的眼、耳、鼻、舌、身、意六根,都是用来分别的。眼睛分别颜色,耳朵分别声音,鼻子分别气味,舌头分别味道,身体分别软硬、冷暖、涩滑,乃至意识用来区分事物的好坏美丑。但人们的烦恼与痛苦,却恰恰就来源于这些分别上,来源于一颗分别之心。佛法认为,消灭烦恼痛苦的方法之一,就是要超越一切分别。事来则应,事去不留。好好把握当下,活在当下。即所谓"千姿万态皆虚幻,一念悟空即真实。"当然,超越世间诸相,须要智慧,即唯识学所谓"转识成智",只有大智慧才能消除分别。慧能开辟的南宗禅向来提倡"直指人心,顿悟成佛",而"直指"与"顿悟"的前提则是"言语道断,心行处灭",也就是要截断思维意识的逻辑运行线路。用宋代杨岐派著名禅师圆悟克勤的话来说,就叫做"截断众流"。圆悟克勤在总结当时风行的石门禅的禅风特点时曾经说道:"云门寻常一句中,须具三句,谓之涵盖乾坤句,随波逐浪句,截断众流句。放去收来,自然奇特,如斩钉截铁,教人义解度不得。"所谓"教人义解度不得",也就是要使人们通常的思维活动在其中寸步难行。诚如黄龙慧南禅师偈云:"相逢相问知来历,不拣亲疏便与茶。翻忆憧憧往来者,忙忙谁辨满瓯花。"

佛法的根本目的,就在于要使众生了知如何还原和恢复自己的本来面目。释迦牟尼在菩提树下觉悟成佛时曾经说过:"奇哉! 奇哉! 一切众生皆有如来智慧德相,但以妄想、执著而不能证得。"意思是说,所谓觉悟智慧,众生本来就具有,不从外来,就在人们自己的心中。就佛性而言,佛并不比众生多一丝,众生也不比佛少一毫,只是众生由于被妄想、执著所遮覆,没有证悟罢了。在禅宗眼里,任何事物都与道相通。诚如《永嘉大师证道歌》所云:"一性圆通一切性,一法遍含一切法。一月普现一切水,一切水月一切摄。"亦如《景德传灯录》卷六云:"青青翠竹尽是法身,郁郁黄花无非般若。"

茶对禅宗而言,既是养生用具,又是得悟途径,更是体道法门。养生、得悟、体道这三重境界,对禅宗来说,几乎是同时发生的,又自然而然地使这两种分别独立的东西达到了合一,从而使中国文化传统出现了一项崭新的内容——茶禅一味。

◎柱础壶

279

放下自在 心茶即禅茶

"心清可茶,茶可清心;若要清心,惟有香茗。"人们最难做到的恐怕就是这"清心"二字。难怪古今圣贤、文人骚客,莫不对茶赞之不绝,爱之难舍。尤其是在当下这个喧嚣繁杂的尘世中,人人都需要一杯好茶,来洗涤心上的烦恼与尘埃,抚慰自己的心灵。感受"梵香引幽步,酌茗开净筵"的儒雅、清朗之风。诚如唐代僧人皎然在《饮茶歌》中云:"一饮涤昏寐,情思爽朗满天地,再饮清我神,忽如飞雨洒轻尘。"品茶悟禅是件快慰的事,人们从饮茶当中还会发现很多人生哲理。我们都生活在这功利的世界上,人人都在为生存而奔波,某种程度上对生命的忽视已无法回避。人们往往容易忽视或淡漠那些生活中原本十分美好的东西,甚至错误地理解快乐与幸福的含义。紧绷的心弦听得见喘息,沉重的日子让骆驼都感到吃力。人们渴望心静、心安、心清的诉求,好似水中捞月;祈盼远离尘嚣、回归自然的愿景,恰如海市蜃楼。蓦然回首,方才意识到真正值得我们追求与向往的东西其实很简单,那便是我们平时极易忽视的健康的身体和自由的精神。

"春有百花秋有月,夏有凉风冬有雪。若无闲事挂心头,便是人间好时节"。当人们放下贪欲,放下杂念,心如止水,毫无挂碍时,不仅可以欣赏到海碧天蓝,柳绿花红,还能观照自性的无尽宝藏。茶实现了人与草木间最原始的交流,禅则实现了人与自心最和谐的交融,茶和禅都为人类亲近自然、回归自然、回归精神家园、心灵故乡,找到了一条捷径。

其实,禅者之意不在茶,心茶即禅茶。也就是说,禅者本应无分别,其所饮之茶,皆为清净无染之"心茶"。真正的禅者每时每刻都生活在禅的境界中,都在品味心中之清茗。黄檗希运禅师云:"终日吃饭,未曾嚼得一粒米;整日行走,未曾踏得一片地。"禅者只观自心,不问外境,古语云"饥来吃饭,困来即眠",不破一法,而又不为境所缚。禅者饮茶亦复如是,其意不在茶,而在乎自性清净之心也。世间之茶,可以色、味分别其优劣,"禅茶"注重的却是禅者的境界。禅者之茶,但可用心品,不可以相求。

　　佛教修行的目的之一,就是要人们消除无明,灭除妄想、执著、分别。"吃茶去!"本身是不容思量的。就是要人们放下分别、担忧、妄想,铲除一切疑惑,放下一切尘劳,单纯真实地活在当下。歇息一切妄想、分别,以本然、绝待的心自足地活在当下,就是活在净土,彼岸就在自己脚下。从这个意义上说,心净之处就是最好的茶场。深谙此道者,无论行走坐卧,无论有茶与否,他随时都在"吃茶"。直如淤泥之中可绽莲花,火宅之上可得清凉。饮此心茶者,不拘茶迹,不落茶痕。不取茶相,不取非茶相。有茶亦饮,无茶亦饮。饮而不饮,不饮而饮。与空相应,与真相冥。与外相通,与内相融。与物相谐,与人相和。看得破,想得通。提得起,放得下。进得去,出得来。来无所从,去无所至。事来即应,事过即忘。无所不备,无所不可。随其所便,因其所宜。随时做主,立处皆真。在世出世,妙行无住。轻安自在,活泼空灵。情不随境转,心不被物迷。生死一瞬,常作终极之想;自他不二,尽可悲天悯人。荣辱在所不计,毁誉无动于衷。信念八风不动,名利云淡风轻。直饮得地老天荒乾坤转,直饮得神清气爽逍遥游,此乃饮茶之上上境。没有茶禅一体,谁解得此种空阔、坦荡又浑厚的禅的美丽呢?

　　品茶虽是俗事,但要从中领悟到人生真谛,就是动了禅心,喝的茶就不是俗茶,而是禅茶了。一杯茶最简单的道理,就是第一泡味道会很浓;第二泡则会变淡些,乃至第三、第四泡后,就成为一杯清水了。事物都是在不断发展变化,世间没有一成不变的东西,这就是禅理。即如《金刚般若波罗蜜经》所云:"一切有为法,如梦幻泡影,如露亦如电,应作如是观。"

心素如简　人淡如茶

　　心素如简,人淡如茶,禅僧禅机中所展示的智慧,实际上也正是在追求这种淡雅之美的境界。淡者平淡,雅者雅致。淡是态度,雅是品味。淡,是一种至美的境界。或许由于接近天然,酷似春雨,润物无声,所以更容易被人接受。然淡而韵味犹存,似乎更难。

高雅的茶人，通常在喧闹中寻求平静、平淡与知足，因此也更喜欢清香、典雅，清澈中透着馨香的绿茶。譬如新摘的龙井，就更淡了，让人一眼看得透彻。人生，其实也是这个道理。淡，也是一种生存方式。虽然人的生活中不能缺少激情，但是任何激情无疑都是一刹那的事，生活终将归于平淡。淡雅，是一道最美丽、最凝重、最隽永的诗。觉得淡一点，于身心似乎更有裨益。如果人们用心解读，便会拥有一种心境，它是对生命的理解和感悟。淡名，淡利，无争，无夺，一切脱俗了，便会进入一种幽远美妙的意境，如同一盏无味而至味的茶。那份幽香，那份清醇，那份淡雅，都在默默地品味之中，都在那蓦然回首的感悟里。做个淡雅的人，并非没有追求，没有理想，没有奋斗。事实上，从容而不急趋，自如而不窘迫，审慎而不狷躁，恬淡而不凡庸，也未尝不是一种积极。如果能以淡定从容的态度面对人生的各种境遇，将其看得淡一些，诚如徐志摩所谓"得之，我幸；不得，我命"。可为而为之，不可为而不强为之的话，那么，得和失，成和败，就能够淡然处之，也免掉许多不必要的烦恼。心态放平了，人生的脚步也就不那么踉跄了。人生在世，求淡雅之美，得禅悦之美，真可谓不亦乐乎哉。

◎紫泥竹节提梁壶

茶诗同参 品到深处更知茶

　　刘勰在《文心雕龙·原道第一》中曾说:"心生而言立,言立而文明,自然之道也。"他还说:"夫岂外饰,盖自然而。"黄侃在《文心雕龙札记》中对此注释为:"寻绎其旨,甚为平易。盖人有思心,即有言语,既有言语,即有文章,言语以表思心,文章以代言语,惟圣人为能尽文之妙,所谓道者,如此而已。"

　　因此茶诗、茶联也成为文人雅士、高僧大德体悟心境、宣泄情感的重要途径。"或饮茶一盏,或吟诗一章",有茶有诗,览山水胜景,参禅悟道,释然放松,茶和诗成了古往今来众多文人骚客最浪漫的两个元素。"半岭薄云萦,中天月色清。秋来多夜坐,煮茗待钟声。"生长在山林之地的茶,自然亲近了远离尘世的寺院,与中国佛教结下了不借之缘。茶心即佛心,诗意即禅意。浮生若茶,体悟人生真谛。有人认为,茶味是诗词的神韵,而诗词无佛,则诗词无灵、无境、无气、无味,茶道与为文之道、为佛之理,密切相关。诚如元好问所谓"禅为诗家切玉刀"。

◎ 品茗中开大觉 三生石上有奇缘

　　唐朝禅僧贯休,雅好吟诗,常与僧处默隔篱论诗,或吟寻偶对,或彼此唱和,见者无不惊异。贯休受戒后,诗名日隆,远近闻名。唐景福间,贯休云游杭州,吴越国君钱镠慕名拜见,并索要诗篇。于是贯休赋诗《献钱尚父》一首,其中有"满堂花醉三千客,一剑霜寒十四州"之句。钱镠虽爱其诗,但由于钱镠当时有统治天下的野心,便派遣客吏要求贯休将改"十四州"改为"四十州"。贯休说:"州亦难添,诗亦不改。然闲云孤鹤何天不可飞邪。"遂飘然入蜀,从此云游天下。贯休曾三次入闽,在山心庵(今天心永乐禅寺)挂单时,偶遇扣冰古佛,二人十分投缘,彻夜煮茶论禅。贯休为此作《怀武夷山禅师》诗,记载这段茶禅之缘。其诗曰:"万叠仙山里,无缘见有缘。红心蕉绕屋,白额虎同禅。古木苔封菌,深崖乳杂泉。终期还此去,世事只如然。"诗中盛赞了扣冰古佛"群物侍伴,双虎同禅"的法喜禅悦,其中"古木苔封菌,深崖乳杂泉"之句,便是描述山心庵周边遍植老枞茶树殊胜景象的。"乳",即指武夷茶"石乳",这在他《怀武夷红石子二首》中也曾写到。其一曰:"常思红石子,独自住山椒。窗外猩猩语,炉中姹姹娇。乳香诸洞滴,地秀众峰朝。曾见奇人说,烟霞恨太遥。"诗中的"炉中姹姹娇"是煮茶的场景;而"乳香诸洞滴",则明确地交代了当时武夷山已经普遍种植茶叶。

皎然在《九日与陆处士羽饮茶》诗中曰:"九日山僧院,东篱菊也黄。俗人多泛酒,谁解助茶香。"并在《对陆迅饮天目山茶因寄元居士晟》中写道:"喜见幽人会,初开野客茶。日成东进叶,露采北山芽。文火香偏胜,寒泉味转佳。投铛涌作沫,着碗聚生花。稍与禅经近,聊将睡网赊。知君在天目,此意日无涯。"灵一和尚也在《与元居士青山潭饮茶》中曰:"野泉烟火白云间,坐饮香茶爱此山。岩下维舟不忍去,青溪流水暮潺潺。"其他,诸如高僧师范、惠明等,也因茶禅诗而名扬海内外。诚如《坛经》所云"菩提本无树,明镜亦非台;本来无一物,何处惹尘埃",佛、茶、诗文,至此极境,功名、利禄、色欲、俗念,何以再求? 清灯古寺,佛法无边。茶清如露,心洁如佛。茶禅一味,共参茶理禅机。茶即心,心即佛,则茶即佛。欲悟佛道,必参苦禅;欲破苦念,必习苦茶。茶者,真佛也。

饮茶的境界,与文人雅士恬然淡泊、崇尚田园山水的生活情趣,十分相应。以茶会友、以茶雅志、以茶立德,体现了中国文士一种内在的道德实践。不仅僧人以诗文咏茶,文人雅士也是不甘落后,踊跃参入。居士在茶诗中谈禅说佛,自然也在情理之中。唐朝,以古都长安为中心,荟萃了大唐的文人雅士和茶界名流。他们办茶会、写茶诗、品茶论道,以茶会友,大兴茶道。据《全唐诗》不完全统计,涉及茶事的诗作有600余首,诗人有150余人,显示了唐代茶诗的兴盛与繁荣。李白在《答族侄僧中孚赠玉泉仙人掌茶并序》中曰:"尝闻玉泉山,山洞多乳窟。仙鼠如白鸦,倒悬清溪月。茗生此中石,玉泉流不歇。根柯洒芳津,采服润肌骨。丛老卷绿叶,枝枝相接连。曝成仙人掌,似

拍洪崖肩。举世未见之,其名定谁传。宗英乃禅伯,投赠有佳篇。清镜烛无盐,顾惭西子妍。朝坐有余兴,长吟播诸天。"浪漫飘逸,读来若闻氤氲仙气,别有一番神韵在。

被茶人誉为"亚圣"的卢仝,在《走笔谢孟谏议寄新茶》中写道:"日高丈五睡正浓,军将打门惊周公。口云谏议送书信,白绢斜封三道印。开缄宛见谏议面,手阅月团三百片。闻道新年入山里,蛰虫惊动春风起。天子须尝阳羡茶,百草不敢先开花。仁风暗结珠蓓蕾,先春抽出黄金芽。摘鲜焙芳旋封裹,至精至好且不奢。至尊之余合王公,何事便到山人家。柴门反关无俗客,纱帽笼头自煎吃。碧云引风吹不断,白花浮光凝碗面。一碗喉吻润,二碗破孤闷。三碗搜枯肠,惟有文字五千卷。四碗发轻汗,平生不平事,尽向毛孔散。五碗肌骨清,六碗通仙灵。七碗吃不得也,唯觉两腋习习清风生。蓬莱山,在何处,玉川子乘此清风欲归去。山上群仙司下土,地位清高隔风雨。安得知百万亿苍生命,堕在颠崖受辛苦。便为谏议问苍生,到头还得苏息否。"充分体现了他对茶事、世事的深刻领悟。

杜甫的《重过何氏五首之三》描写品茗题诗之乐,也出手不凡:"落日平台上,春风啜茗时。石阑斜点笔,桐叶坐题诗。翡翠鸣衣桁,蜻蜓立钓丝。自逢今日兴,来往也无期。"诗人于鸟语花香的春日夕阳之下,啜茗品香,凭栏题诗,茶助灵感,诗兴与茶趣相融,人与自然和谐为一,高雅之至。

白居易善茶、懂茶,因此咏茶诗数量最多,流传至今尚有七十余首。他在《谢李六郎中寄新蜀茶》中曰:"故情周匝向交亲,新茗分张及病身。红纸一封书后信,绿芽十片火前春。汤添勺水煎鱼眼,末下刀圭搅曲尘。不寄他人先寄我,应缘我是别茶人。"在《闲眠》中曰:"暖床斜卧日曛腰,一觉闲眠百病销。尽日一餐茶两碗,更无所要到明朝。"《茶山境会亭欢宴》,写的则是当时茶会的景象:"遥闻境会茶山夜,珠翠歌钟俱绕身。盘下中分两州界,灯前各作一家春。青娥递舞应争

妙,紫笋齐尝各斗新。"白居易的茶诗,或与闲适相伴,或与伤感为伍,并以此来宣泄胸中的块垒与沉郁,表现出了一种高远的精神寄托。他在《琴茶》中曰:"兀兀寄形羣动内,陶陶任性一生间。自抛官后春多醉,不读书来老更闲。琴里知闻唯《渌水》,茶中故旧是蒙山。穷通行止长相伴,谁道吾今无往还。"在《何处堪避暑》中写道:"何处堪避暑,林间背日楼。何处好追凉,池上随风舟。日高饥始食,食竟饱还游。游罢睡一觉,觉来茶一瓯。眼明见青山,耳醒闻碧流。脱袜闲濯足,解巾快搔头。如此来几时,已过六七秋。从心至百骸,无一不自由。拙退是其分,荣耀非所求。虽被世间笑,终无身外

忧。此语君莫怪，静思吾亦愁。如何三伏月，杨尹谪虔州。"道出了白居易在困境中仍以茶陶冶性情，欲从忧愤中寻出一条新路来。

唐大中五年（851）三月，杜牧为湖州刺史时，曾到顾渚山督采春茶。期间，赋诗四首。其中有一首广为后人传颂的《题茶山在宜兴》曰："山实东吴秀，茶称瑞草魁。剖符虽俗吏，修贡亦仙才。溪尽停蛮棹，旗张卓翠苔。柳村穿窈窕，松涧度喧豗。等级云峰峻，宽平洞府开。拂天闻笑语，特地见楼台。泉嫩黄金涌，牙香紫璧裁。拜章期沃日，轻骑疾奔雷。舞袖岚侵涧，歌声谷答迴。磬音藏叶鸟，雪艳照潭梅。好事全家到，兼为奉诏来。树阴香作帐，花径落成堆。景物残三月，登临怆一杯。重游难自克，俛首入尘埃。"他还在另一首《春日茶山病不饮酒，因呈宾客》中曰："笙歌登画舸，十日清明前。山秀白云腻，溪光红粉鲜。欲开未开花，半阴半晴天。谁知病太守，犹得作茶仙。"

另外，还有诸如柳宗元《夏昼偶作》："南州溽暑醉如酒，隐几熟眠开北牖。日午独觉无余声，山童隔竹敲茶臼。"齐己《尝茶》："石屋晚烟生，松窗铁碾声。因留来客试，共说寄僧名。味击诗魔乱，香搜睡思轻。春风雪川上，忆傍绿丛行。"刘禹锡《尝茶》："生拍芳丛鹰嘴芽，老郎封寄谪仙家。今宵更有湘江月，照出霏霏满碗花。"杜荀鹤《题德玄上人院》："刳得心来忙处闲，闲中方寸阔于天。浮生自是无空性，长寿何曾有百年。罢定盘敲松罅月，解眠茶煮石根泉。我虽未似师披衲，此理同师悟了然。"等等，这些诗，不仅反映了诗人对茶事的熟悉与热爱，更以脍炙人口，而广为传诵。

除了个人于诗中宣泄、表达自己的情怀之外，当时在茶会啜茶，还时兴集体联句。颜真卿与陆士修、张荐、李萼、崔万昼、皎然等六人合作的《五言月夜啜茶联句》即曰："泛花邀坐客，代饮引情言。（陆士修）醒酒宜华席，留僧想独园。（张荐）不须攀月桂，何假树庭萱。（李萼）御史秋风劲，尚书北斗尊。（崔万昼）流华净肌骨，疏瀹涤心原。（颜真卿）不似春醪醉，何辞绿菽繁。（皎然）素瓷传静夜，芳气清闲轩。（陆士修）"为此《菜根谭》中便有："千载奇逢，无如好书良友；一生清福，尽在碗盏茗烟。"

由于宋代朝廷提倡饮茶，贡茶、斗茶之风大兴，朝野上下，茶事更多，因此宋人茶诗多达上千首,比唐代多得多。同时,由于宋代更强调人自身的思想修养与内省,再加上宋代各种社会矛盾加剧,知识分子经常处于苦闷之中,但他们又总是注意克制情感,磨砺自己,这便使得许多文人常以茶为伴,以经常保持清醒。而文人儒者往往也都把以茶入诗看作高雅之事,这便造就了茶诗、茶词的繁荣,出现了许多既爱饮茶,又好写茶诗、茶词的诗人。

苏东坡就是将生活、禅、诗词三者融为一体的代表人物。他以其生活中对禅的修行与深刻理解,在下笔时根本无需刻意雕琢,也用不着发挥肤浅的议论或说教,诗句中便充满着深刻的禅理与意趣。元祐四年(1089),苏东坡在杭州二次上任时,曾游览西湖葛岭的寿星寺,南屏净慈寺的谦师特地前来亲自为苏东坡点茶。苏东坡品此茶中极品,妙乎一心,作《送南屏谦师并引》一首,欣然答谢曰:"南屏谦师妙于茶事,自云:得之于心,应之于手,非可以言传学到者。十二月二十七日,闻轼游落星,远来设茶,作此诗赠之。道人晓出南屏山,来试点茶三昧手。忽惊午盏兔毛斑,打作春瓮鹅儿酒。天台乳花世不见,玉川风腋今安有。先生有意续《茶经》,会使老谦名不朽。"

苏东坡不仅深明茶理、茶道,而且凭着艺术家特有的敏感,对茶道的境界也有特殊的感觉。他在《怡然以垂云新茶见饷,报以大龙团,仍戏作小诗》中曰:"妙供来香积,珍烹具太官。拣芽分雀舌,赐茗出龙团。晓日云庵暖,春风浴殿寒。聊将试道眼,莫作两般看。"在《试院煎茶》中曰:"蟹眼已过鱼眼生,飕飕欲作松风鸣。蒙茸出磨细珠落,眩转绕瓯飞雪轻。银瓶泻汤夸第二,未识古人煎水意。君不见昔时李生好客手自煎,贵从活火发新泉。又不见今时潞公煎茶学西蜀,定州花瓷琢红玉。我今贫病常苦饥,分无玉碗捧蛾眉。且学公家作茗饮,砖炉石铫行相随。不用撑肠拄腹文字五千卷,但愿一瓯常及睡足日高时。"可见其不愧为茶道的行家里手。其《汲江煎茶》更写出了月夜临江烹茶的独特妙趣:"活水还须活火烹,自临钓石取深清。大瓢贮月归春瓮,小勺分江入夜瓶。茶雨已翻煎处脚,松风忽作泻时声。枯肠未易禁三碗,坐数荒城长短更。"此诗被杨万里赞作句句皆奇,字字皆奇。其煎茶人之精心,茶汤色香之诱人,空肚不禁饮三碗,深夜睡不着觉之神态跃然纸上,读之让人哑然失笑,情趣盎然。苏东坡的煎茶诗,比喻夸张,灵动优美。如《次韵曹辅寄壑源试焙新芽》:"仙山灵草湿行云,洗遍香肌粉未匀。明月来投玉川子,清风吹破武林春。要知冰雪心肠好,不是膏油首面新。戏作小诗君一笑,从来佳茗似佳人。"诗中将佳人比好茶,不在妆饰,而在"冰雪"之品质,意清句美。后人还将"欲把西湖比西子"与这首诗之末句"从来佳茗似佳人",集成了对联。"细雨斜风作小寒,淡烟疏柳媚晴川。入淮清洛渐漫漫,雪沫乳花浮午盏。蓼茸蒿笋试春盘,人间有味是清欢。"春日中午,一盏热茶,几碟新采的野菜,苏轼就在这缕缕茶香中,欣赏着小雨初晴后外面的美景,闲适中透出淡淡的喜悦。佳茗如佳人,此刻正伴随在他左右。

欧阳修论茶的诗文虽不算多,却十分精彩。他在《双井茶》中,详尽述及了双井茶的品质特点和茶与人品的关系:"西江水清江石老,石上生茶如凤爪。穷腊不寒春气早,双井芽生先百草。白毛囊以红碧纱,十斤茶养一两芽。长安富贵五侯家,一啜犹须三日夸。宝云日铸非不精,争新弃旧世人情。岂知君子有常德,至宝不随时变易。君不见建溪龙凤团,不改旧时香味色。"

范仲淹《和章岷从事斗茶歌》曰:"年年春自东南来,建溪先暖冰微开。溪边奇茗冠天下,武夷仙人从古栽。新雷昨夜发何处,家家嬉笑穿云去。露芽错落一番荣,缀玉含珠散嘉树。终朝采掇未盈担,唯求精粹不敢贪。研膏焙乳有雅制,方中圭兮圆中蟾。北苑将期献天子,林下雄豪先斗美。鼎磨云外首山铜,瓶携江上中泠水。黄金碾畔绿尘飞,碧玉瓯心翠涛起。斗余味兮轻醍醐,斗余香兮薄兰芷。其间品第胡能欺,十目视而十手指。胜若登仙不可攀,输同降将无穷耻。吁嗟天产石上英,论功不愧阶前蓂。众人之浊我可清,千日之醉我可醒。屈原试与招魂魄,刘伶却得闻雷霆。卢仝敢不歌,陆羽须作经。森然万象中,焉知无茶星。商山丈人休茹芝,首阳先生休采薇。长安酒价减千万,成都药市无光辉。不如仙山一啜好,泠然便欲乘风飞。君莫羡花间女郎只斗草,赢得珠玑满斗归。"诗人对武夷茶推崇备至,把武夷茶比作仙茶,评为天下第一。"斗茶味兮轻醍醐,斗茶香兮薄兰芷。"他夸赞武夷茶的滋味,胜过甘美无比的醍醐,香气胜过清幽高雅的兰芷。寓意深长,倍增茶韵。

被人称为"梅妻鹤子"的宋代林逋在《尝茶次寄越僧灵皎》中云:"白云峰下两枪新,腻绿长鲜谷雨春。静试恰如湖上雪,对尝兼忆剡中人。瓶悬金粉师应有,筋点琼花我自珍。清话几时搔首后,愿和松色劝三巡。"意境幽极静笃。宋朝杜小山《冷夜》:"寒夜客来茶当酒,竹炉汤沸火初红。寻常一样窗前月,才有梅花便不同。"说的是寒夜客来,炉火初红,良朋知己,围炉品茗,赏月梅下,令人向往。

明徐祯卿《秋夜试茶》诗云:"静院凉生冷烛花,风吹翠竹月光华。闷来无伴倾云液,铜叶闲尝字笋茶。"陈继儒《失题》:"山中日日试新泉,君合前身老玉川。石枕月侵蕉叶梦,竹炉风软落花烟。点来直是窥三昧,心后能翻赋百篇。欲笑当年醉乡子,一生虚掷杖头钱。"清代郑板桥亦有诗云:"不风不雨正清和,翠竹亭亭好节柯。最爱晚凉佳客至,一壶新茗泡松萝。"这些诗作都给人们留下了深刻的印象。

茶诗在表现形式上,也别具一格,新颖活泼。唐代元稹就曾作过《一字至七字诗·茶》的宝塔诗,描述了他对茶的感受,脍炙人口:

茶。

香叶,嫩芽。

慕诗客,爱僧家。

碾雕白玉,罗织红纱。

铫煎黄蕊色,碗转典尘花。

夜后邀陪明月,晨前命对朝霞。

洗尽古今人不倦,将至醉后岂堪夸。

后来,金时的王喆也利用这种形式,作了《一字至七字诗·咏茶》,意境也不错:

茶。

瑶萼,琼芽。

生空慧，出虚华。

清爽神气，招召云霞。

正是吾心事，休言世味夸。

一杯唯李白兴，七碗属卢仝家。

金刚独能烹玉蕊，便令传透放金花。

茶联，也是茶人表达心境的重要的文学体裁，反映的不仅是茶人的文化修养、艺术情趣，更重要的是茶人对生命、生活的深入思考。曾见过一则故事：一位和尚来茶庄买茶，茶人见和尚慈眉善目，举止端庄，遂与之攀谈闲聊。不料两人性情相和，话语投机，竟视为知己。于是和尚便以佛经、佛书赠茶人结缘；茶人则以茶叶、茶具供养和尚。和尚与茶人说佛法，茶人与和尚论茶道。和尚道："色不异空，空即是色。"茶人道："水不是茶，茶即是水。"和尚道："老实念佛证菩提。"茶人道："用心泡茶得真味。"和尚道："明心见性，度化众生是佛陀。"茶人道："遇水舍己，济人无数为茶饮。"两人相视一笑，原来茶汤中有佛法，佛法就在茶水里。茶与佛，虽道不同，其理相通。和尚与茶人和掌道别。茶人悟而得一联："两头是路，品几杯顿悟茶道；四大皆空，坐片刻难得壶途。"

扬州八怪之一的郑板桥，曾写下许多著名的茶联，其中题于焦山自然庵吸江楼之"汲来江水烹新茗，买尽青山当画屏"，写的既是实境，也是他的真实感受。意思是说，用刚打上来的江水来烹煮当年的新茶，眼前的青山如同画屏一般。将名茶好水，青山美景融入茶联，勾勒出焦山的自然风光，使人有吟一联而尽览焦山风光之感。其他诸如苏东坡之"茶笋尽禅味，松杉真法音"；招隐寺内之"一勺励清心，酌水谁含出世想；半生盟素志，听泉我爱在山声"；洛阳古道茶亭之"四大皆空，坐片刻不分你我；两头是路，吃一盏各走西东"；上饶陆羽泉之"一卷经文，苕霖溪边真慧业；千秋祀典，旗枪风里弄神灵"；广州陶陶居茶楼之"陶潜善饮，易牙善烹，饮烹有度；陶侃惜分，夏禹惜寸，分寸无遗"等一副副深奥幽隐、精巧别致的对联，其意义恐怕已经远远超出

了饮茶本身。贵阳城郊图云关岔道口有一茶亭茶联云："两脚不离大道,吃紧关头,须要认清岔路;一亭俯瞰群山,占高地步,自然赶上前人。"其中虽无半个"茶"字,看似与茶无关,但它悬在茶楼,却又别有深意。也许光顾埋头赶路,认不清方向,反而达不到目的,只有坐下来品一杯茶,静一下心,在这短暂的小憩当中思考一下要走的路,反而磨刀不误砍柴工,能快步"赶上前人"。福建泉州一家小而雅的茶室,也有茶联云："小天地,大场合,让我一席;论英雄,谈古今,喝它几杯。"人生的舞台很大也很小,我们每个人身处其中,是不是都学会了在适当的地方"让别人一席"呢?如果大家都不相让,也许就连喝茶的场子与心情都没了,更遑论在人世上闯荡下去呢?

茶人茶寿　自在安详

　　爱喝茶的人多半高寿。茶人相信茶有三德:一是驱除睡魔,使人清醒;二是帮助消化;三是不发。所谓"不发",是不使欲望爆发出来的意思。由于饮茶具有如此三项功能,因此可以养生延年。1983年,冯友兰与好友金岳霖同做八十八岁大寿时,冯友兰就曾撰写"何止于米,相期以茶;论高白马,道超青牛"的对联,赠送给金岳霖,表达了期待二十年后即一百零八岁时,与金老再度相聚的殷切愿望。在"何止于米,相期以茶"这句上联中,米和茶,分别指的就是"米寿"和"茶寿"。所谓"米寿",指的是八十八岁,因为米字看起来像八十八;茶字的草字头代表二十,下面有八有十,十旁边一撇一捺又是一个八,加在一起就是一百零八岁。可见人们刻意把米字和茶字的笔画像拆字谜一样地拆开来,用来比喻寿命岁数并以此祝寿,又恰与茶可养生的功能不谋而合。虽然古人对茶具有养生功能的认识多出于经验之谈,然除了一些过分渲染所谓可以羽化成仙的说法之外,大部分的记载经过现代医学的验证,还是有颇有成效的。而从更高的层面来看,米是形而下的求温饱,而茶则是形而上的文化层面,因此从米到茶,还有出凡入圣,再攀精神巅峰的更高层次含义。

佛教认为修禅,也同样具有这种的功能。通过禅的修行,可以消解人的贪欲,使人活得纯洁,活得清净。心性纯净的人,寿命自然会延长。例如主张"吃茶去"的赵州大师,就活了120岁。当然佛教是主张不生不灭的,并非单纯追求个人生命的长度。但当人们感悟到茶禅的真谛,既在当下活得自在安详,又能活得长久,为众生多做些事情,服务社会,岂不是更加圆满?

当然,世上也有一些人看破了滚滚红尘,摒弃喧嚣嘈杂的闹市,选择了幽雅的高山泉林,与大自然亲密接触,呼吸清新的空气,饮用山涧流淌的清泉,食用的是没有农药、化肥污染的新鲜果蔬,过着简淡、质朴的山居生活。每当夜幕降临,都市灯红酒绿,夜生活刚刚开始的时候,他们却伴着古寺悠悠的暮鼓钟声,早早入眠了。山僧们在诵经禅修之暇,或研习经律,或临帖习字,或趺坐品茗,在尘世间看来,无不透着一种超脱。他们时常泡一壶清茶,茶香四溢,汤色明亮,茶的风采与风韵一览无余。在浅啜慢饮,议论风生间,人也显得宁静祥和、超凡脱俗起来。优哉游哉地喝上些许时辰,直喝得热汗淋漓、腋下生风,那才叫通透。放下茶盏,随意去山后的樵夫、药农踏出的野径上走走,走累了,择一块幽石,趺坐其上,密林中鸟雀啁啾,真是应和了近代禅门诗翁八指头陀"扫石白云边,山空生净禅。幽禽解人意,细语绿萝烟"的诗意境界。正所谓"矜名不如逃名趣,练事何如省事闲",时当喧杂,则平日所记忆者皆漫然忘去;境在清宁,则夙昔所遗忘者又恍尔现前。可见静躁稍分,昏明顿异也。诚如明人罗廪在《茶解》中所说:"山堂夜坐,汲泉煮茗。至水火相战,如听松涛。倾泻入杯,云光潋滟。此时幽趣,故难与俗人言矣。"

喝茶、修禅,作为人类体悟人生智慧、揭示自然心性的最直接途径,历来为世人所崇尚。茶和禅已经被视为人类源于自然、赖于自然的永久象征,人类亲近自然、回归自然的"绿色通道"。因此,茶禅无愧是人类与自然和谐交流、构建和谐的人文世界最普遍的媒介,是人类"感恩自然,和谐世界"的当然使者。

参考文献

《中国古代茶书集成》朱自振、沈冬梅、增勤编著,上海文化出版社,2010

《中国古代茶叶全书》阮浩耕、沈冬梅、于良子点校注释,浙江摄影出版社,1999

《说文解字》(汉)许慎撰,中华书局,1963

《十三经辞典》(毛诗卷),十三经辞典编纂委员会编,陕西人民出版社,2002

《茶经译注》(外三种)(唐)陆羽等着;宋一明译注,上海古籍出版社,2009

《唐才子传笺注》(元)辛文房撰,傅璇琮主编,中华书局,1987

《封氏闻见记校注》(唐)封演撰,赵贞信校注,中华书局,2005

《尔雅今注》徐朝华注,南开大学出版社,1987

《玉台新咏》,上海中华书局据长洲程氏《四部备要》删补本

《世说新语校笺》（南朝宋）刘义庆撰，（梁）刘孝标注，杨勇校笺，中华书局，2006

《茶业大全》潘根生主编，中国农业出版社，1995

《中国茶文化》王从仁著，上海古籍出版社，2001

《中国茶文化》（彩图增订版）王玲著，九州出版社，2009

《铁围山丛谈》（宋）蔡绦撰，中华书局，1983

《五杂组》（明）谢肇淛撰，上海书店出版社，2001

《东坡志林》（宋）苏轼撰，中华书局，1981

《元和郡县图志》（唐）李吉甫撰，中华书局，1983

《阳羡茗壶系》（明）周高起著，中华书局，2012

《万历野获编》（明）沈德符撰，中华书局，1959

《中国茶事大典》徐海荣主编，华夏出版社，2000

《听雨丛谈》（清）福格撰，中华书局，1984

《淮海集笺注》（宋）秦观撰，徐培均笺注，上海古籍出版社，2000

《西湖龙井茶》程启坤主编，姚国坤编著，上海文化出版社，2008

《考槃余事》（明）屠隆著，金城出版社，2011

《遵生八笺》（重订全本）（明）高濂著，王大淳校点，巴蜀书社，1992

《茶香室丛钞》（清）俞樾撰，中华书局，1995

《洞庭碧螺春》谢燮清、章无畏、汤泉等编著，上海文化出版社，2009

《黄山毛峰》程启坤主编，丁以寿编著，上海文化出版社，2008

《信阳毛尖》程启坤主编，李伟编著，上海文化出版社，2008

《祁门红茶》程启坤主编，郑建新编著，上海文化出版社，2008

《普陀山佛茶》苏祝成、姚武、马莉编著，上海文化出版社，2009

《普陀山志》（民国）王亨彦辑，江苏广陵古籍刻印社，1993

《普陀山志》方长生主编,上海书店出版社,1995.

《太平猴魁》项金如、郑建新、李继平编著,上海文化出版社,2010

《赵朴初韵文集》赵朴初撰,上海古籍出版社,2003

《归田琐记》(清)梁章钜撰,于亦时点校,中华书局,1981

《蒙顶茶》程启坤主编,董存荣编著,上海文化出版社,2008

《贯休歌诗系年笺注》(唐)贯休著,胡大浚笺注,中华书局,2011

《中国陶瓷名著汇编》中国书店出版,1991

《佛佑法门:法门寺地宫佛指再世之谜》商成勇、岳南著,陕西师范大学出版社,2004

《中国陶瓷史》中国硅酸盐学会主编,文物出版社,1982

《中国陶瓷史》(增订版)叶喆民著,三联书店,2011

《中国历代茶具》赵自强主编,广西美术出版社,1999

《鹤林玉露》(宋)罗大经撰,中华书局,1983

《中日陶瓷茶器文化比较研究》王子怡著,人民出版社,2010

《岭外代答校注》(宋)周去非著,杨武泉校注,1999

《梦粱录·武林旧事》(南宋)吴自牧、周密撰,傅林祥注,山东友谊出版社,2001

《宋本方舆胜览》(宋)祝穆撰,上海古籍出版社影印,1986

《格古要论》(明)曹昭著,中华书局,2012

《文献通考》(元)马端临著,中华书局,1986

《全元散曲》隋树森编,中华书局,1964

《清稗类钞》徐珂编撰,中华书局,2010

《紫砂名陶典籍》高英姿选注,浙江摄影出版社,2000

《乾隆大藏经》(99卷本)中国书店,2010

《百丈清规证义记》（清）仪润源洪撰，金陵刻经处

《佛光大辞典》北京图书馆出版社据台湾佛光山出版社1989版影印

《五灯会元》（宋）普济着，苏渊雷点校，中华书局，1984

《中国茶诗》叶羽编着，中国轻工业出版社，2004

《巢林笔谈》（清）龚炜撰，中华书局，1981

《老子校释》朱谦之撰，中华书局，1984

《诸子集成》岳麓书社，1996

《陶庵梦忆·西湖梦寻》（明）张岱着，作家出版社，1994

《金陵梵刹志》（明）葛寅亮撰，何孝荣点校，天津人民出版社，2007

《胡适学术文集·中国佛学史》姜义华主编，中华书局，1997

《中国禅宗史》印顺着，江西人民出版社，2007

《古尊宿语录》（宋）赜藏主编集，中华书局，1994

《永嘉大师证道歌浅释》宣化上人讲述，上海佛学书局，2008

《文心雕龙注》（南朝梁）刘勰着，范文澜注，人民文学出版社，1998

《贯休歌诗系年笺注》（唐）贯休着，胡大浚笺注，中华书局，2011

《白居易诗集校笺》谢思炜撰，中华书局，2006

《杜牧集系年校注》吴在庆撰，中华书局，2008

《苏轼诗集》（清）王文诰集注，孔凡礼点校，中华书局，1982

后 记

当这本书稿校至最后一字时,我不觉长吁一口气,如释重负,多年夙愿,终可了却。这首先得感谢我的妻子姜芝秋、女儿鄢晓慧以及多年辛苦积累起来的众多藏书。

想必读者通过本书"前言"已经得知,中国古代茶书汗牛充栋,佛教经典更是浩如烟海。如果没有足够多的藏书作为参考、征引,要想道出个中奥妙,简直是不可能的。关于这一点,读者从本书"参考文献"中,可见一斑。

我自小就喜爱读书、藏书。小时候,家长所给的压岁钱和零用钱,从不舍得随便乱用,统统积攒下来,购买自己喜欢的图书。工作之后,更不消说。吃穿我从不讲究,每天早中晚三顿饭,三碗面条足矣;衣服只要干净得体即是。但如果每周不到书店转转,便会觉得心中空落落的。为此,便与青岛各个书店的工作人员成了朋友,他(她)们不仅从价格上给予优惠,而且每当进来新书,还打电话通知,或为我留下。我的大部分朋友,都是在书店相识的。每当我外出公干,总会挤出时间,泡在书店。一次去北京出差,抽空到琉璃厂选书,直到两手分别提溜着两捆书走出书店大门,闻得一阵烤地瓜的香味时,才想起自己未曾午餐,一看表,已是下午3点,赶紧买两块烤地瓜充饥。返回时,行李箱中除了图书之外,别无长物。为此,妻子时常抱怨,说我把工资都送给书店了。尽管如此,我仍痴心不改。长此以往,藏书与日俱增,已有的几个书架,委实难以承受。凉台上、床底下,都被书籍占满。某周日,妻子催我早早起床。我说道,今日是星期天,不上班。她说还不赶快起来,咱去家具店看看,再给你置办个书橱。听到这话,心中一阵酸楚油然而生,感激之情,难以言表。后来有了新房子,在装修之前,女儿坚持把向阳的大房间让给我作为书房,自己去背阴的小房间住,感动得我真不知说什么才好。在撰写"后记"的此时此刻,念及这些,我的眼中始终噙着泪水。

其次,也要感谢我的大学同学冯大友和阮永华。上世纪70年代,我在合肥工业大学读书时,家在茶乡的上铺同学冯大友,每次放假归来,都会赠送给我足够多的茶叶,使我从此染上喜爱茶叶的癖好。阮永华的父亲,当时在合肥市商业局工作,我也经常抽空去其家中,向老人家请教关于茶叶的知识和学问。

当然,最应该感谢的还有青岛出版社的郭东明编审。多年来,在他的支持、帮助下,我陆续撰写出版了一些受到社会关注和读者欢迎的图书。《职业生涯规划宝典》,荣获山东省第七届心理科学优秀成果一等奖,并被柳州职业技术学院"就业与创业"(国家级精品课程)、海南师范大学高师公共教育学类系列精品课程等多所大学在教学时参考、引用;《情道:婚姻恋爱的保鲜艺术》,被黑龙江省列入党员干部网络学习平台;《佛珠的鉴赏与收藏》,在"当当网"收藏类图书畅销榜上,一直名列前茅……因此我想自己只能用多出书、出好书,来报答回馈才是。

我的好友,青岛书法家协会副主席宋文京,不仅提供了范曾先生撰句由他书写的对联图片,还为本书题签,使本书增添了若干文气,在此一并表示感谢。应该感谢的还有摄影师高玉德和虎子,以及为本书图片拍摄提供帮助的刘界元、曹向君、陈紫能、丁琳,和本书装帧设计的乔峰、刘欣,正是由于他(她)们的辛勤劳动,才使得本书图文并茂,情趣盎然。

2012年12月
作者于青岛云浮山房

扫描二维码，进入读者交流圈、爱茶、赏茶、知茶、品茶，获取更多有关茶的知识

图书在版编目(CIP)数据

茶禅一味 / 鄢敬新著. -- 青岛 : 青岛出版社, 2013.1
ISBN 978-7-5436-9128-5

Ⅰ.①茶… Ⅱ.①鄢… Ⅲ.①茶叶－文化－中国②禅宗－宗教文化－中国 Ⅳ.①TS971②B946.5

中国版本图书馆CIP数据核字(2013)第008081号

书　　名	茶禅一味
著　　者	鄢敬新
出版发行	青岛出版社（青岛市崂山区海尔路182号，266061）
邮购电话	13335059110 (0532) 80998664 85814750 [兼传真]
本社网址	http:// www.qdpub.com
责任编辑	郭东明
审　　校	程兆军
装帧设计	刘　欣
封面题字	宋文京
制版印刷	青岛嘉宝印刷包装有限公司
出版日期	2013年2月第1版 2018年10月第2版第3次印刷
开　　本	16开（710mm × 1000mm）
印　　张	20
字　　数	300千
书　　号	ISBN 978-7-5436-9128-5
定　　价	58.00元

编校质量、盗版监督服务电话　4006532017　(0532)68068670
青岛版图书售后如发现质量问题，请寄回青岛出版社出版印务部调换。
电话（0532)68068629